개념이
수학의
전부다

# 개념수다 6

## 중등 수학 3 (하)

**BOOK CONCEPT**

술술 읽으며 개념 잡는 수학 EASY 개념서

**BOOK GRADE**

| | | | | | |
|---|---|---|---|---|---|
| | 개념 | | | | 문제 |
| 구성 비율 | ■ | ■ | ■ | ■ | ■ |
| | 간략 | | 알참 | | 상세 |
| 개념 수준 | ■ | ■ | ■ | ■ | □ |
| | 기본 | | 실전 | | 심화 |
| 문제 수준 | ■ | ■ | ■ | □ | □ |


**WRITERS**

**미래엔콘텐츠연구회**

No.1 Content를 개발하는 교육 전문 콘텐츠 연구회



**COPYRIGHT**

**인쇄일** 2022년 11월 1일(1판1쇄)
**발행일** 2022년 11월 1일

**펴낸이** 신광수
**펴낸곳** ㈜미래엔
**등록번호** 제16-67호

**교육개발1실장** 하남규
**개발책임** 주석호
**개발** 박혜령, 장세라, 박지혜, 조성민

**콘텐츠서비스실장** 김효정
**콘텐츠서비스책임** 이승연

**디자인실장** 손현지
**디자인책임** 김기욱
**디자인** 권욱훈, 신수정, 유성아

**CS본부장** 강윤구
**CS지원책임** 강승훈

ISBN 979-11-6841-405-1

술술 읽으며 개념 잡는

# 개념 수다 6

## 중등 수학 3 (하)

**0**

## 개념, 점검하기

덧셈을 모르고 곱셈을 알 수는 없어요.
이전 개념을 점검하는 것부터 시작하세요!

**1**

## 개념, 이해하기

개념의 원리와 설명을 찬찬히 읽으며
자연스럽게 이해해 보세요. 이해가 어렵다면
개념 영상 강의도 시청해 보세요.
분명 2배의 학습 효과가 있을 거예요.

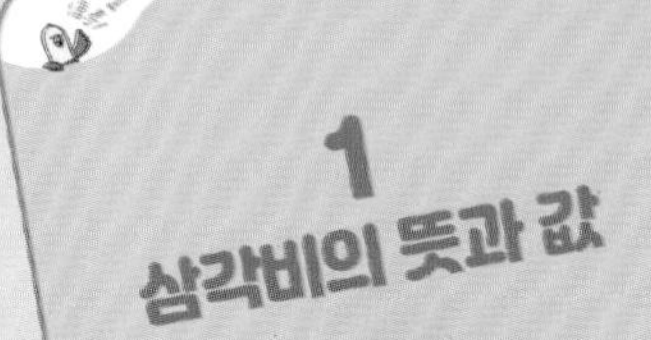

준비해 보자

● 작은 구조가 전체 구조와 닮은 형태로 끝없이 되풀이되는 이 구조는 나뭇가지 모양이나 창문에 성에가 생기는 모습에서 확인할 수 있다.
이 구조의 이름은 무엇일까?

다음 주어진 문제에서 □ 안에 들어갈 알맞은 것을 출발점으로 하고 사다리 타기를 하여 이 구조의 이름을 알아보자.

(1) △ABC와 △DBE는 □ 닮음이다.
(2) △ABC와 △DBE의 닮음비는 □ : 2이다.
(3) $\overline{AC}$의 길이는 □ cm이다.

AA 3 SAS 5 6

증 틸 랙 리 프

**0 준비해 보자**
개념 학습을 시작하기 전에 이전 개념을 재미있게 점검할 수 있습니다.

# 01 삼각비의 뜻

• QR코드를 스캔하여 개념 영상을 확인하세요.

※ 개념 영상은 4쪽 ❷에 설명되어 있습니다.

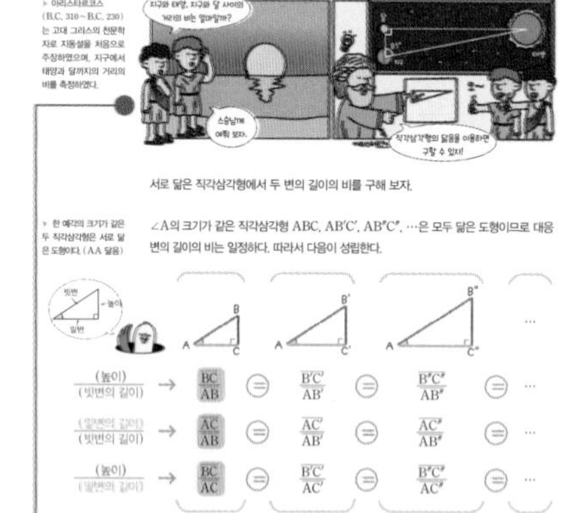


서로 닮은 직각삼각형에서 두 변의 길이의 비를 구해 보자.

▸ 한 예각의 크기가 같은 두 직각삼각형은 서로 닮은 도형이다. (AA 닮음)

∠A의 크기가 같은 직각삼각형 ABC, AB′C′, AB″C″, …은 모두 닮은 도형이므로 대응변의 길이의 비는 일정하다. 따라서 다음이 성립한다.

빗변, 높이, 밑변

$\frac{(\text{높이})}{(\text{빗변의 길이})} \rightarrow \frac{\overline{BC}}{\overline{AB}} = \frac{\overline{B'C'}}{\overline{AB'}} = \frac{\overline{B''C''}}{\overline{AB''}} = \cdots$

$\frac{(\text{밑변의 길이})}{(\text{빗변의 길이})} \rightarrow \frac{\overline{AC}}{\overline{AB}} = \frac{\overline{AC'}}{\overline{AB'}} = \frac{\overline{AC''}}{\overline{AB''}} = \cdots$

$\frac{(\text{높이})}{(\text{밑변의 길이})} \rightarrow \frac{\overline{BC}}{\overline{AC}} = \frac{\overline{B'C'}}{\overline{AC'}} = \frac{\overline{B''C''}}{\overline{AC''}} = \cdots$



이때 $\frac{\overline{BC}}{\overline{AB}}, \frac{\overline{AC}}{\overline{AB}}, \frac{\overline{BC}}{\overline{AC}}$를 각각 ∠A의 사인, 코사인, 탄젠트라 한다.

기호

$\frac{\overline{BC}}{\overline{AB}}$는 ∠A의 사인 → $\sin A$

$\frac{\overline{AC}}{\overline{AB}}$는 ∠A의 코사인 → $\cos A$

$\frac{\overline{BC}}{\overline{AC}}$는 ∠A의 탄젠트 → $\tan A$

→ ∠A의 삼각비

▸ 삼각비를 나타낼 때는 ∠A의 크기를 보통 $A$로 나타낸다.

오른쪽 그림과 같은 직각삼각형 ABC에서 다음 삼각비의 값을 구해 보자.

$\sin A=\frac{\square}{5}$, $\cos A=\frac{\square}{5}$, $\tan A=\frac{3}{\square}$

답 3, 4, 4

꽉 잡아, 개념!

삼각비의 뜻
∠C=90°인 직각삼각형 ABC에서

$\sin A=\frac{\boxed{a}}{c}$, $\cos A=\frac{\boxed{b}}{c}$, $\tan A=\frac{\boxed{a}}{b}$

➡ $\sin A$, $\cos A$, $\tan A$를 통틀어 ∠A의 삼각비라 한다.



**1 개념 도입 만화**
개념에 대한 흥미와 궁금증을 유발하는 만화입니다.

**1 꽉 잡아, 개념!**
중요 개념을 따라 쓰면서 배운 내용을 확인할 수 있습니다.

## ❷ 개념, 확인&정리하기

개념을 잘 이해했는지 문제를 풀어 보며
부족한 부분을 보완해 보세요. 개념 공부가 끝났으면
개념 전체의 흐름을 한 번에 정리해 보세요.

## ❸ 개념, 끝장내기

이제는 얼마나 잘 이해했는지 테스트를 해 봐야겠죠?
QR코드를 스캔하여 문제의 답을 입력하면 자동으로
채점이 되고, 부족한 개념을 문제로 보충할 수 있어요.
이것까지 완료하면 개념 공부를 끝장낸 거예요.

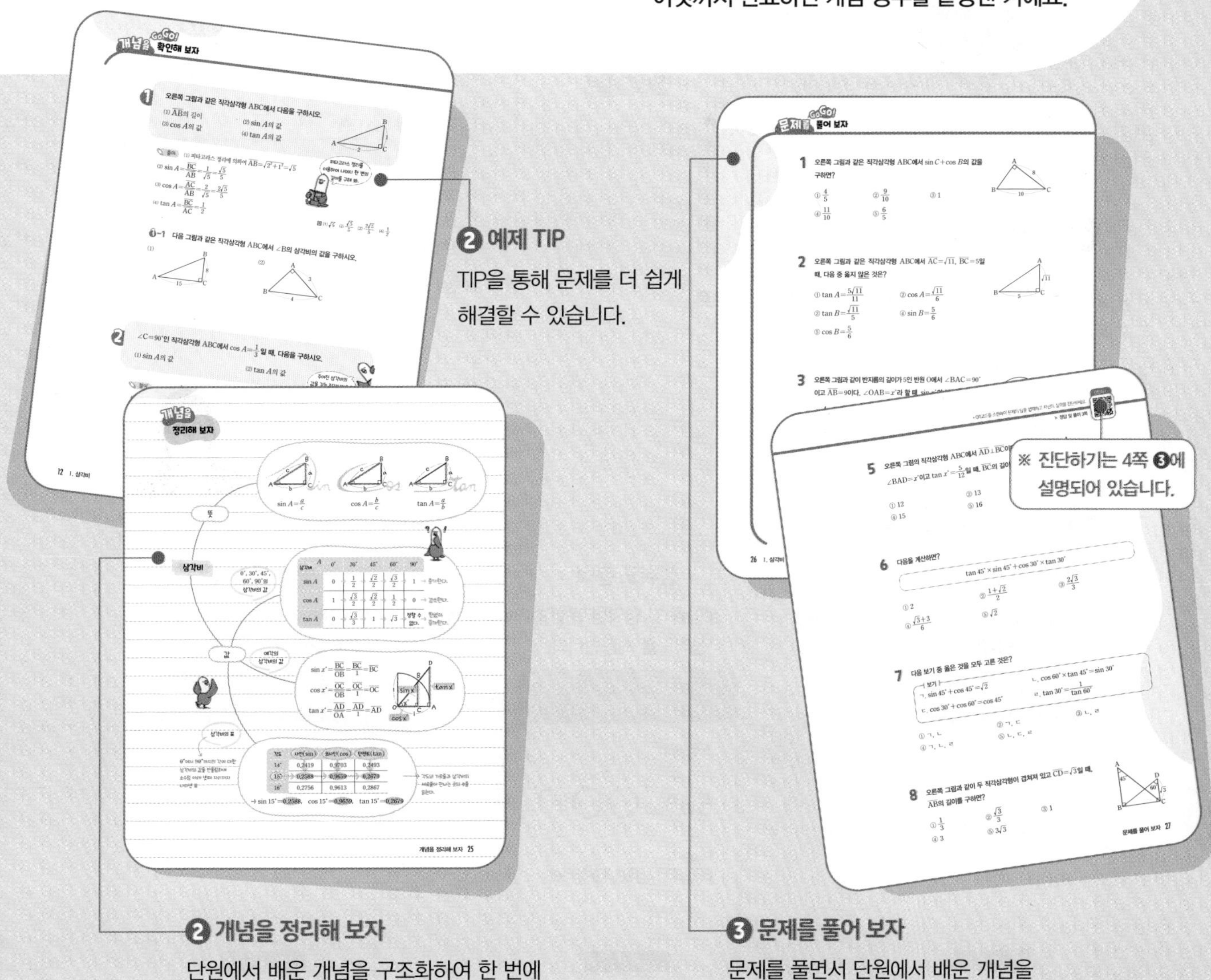

**❷ 예제 TIP**

TIP을 통해 문제를 더 쉽게 해결할 수 있습니다.

**❷ 개념을 정리해 보자**

단원에서 배운 개념을 구조화하여 한 번에 정리할 수 있습니다.

**❸ 문제를 풀어 보자**

문제를 풀면서 단원에서 배운 개념을 점검할 수 있습니다.

※ 진단하기는 4쪽 ❸에 설명되어 있습니다.

# 이 책의 온라인 학습 가이드

## ① 사전 테스트

**교재 표지의 QR코드를 스캔**

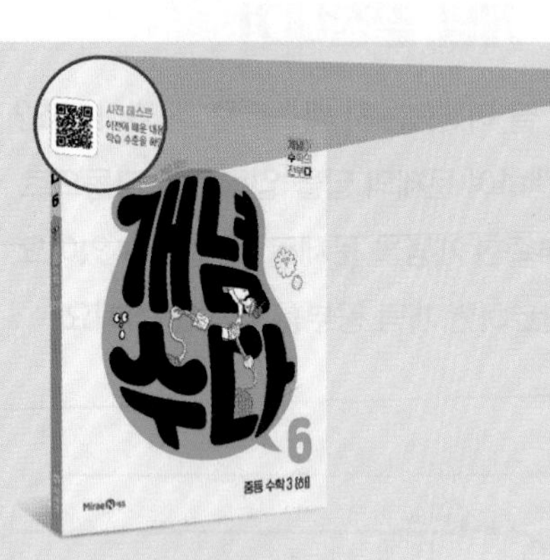

»

**사전 테스트**

이전에 배운 내용에 대한 학습 수준을 파악합니다.

»

**테스트 분석**

정답률 및 결과에 따른 안내를 제공합니다.

## ② 개념 영상

교재 기반의 강의로 개념을 더욱더 잘 이해할 수 있도록 도와 줍니다.

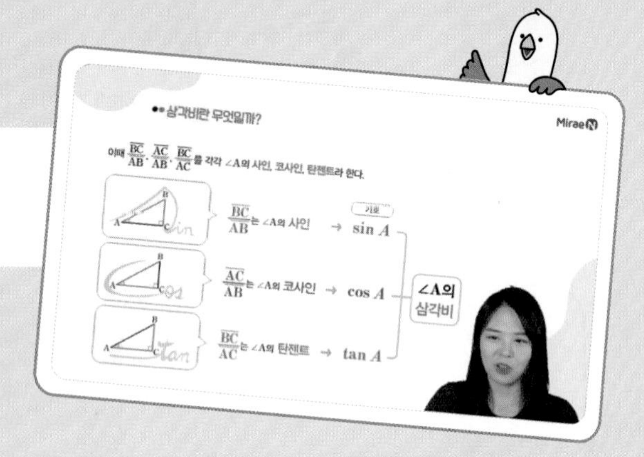

## ③ 단원 진단하기

**전 문항 답 입력하기**

모두 입력한 후 [제출하기]를 클릭합니다.

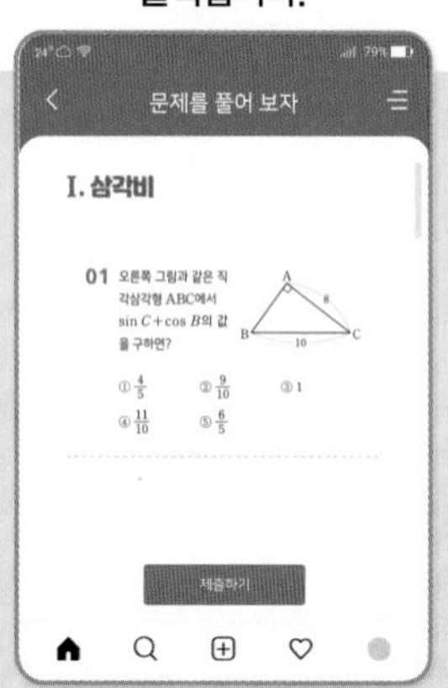

»

**성취도 분석**

정답률 및 영역별/문항별 성취도를 제공합니다.

»

**맞춤 클리닉**

개개인별로 틀린 문항에 대한 맞춤 클리닉을 제공합니다.

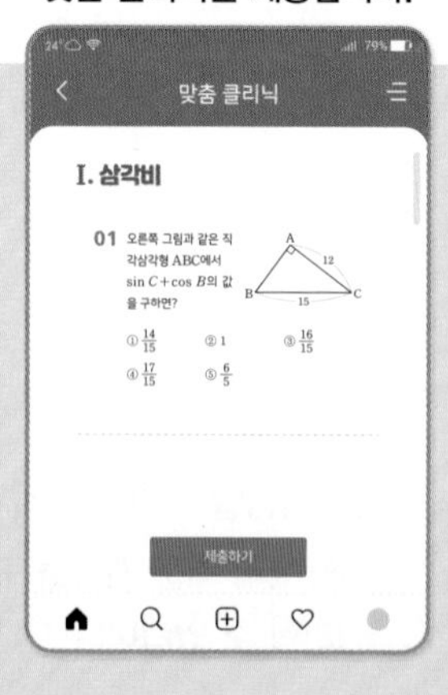

이 책의 차례

# I

# 삼각비

# 1 삼각비의 뜻과 값

# 1
# 삼각비의 뜻과 값

#삼각비 #직각삼각형

#sin #cos #tan

#30° #45° #60° #사분원

#0° #90° #삼각비의 표

## 준비 해 보자

▶ 정답 및 풀이 2쪽

● 작은 구조가 전체 구조와 닮은 형태로 끝없이 되풀이되는 이 구조는 나뭇가지 모양이나 창문에 성에가 생기는 모습에서 확인할 수 있다.
이 구조의 이름은 무엇일까?

다음 주어진 문제에서 □ 안에 들어갈 알맞은 것을 출발점으로 하고 사다리 타기를 하여 이 구조의 이름을 알아보자.

(1) △ABC와 △DBE는 □ 닮음이다.
(2) △ABC와 △DBE의 닮음비는 □ : 2이다.
(3) $\overline{AC}$의 길이는 □ cm이다.

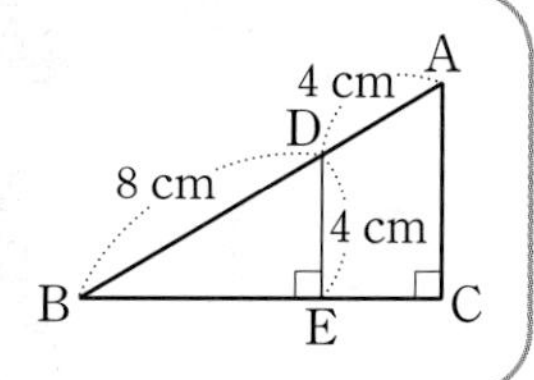


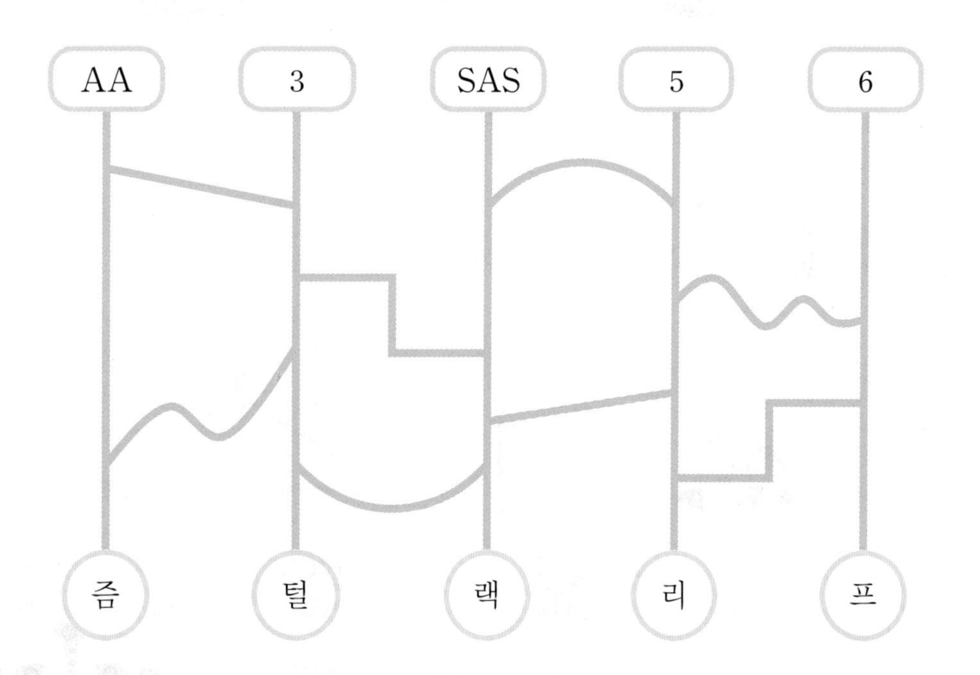


(1) 

(2) 

(3) 

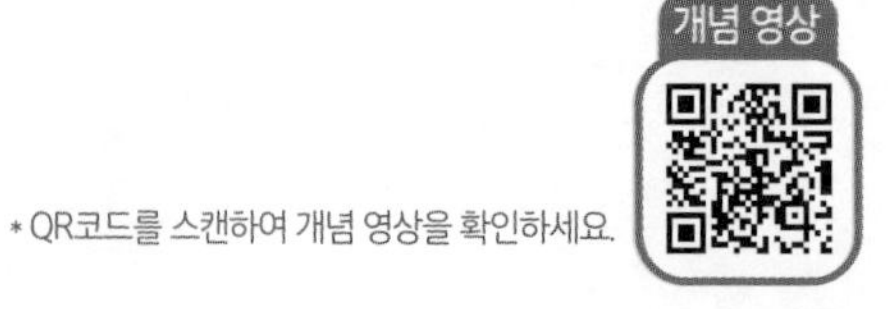


# 01 삼각비의 뜻

## ●● 삼각비란 무엇일까?

▶ 아리스타르코스(B.C. 310~B.C. 230)는 고대 그리스의 천문학자로 지동설을 처음으로 주장하였으며, 지구에서 태양과 달까지의 거리의 비를 측정하였다.

서로 닮은 직각삼각형에서 두 변의 길이의 비를 구해 보자.

▶ 한 예각의 크기가 같은 두 직각삼각형은 서로 닮은 도형이다. (AA 닮음)

$\angle$A의 크기가 같은 직각삼각형 ABC, AB′C′, AB″C″, …은 모두 닮은 도형이므로 대응변의 길이의 비는 일정하다. 따라서 다음이 성립한다.

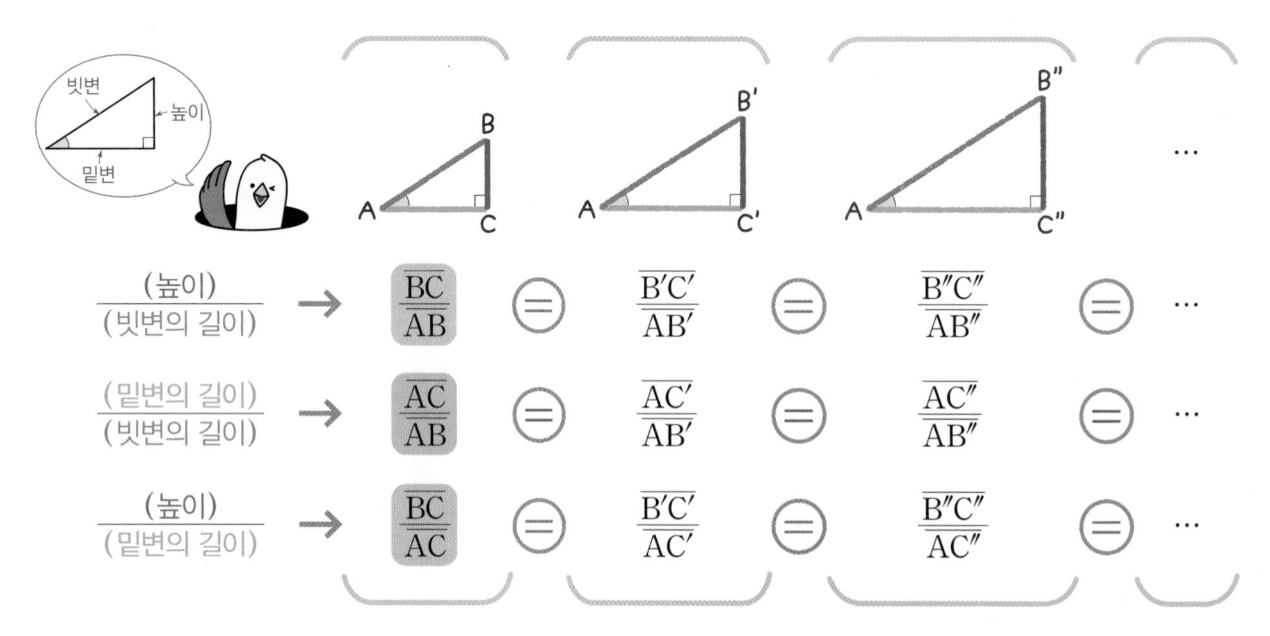

일반적으로 $\angle C=90^\circ$인 직각삼각형 ABC에서 $\angle A$의 크기가 정해지면 직각삼각형의 크기에 관계없이 두 변의 길이의 비 $\frac{\overline{BC}}{\overline{AB}}$, $\frac{\overline{AC}}{\overline{AB}}$, $\frac{\overline{BC}}{\overline{AC}}$의 값은 항상 일정하다.

이때 $\frac{\overline{BC}}{\overline{AB}}$, $\frac{\overline{AC}}{\overline{AB}}$, $\frac{\overline{BC}}{\overline{AC}}$를 각각 $\angle A$의 **사인**, **코사인**, **탄젠트**라 한다.

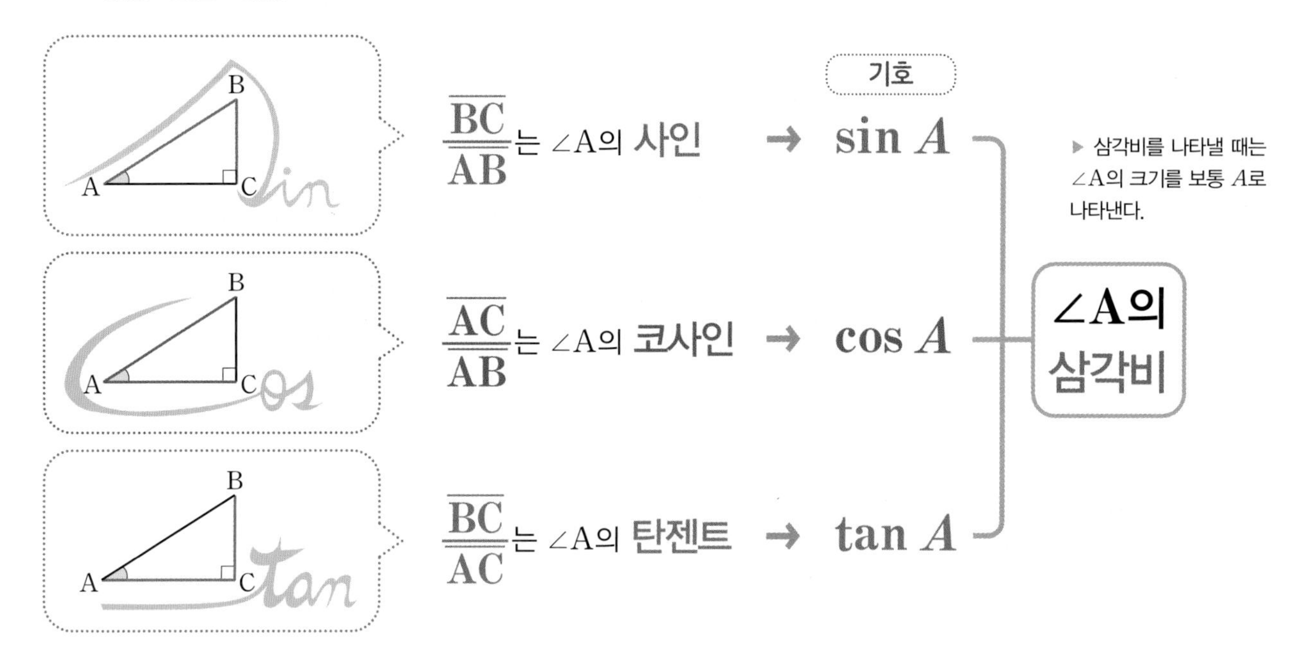


▶ 삼각비를 나타낼 때는 $\angle A$의 크기를 보통 $A$로 나타낸다.

오른쪽 그림과 같은 직각삼각형 ABC에서 다음 삼각비의 값을 구해 보자.

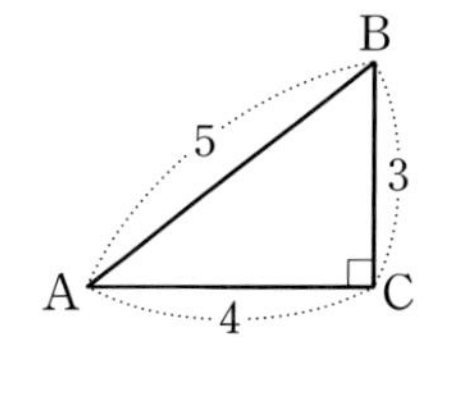


$\sin A=\frac{\square}{5}$, $\cos A=\frac{\square}{5}$, $\tan A=\frac{3}{\square}$

답 3, 4, 4

회색 글씨를 따라 쓰면서 개념을 정리해 보자!

**꽉 잡아, 개념!**

**삼각비의 뜻**

$\angle C=90^\circ$인 직각삼각형 ABC에서

$\sin A=\frac{\boxed{a}}{c}$, $\cos A=\frac{\boxed{b}}{c}$, $\tan A=\frac{\boxed{a}}{b}$

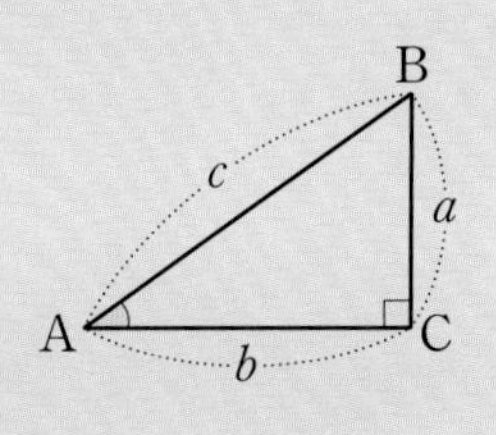


➡ $\sin A$, $\cos A$, $\tan A$를 통틀어 $\angle A$의 삼각비라 한다.

**오른쪽 그림과 같은 직각삼각형 ABC에서 다음을 구하시오.**

(1) $\overline{AB}$의 길이　　(2) $\sin A$의 값
(3) $\cos A$의 값　　(4) $\tan A$의 값

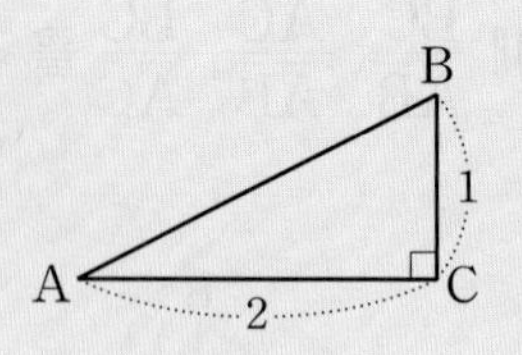

풀이 (1) 피타고라스 정리에 의하여 $\overline{AB}=\sqrt{2^2+1^2}=\sqrt{5}$

(2) $\sin A=\dfrac{\overline{BC}}{\overline{AB}}=\dfrac{1}{\sqrt{5}}=\dfrac{\sqrt{5}}{5}$

(3) $\cos A=\dfrac{\overline{AC}}{\overline{AB}}=\dfrac{2}{\sqrt{5}}=\dfrac{2\sqrt{5}}{5}$

(4) $\tan A=\dfrac{\overline{BC}}{\overline{AC}}=\dfrac{1}{2}$

답 (1) $\sqrt{5}$　(2) $\dfrac{\sqrt{5}}{5}$　(3) $\dfrac{2\sqrt{5}}{5}$　(4) $\dfrac{1}{2}$

**1-1** **다음 그림과 같은 직각삼각형 ABC에서 ∠B의 삼각비의 값을 구하시오.**

(1)

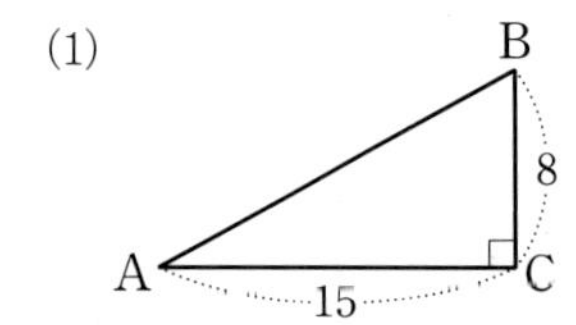


(2)

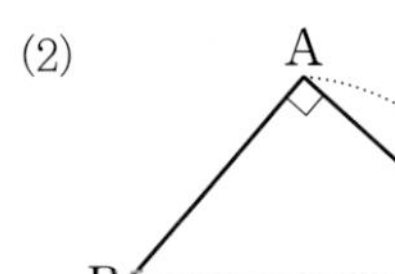

**∠C=90°인 직각삼각형 ABC에서 $\cos A=\dfrac{1}{3}$일 때, 다음을 구하시오.**

(1) $\sin A$의 값　　(2) $\tan A$의 값

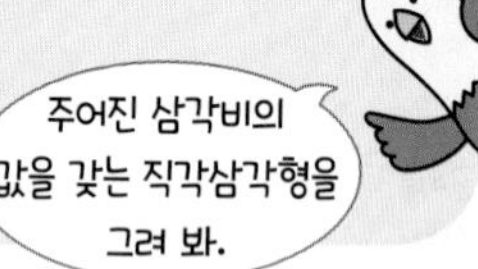


풀이 $\cos A=\dfrac{1}{3}$이므로 오른쪽 그림과 같이 ∠C=90°, $\overline{AB}=3$, $\overline{AC}=1$인 직각삼각형 ABC를 생각할 수 있다.

이때 피타고라스 정리에 의하여 $\overline{BC}=\sqrt{3^2-1^2}=\sqrt{8}=2\sqrt{2}$

(1) $\sin A=\dfrac{\overline{BC}}{\overline{AB}}=\dfrac{2\sqrt{2}}{3}$

(2) $\tan A=\dfrac{\overline{BC}}{\overline{AC}}=\dfrac{2\sqrt{2}}{1}=2\sqrt{2}$

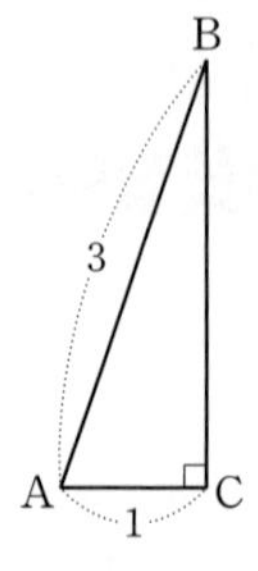


답 (1) $\dfrac{2\sqrt{2}}{3}$　(2) $2\sqrt{2}$

▶ 정답 및 풀이 2쪽

**2-1** $\angle C=90°$**인 직각삼각형** ABC**에서** $\sin A=\frac{5}{13}$**일 때, 다음을 구하시오.**

(1) $\cos A$의 값　　　　(2) $\tan A$의 값

## 3

**오른쪽 그림과 같은 직각삼각형** ABC**에서** $\overline{AB}=15$, $\sin A=\frac{2}{3}$**일 때, 다음을 구하시오.**

(1) $\overline{BC}$의 길이　　　　(2) $\overline{AC}$의 길이

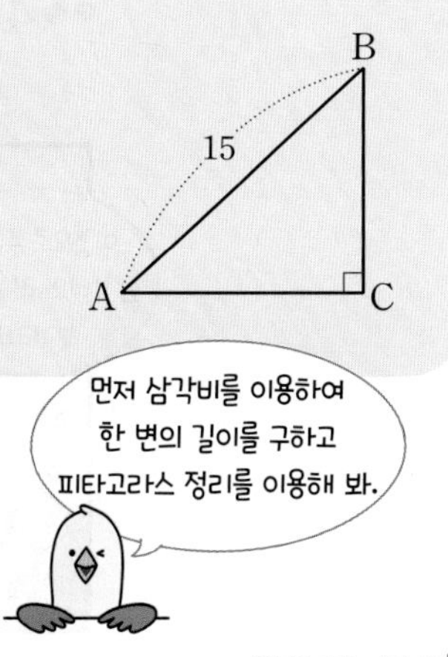


**풀이** (1) $\sin A=\frac{\overline{BC}}{15}$이므로 $\frac{\overline{BC}}{15}=\frac{2}{3}$　$\therefore \overline{BC}=10$

(2) 피타고라스 정리에 의하여

$\overline{AC}=\sqrt{15^2-10^2}=\sqrt{125}=5\sqrt{5}$

**답** (1) **10**　(2) $5\sqrt{5}$

**3-1** **오른쪽 그림과 같은 직각삼각형** ABC**에서** $\overline{BC}=6$, $\tan A=\frac{3}{4}$**일 때,** $\overline{AB}$**의 길이를 구하시오.**

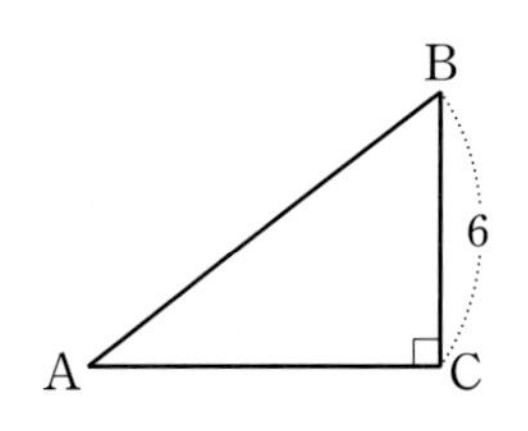


**3-2** **오른쪽 그림과 같은 직각삼각형** ABC**에서** $\overline{AD}\perp\overline{BC}$**이고** $\overline{AB}=1$, $\overline{AC}=\sqrt{3}$**일 때, 다음 물음에 답하시오.**

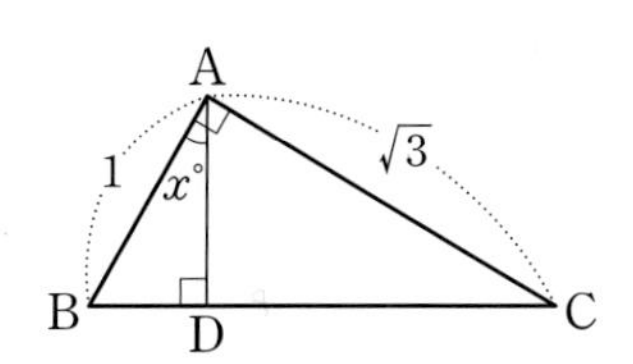


(1) $\triangle ABC \backsim \triangle DBA$임을 보이시오.

(2) $\overline{BC}$의 길이를 구하시오.

(3) $\cos x°$의 값을 구하시오.

* QR코드를 스캔하여 개념 영상을 확인하세요.

# 02 30°, 45°, 60°의 삼각비의 값

## •• 45°의 삼각비의 값은 얼마일까?

한 변의 길이가 1인 정사각형 ABCD에서 대각선 AC를 따라 자르면

**∠CAB=45°인 직각이등변삼각형 ABC**

를 얻는다.

따라서 45°의 삼각비의 값은 다음과 같다.

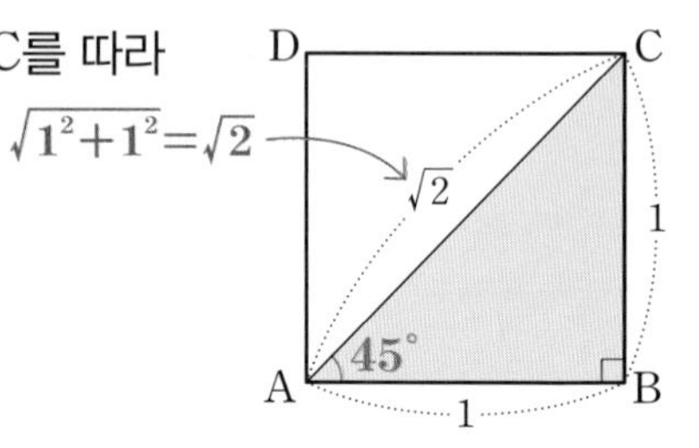


$$\sin 45° = \frac{\overline{BC}}{\overline{AC}} = \frac{1}{\sqrt{2}} = \frac{\sqrt{2}}{2}$$

$$\cos 45° = \frac{\overline{AB}}{\overline{AC}} = \frac{1}{\sqrt{2}} = \frac{\sqrt{2}}{2}$$

$$\tan 45° = \frac{\overline{BC}}{\overline{AB}} = \frac{1}{1} = 1$$

## ●● 60°, 30°의 삼각비의 값은 얼마일까?

한 변의 길이가 2인 정삼각형 ABC의 꼭짓점 A에서 밑변 BC에 내린 수선의 발을 D라 하면

**∠ABD=60°, ∠BAD=30°인 직각삼각형 ABD**

를 얻는다.

따라서 60°, 30°의 삼각비의 값은 각각 다음과 같다.

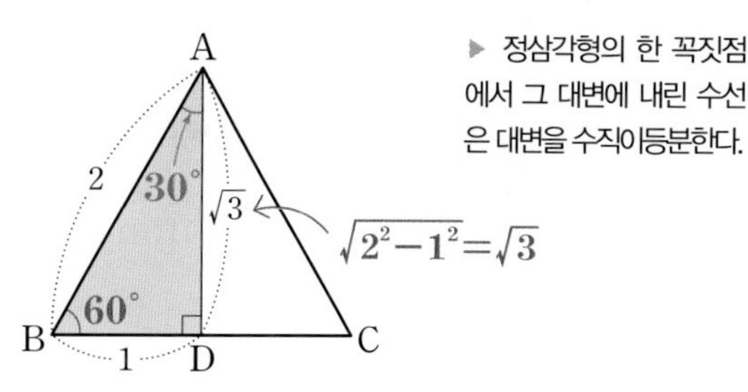


▶ 정삼각형의 한 꼭짓점에서 그 대변에 내린 수선은 대변을 수직이등분한다.

$$\sin 60^\circ=\frac{\overline{AD}}{\overline{AB}}=\frac{\sqrt{3}}{2}$$

$$\cos 60^\circ=\frac{\overline{BD}}{\overline{AB}}=\frac{1}{2}$$

$$\tan 60^\circ=\frac{\overline{AD}}{\overline{BD}}=\frac{\sqrt{3}}{1}=\sqrt{3}$$

$$\sin 30^\circ=\frac{\overline{BD}}{\overline{AB}}=\frac{1}{2}$$

$$\cos 30^\circ=\frac{\overline{AD}}{\overline{AB}}=\frac{\sqrt{3}}{2}$$

$$\tan 30^\circ=\frac{\overline{BD}}{\overline{AD}}=\frac{1}{\sqrt{3}}=\frac{\sqrt{3}}{3}$$

**다음을 계산해 보자.**

(1) $\sin 30^\circ+\cos 60^\circ$ (2) $\tan 45^\circ\times\sin 45^\circ$

답 (1) 1 (2) $\frac{\sqrt{2}}{2}$

**꽉 잡아, 개념!** 30°, 45°, 60°의 삼각비의 값

| 삼각비 \ A | 30° | 45° | 60° |
|---|---|---|---|
| sin A | $\frac{1}{2}$ | $\frac{\sqrt{2}}{2}$ | $\frac{\sqrt{3}}{2}$ |
| cos A | $\frac{\sqrt{3}}{2}$ | $\frac{\sqrt{2}}{2}$ | $\frac{1}{2}$ |
| tan A | $\frac{\sqrt{3}}{3}$ | 1 | $\sqrt{3}$ |

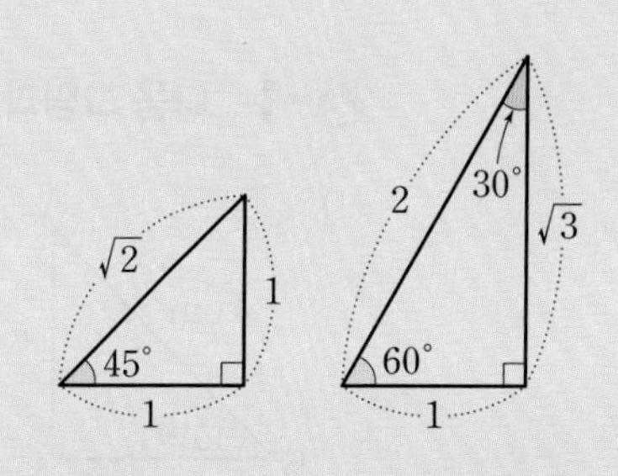

▶ 정답 및 풀이 2쪽

**1** 다음을 계산하시오.

(1) $\sin 30^\circ \times \tan 60^\circ \div \cos 30^\circ$　　(2) $\sin^2 45^\circ + \cos^2 45^\circ$

풀이 (1) $\sin 30^\circ \times \tan 60^\circ \div \cos 30^\circ = \frac{1}{2} \times \sqrt{3} \div \frac{\sqrt{3}}{2} = 1$

(2) $\sin^2 45^\circ + \cos^2 45^\circ = \left(\frac{\sqrt{2}}{2}\right)^2 + \left(\frac{\sqrt{2}}{2}\right)^2 = \frac{1}{2} + \frac{1}{2} = 1$

답 (1) **1**　(2) **1**

**1-1** 다음을 계산하시오.

(1) $\cos 30^\circ \times \tan 45^\circ + \sin 60^\circ$

(2) $(\sin 30^\circ - \cos 30^\circ) \times (\cos 60^\circ + \sin 60^\circ)$

**2** 오른쪽 그림과 같은 직각삼각형 ABC에서 $x$, $y$의 값을 각각 구하시오.

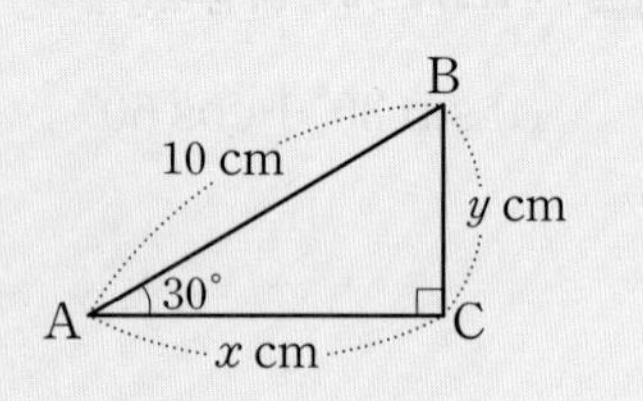

풀이 $\cos 30^\circ = \frac{x}{10}$이므로 $\frac{\sqrt{3}}{2} = \frac{x}{10}$　　$\therefore x = 5\sqrt{3}$

$\sin 30^\circ = \frac{y}{10}$이므로 $\frac{1}{2} = \frac{y}{10}$　　$\therefore y = 5$

답 $x = 5\sqrt{3}$, $y = 5$

**2-1** 다음 그림과 같은 직각삼각형 ABC에서 $x$, $y$의 값을 각각 구하시오.

(1)

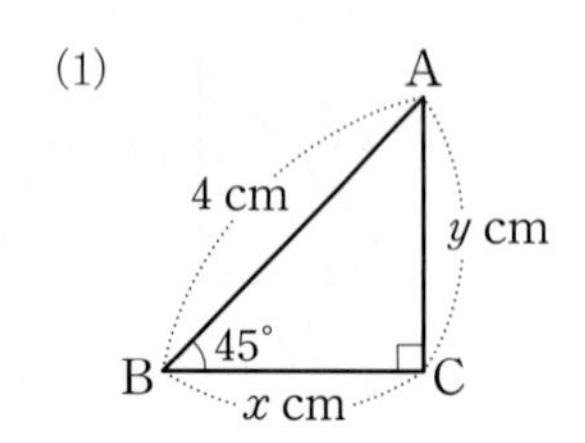


(2)

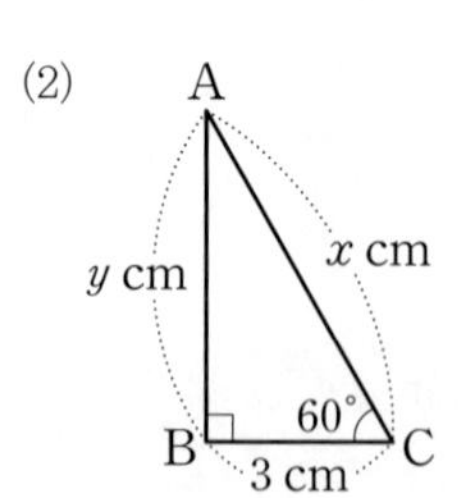

# 03

* QR코드를 스캔하여 개념 영상을 확인하세요.

# 예각의 삼각비의 값

## ●● 예각의 삼각비의 값은 어떻게 구할까?

우리는 '개념 02'에서 30°, 45°, 60°의 삼각비의 값을 구했다.

그렇다면 30°, 45°, 60°가 아닌 임의의 예각에 대한 삼각비의 값은 어떻게 구할까?

먼저 $\angle B = x°$인 직각삼각형 ABC에서 변의 길이를 이용하여 $x°$에 대한 삼각비를 나타내면 다음과 같다.

A, B, C, $x°$

➔ $\sin x° = \dfrac{\overline{AC}}{\overline{AB}}$, $\cos x° = \dfrac{\overline{BC}}{\overline{AB}}$, $\tan x° = \dfrac{\overline{AC}}{\overline{BC}}$

이때 삼각비의 분모의 값이 1이 되는 직각삼각형을 생각해 보자.
$\overline{AB}=1$ 또는 $\overline{BC}=1$

직각삼각형 ABC에서 $\overline{AB}=1$이면

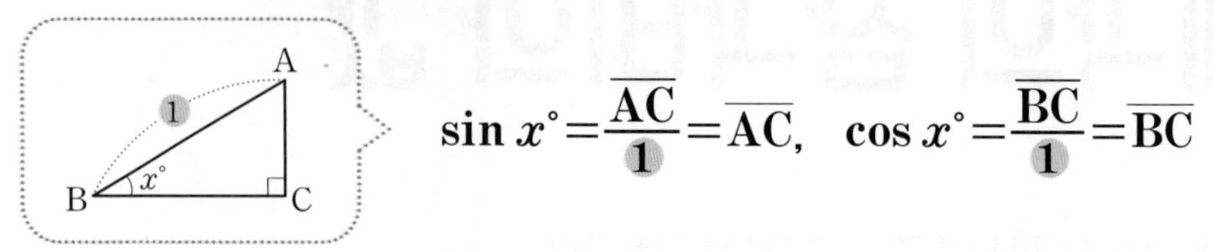


$$\sin x^\circ=\frac{\overline{AC}}{1}=\overline{AC},\quad \cos x^\circ=\frac{\overline{BC}}{1}=\overline{BC}$$

또, 직각삼각형 ABC에서 $\overline{BC}=1$이면

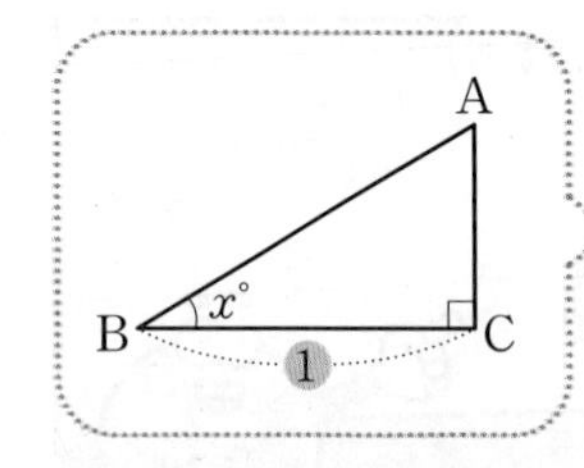


$$\tan x^\circ=\frac{\overline{AC}}{1}=\overline{AC}$$

→ 삼각비의 분모의 값이 1인 직각삼각형을 이용하면 삼각비의 값을 한 선분의 길이로 나타낼 수 있다.

이제 반지름의 길이가 1인 사분원을 이용하여 예각의 삼각비의 값을 구해 보자.

다음 그림과 같이 점 O를 중심으로 하고 반지름의 길이가 1인 사분원이 있다.
$\angle BOA=x^\circ$일 때, 직각삼각형 BOC에서 $\overline{OB}=1$이므로

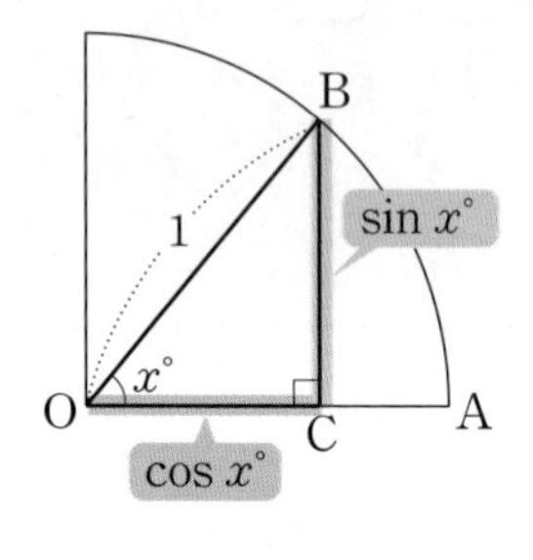


$$\sin x^\circ=\frac{\overline{BC}}{\overline{OB}}=\frac{\overline{BC}}{1}=\overline{BC}$$

$$\cos x^\circ=\frac{\overline{OC}}{\overline{OB}}=\frac{\overline{OC}}{1}=\overline{OC}$$

→ $\sin x^\circ$, $\cos x^\circ$의 값은 각각 선분 BC, 선분 OC의 길이와 같다.

또, 점 A를 지나는 원의 접선과 $\overline{OB}$의 연장선이 만나는 점을 D라 할 때, 직각삼각형 DOA에서 $\overline{OA}=1$이므로

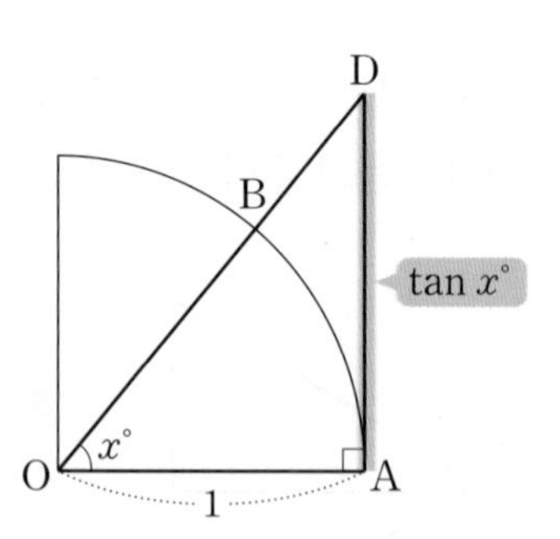


$$\tan x^\circ=\frac{\overline{AD}}{\overline{OA}}=\frac{\overline{AD}}{1}=\overline{AD}$$

→ $\tan x^\circ$의 값은 선분 AD의 길이와 같다.

예를 들어 오른쪽 그림에서 $40^\circ$의 삼각비의 값을 반올림하여 소수점 아래 둘째 자리까지 구하면 다음과 같다.

$\sin 40^\circ = 0.64$

$\cos 40^\circ = 0.77$

$\tan 40^\circ = 0.84$

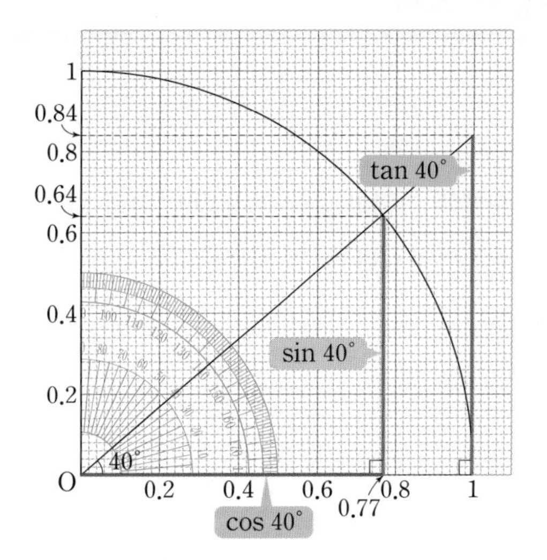


오른쪽 그림과 같이 점 O를 중심으로 하고 반지름의 길이가 1인 사분원에서 다음 삼각비의 값을 구해 보자.

(1) $\sin 35^\circ = \overline{\square} = \square$

(2) $\cos 35^\circ = \overline{\square} = \square$

(3) $\tan 35^\circ = \overline{\square} = \square$

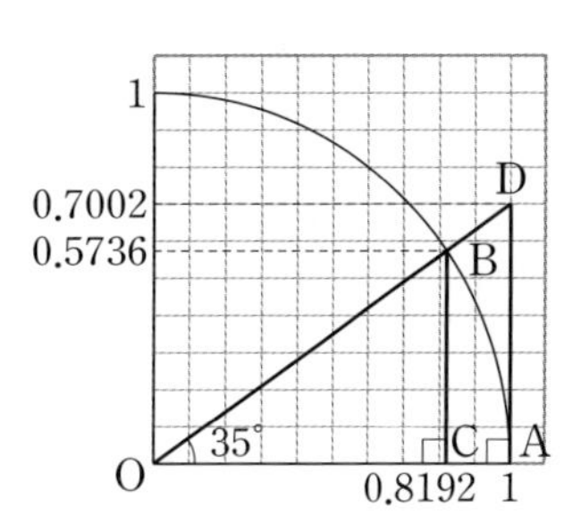


답 (1) BC, 0.5736 (2) OC, 0.8192 (3) AD, 0.7002

회색 글씨를 따라 쓰면서 개념을 정리해 보자!

## 꽉 잡아, 개념!

**예각의 삼각비의 값**

반지름의 길이가 1인 사분원에서 예각 $x^\circ$에 대하여

(1) $\sin x^\circ = \overline{BC}$

(2) $\cos x^\circ = \overline{OC}$

(3) $\tan x^\circ = \overline{AD}$

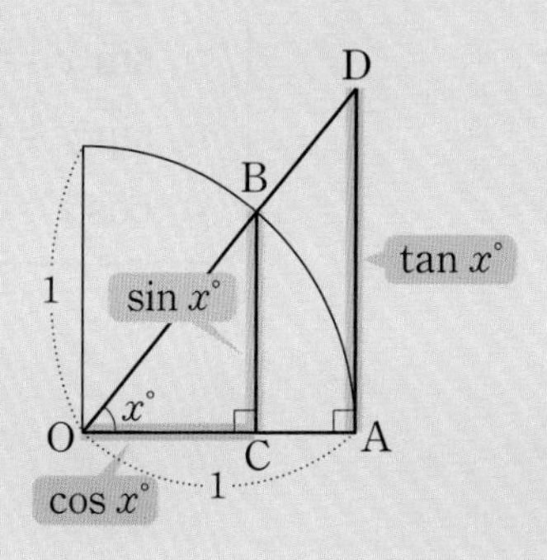

▶ 정답 및 풀이 3쪽

오른쪽 그림과 같이 좌표평면 위의 원점 O를 중심으로 하고 반지름의 길이가 1인 사분원에서 다음 삼각비의 값을 구하시오.

(1) $\sin 52^\circ$　　(2) $\cos 52^\circ$

(3) $\sin 38^\circ$

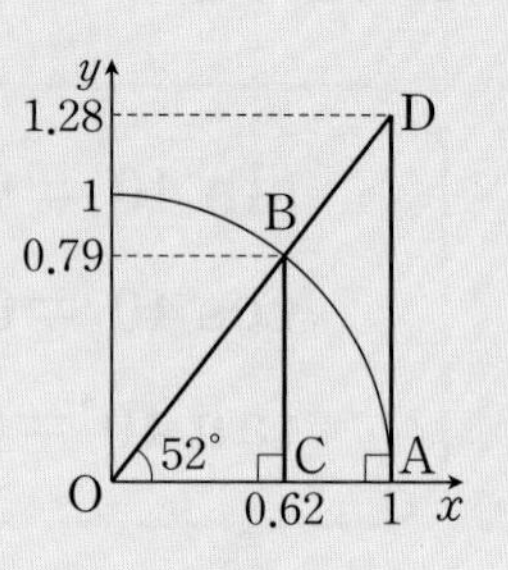


풀이 (1) $\sin 52^\circ=\dfrac{\overline{BC}}{\overline{OB}}=\dfrac{\overline{BC}}{1}=\overline{BC}=0.79$

(2) $\cos 52^\circ=\dfrac{\overline{OC}}{\overline{OB}}=\dfrac{\overline{OC}}{1}=\overline{OC}=0.62$

(3) $\sin 38^\circ=\dfrac{\overline{OC}}{\overline{OB}}=\dfrac{\overline{OC}}{1}=\overline{OC}=0.62$

$\angle OBC=90^\circ-52^\circ=38^\circ$ 이므로 삼각비의 분모의 값이 1이 되는 직각삼각형을 찾아봐.

답 (1) **0.79** (2) **0.62** (3) **0.62**

**1-1** 1의 사분원에서 다음 삼각비의 값을 구하시오.

(1) $\tan 52^\circ$　　(2) $\cos 38^\circ$

**1-2** 오른쪽 그림과 같이 점 O를 중심으로 하고 반지름의 길이가 1인 사분원에서 다음 보기 중 옳은 것을 모두 고르시오.

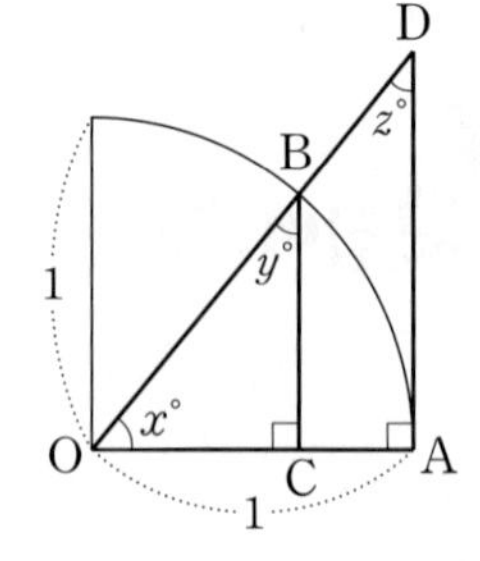


보기

ㄱ. $\sin x^\circ=\overline{BC}$　　ㄴ. $\cos x^\circ=\overline{OA}$

ㄷ. $\sin y^\circ=\overline{OC}$　　ㄹ. $\tan y^\circ=\overline{BC}$

ㅁ. $\cos z^\circ=\overline{BC}$

# 04

＊QR코드를 스캔하여 개념 영상을 확인하세요.

# $0°$, $90°$의 삼각비의 값

## ●● $0°$와 $90°$의 삼각비의 값은 얼마일까?

우리는 '개념 03'에서 반지름의 길이가 1인 사분원을 이용하여 임의의 예각에 대한 삼각비의 값을 구했다.

이와 같은 방법으로 $0°$와 $90°$의 삼각비의 값도 구해 보자.

**$\angle BOA$의 크기가 $0°$에 가까워지면**

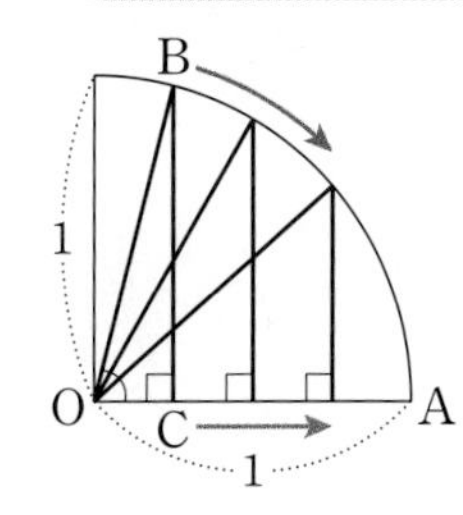


- $\overline{BC}$의 길이는 0에 가까워진다. → $\sin 0° = 0$
  - $\overline{BC}$ → $\sin(\angle BOA)$
- $\overline{OC}$의 길이는 1에 가까워진다. → $\cos 0° = 1$
  - $\overline{OC}$ → $\cos(\angle BOA)$

∠BOA의 크기가 90°에 가까워지면

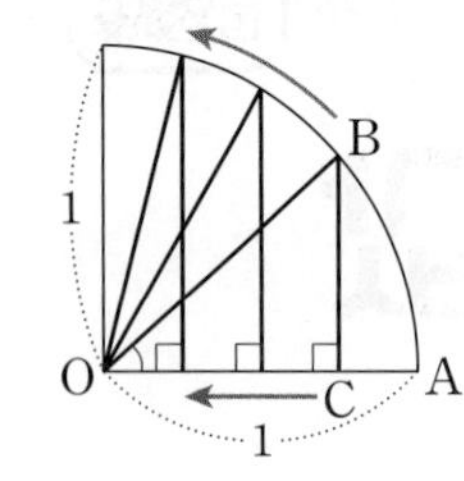


✓ $\overline{BC}$의 길이는 1에 가까워진다. → $\sin 90° = 1$
↳ sin(∠BOA)

✓ $\overline{OC}$의 길이는 0에 가까워진다. → $\cos 90° = 0$
↳ cos(∠BOA)

∠DOA의 크기가 0°에 가까워지면

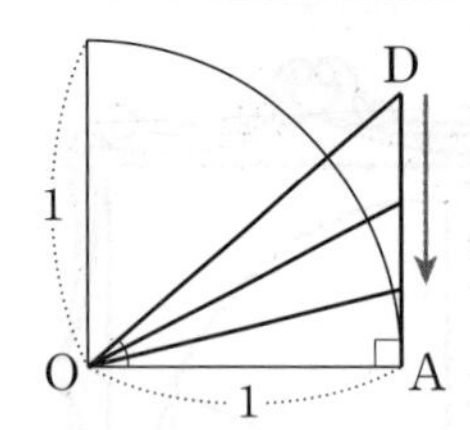


✓ $\overline{AD}$의 길이는 0에 가까워진다. → $\tan 0° = 0$
↳ tan(∠DOA)

∠DOA의 크기가 90°에 가까워지면

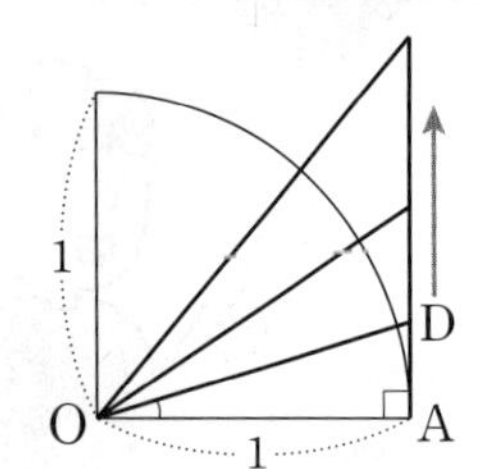


✓ $\overline{AD}$의 길이는 한없이 커진다.
↳ tan(∠DOA)

→ tan 90°의 값은 정할 수 없다.

'개념 02, 04'에서 배운 삼각비의 값을 정리하면 다음과 같다.

| 삼각비 \ $A$ | 0° | 30° | 45° | 60° | 90° | |
|---|---|---|---|---|---|---|
| $\sin A$ | 0 | $\frac{1}{2}$ | $\frac{\sqrt{2}}{2}$ | $\frac{\sqrt{3}}{2}$ | 1 | 증가한다. |
| $\cos A$ | 1 | $\frac{\sqrt{3}}{2}$ | $\frac{\sqrt{2}}{2}$ | $\frac{1}{2}$ | 0 | 감소한다. |
| $\tan A$ | 0 | $\frac{\sqrt{3}}{3}$ | 1 | $\sqrt{3}$ | 정할 수 없다. | 한없이 증가한다. |

▶ ∠A의 크기가 0°에서 90°까지 증가하면
① $\sin A$
➡ 0에서 1까지 증가
② $\cos A$
➡ 1에서 0까지 감소
③ $\tan A$
➡ 0에서부터 한없이 증가

✔ 다음 삼각비의 값을 구해 보자.

(1) $\sin 0°$　(2) $\cos 0°$　(3) $\tan 0°$
(4) $\sin 90°$　(5) $\cos 90°$

답 (1) 0 (2) 1 (3) 0 (4) 1 (5) 0

## ●● 삼각비의 표를 이용하여 삼각비의 값을 어떻게 구할까?

삼각비의 표는 $0°$에서 $90°$까지의 각에 대한 삼각비의 값을 반올림하여 소수점 아래 넷째 자리까지 나타낸 것이다.
예를 들어 $\sin 47°$, $\cos 48°$, $\tan 49°$의 삼각비의 값을 구하려면 아래의 삼각비의 표에서 각도의 가로줄과 삼각비의 세로줄이 만나는 곳의 수를 읽으면 된다.

| 각도 | 사인(sin) | 코사인(cos) | 탄젠트(tan) |
|---|---|---|---|
| ⋮ | ⋮ | ⋮ | ⋮ |
| 47° | 0.7314 | 0.6820 | 1.0724 |
| 48° | 0.7431 | 0.6691 | 1.1106 |
| 49° | 0.7547 | 0.6561 | 1.1504 |
| ⋮ | ⋮ | ⋮ | ⋮ |

$\sin 47° = 0.7314$
$\cos 48° = 0.6691$
$\tan 49° = 1.1504$

▶ 삼각비의 표에 있는 값은 어림값이지만, 이 표를 이용하여 삼각비의 값을 나타낼 때는 보통 등호 =를 쓴다.

**오른쪽 삼각비의 표를 이용하여 다음 삼각비의 값을 구해 보자.**

(1) $\sin 14°$
(2) $\cos 16°$
(3) $\tan 13°$

| 각도 | 사인(sin) | 코사인(cos) | 탄젠트(tan) |
|---|---|---|---|
| 13° | 0.2250 | 0.9744 | 0.2309 |
| 14° | 0.2419 | 0.9703 | 0.2493 |
| 15° | 0.2588 | 0.9659 | 0.2679 |
| 16° | 0.2756 | 0.9613 | 0.2867 |

답 (1) 0.2419 (2) 0.9613 (3) 0.2309

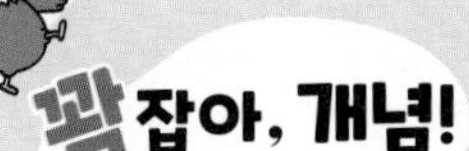


(1) $0°$, $90°$의 삼각비의 값

| 삼각비 \ $A$ | $0°$ | $90°$ |
|---|---|---|
| $\sin A$ | 0 | 1 |
| $\cos A$ | 1 | 0 |
| $\tan A$ | 0 | 정할 수 없다. |

(2) **삼각비의 표 읽는 방법:** 삼각비의 표에서 각도의 가로줄과 삼각비의 세로줄이 만나는 곳의 수가 삼각비의 값이다.

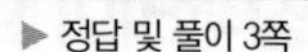
▶ 정답 및 풀이 3쪽

**1** 다음을 계산하시오.

(1) $\sin 0° + \cos 0°$　　(2) $\sin 90° - \cos 90°$

(3) $\cos 0° \times \sin 90° + \sin 0° \times \tan 0°$

풀이 (1) $\sin 0° + \cos 0° = 0 + 1 = 1$

(2) $\sin 90° - \cos 90° = 1 - 0 = 1$

(3) $\cos 0° \times \sin 90° + \sin 0° \times \tan 0° = 1 \times 1 + 0 \times 0 = 1$

답 (1) **1**　(2) **1**　(3) **1**

**1-1** 다음을 계산하시오.

(1) $\sin 0° + \cos 90° - \tan 0°$

(2) $\sin 90° \times \tan 60° - \cos 90° \div \tan 45°$

**2** 오른쪽 삼각비의 표를 이용하여 다음을 만족하는 $x$의 값을 구하시오.

(1) $\sin x° = 0.4540$

(2) $\cos x° = 0.9063$

(3) $\tan x° = 0.5317$

| 각도 | 사인(sin) | 코사인(cos) | 탄젠트(tan) |
|---|---|---|---|
| 25° | 0.4226 | 0.9063 | 0.4663 |
| 26° | 0.4384 | 0.8988 | 0.4877 |
| 27° | 0.4540 | 0.8910 | 0.5095 |
| 28° | 0.4695 | 0.8829 | 0.5317 |

삼각비의 표에서 삼각비의 값을 찾아 왼쪽의 각의 크기를 읽어 봐.

풀이 (1) $\sin 27° = 0.4540$이므로 $x = 27$

(2) $\cos 25° = 0.9063$이므로 $x = 25$

(3) $\tan 28° = 0.5317$이므로 $x = 28$

답 (1) **27**　(2) **25**　(3) **28**

**2-1** 2의 삼각비의 표를 이용하여 다음을 만족하는 $x$의 값을 구하시오.

(1) $\sin x° = 0.4384$　　(2) $\cos x° = 0.8829$　　(3) $\tan x° = 0.4663$

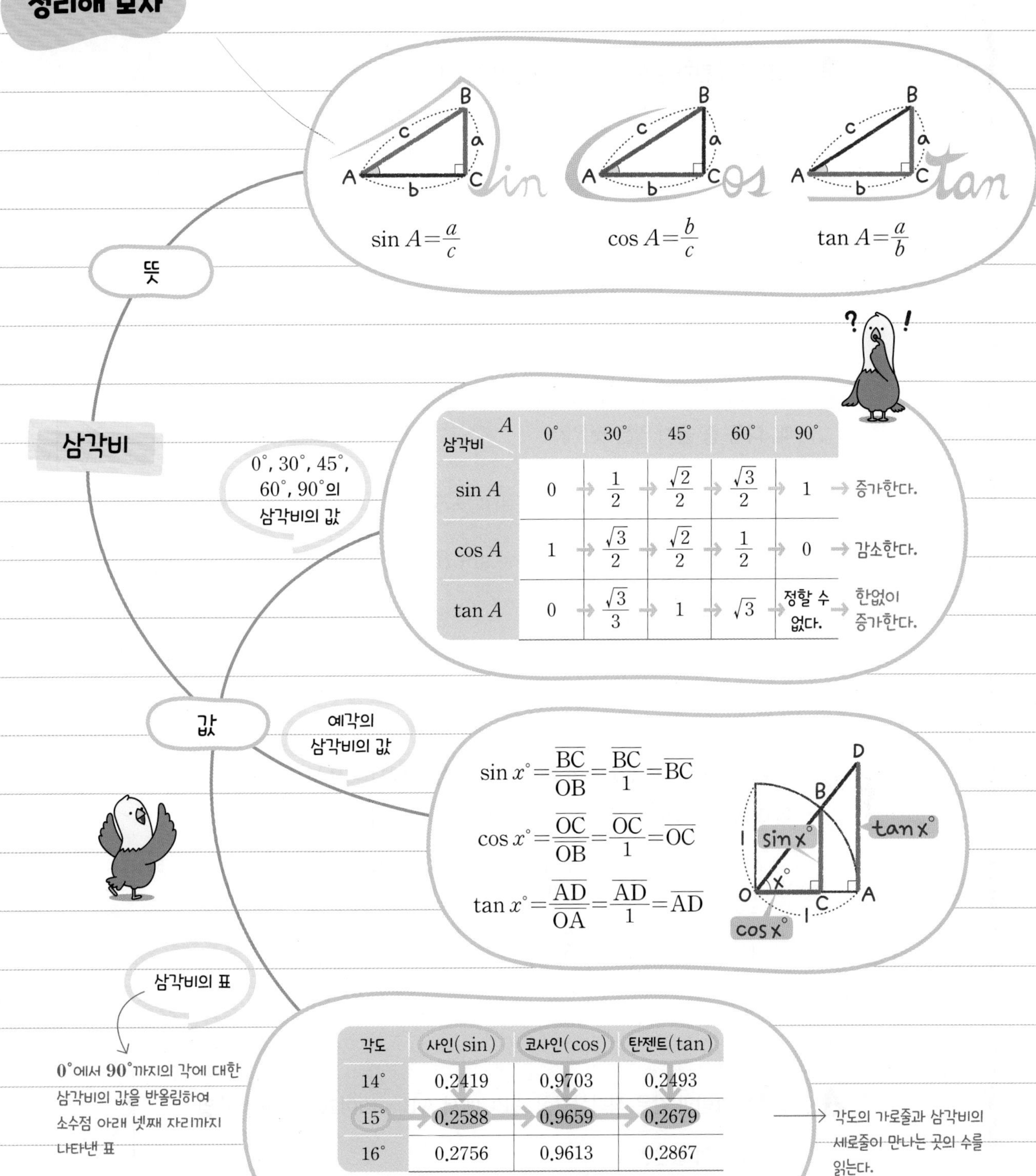


| 삼각비 \ $A$ | 0° | 30° | 45° | 60° | 90° | |
|---|---|---|---|---|---|---|
| $\sin A$ | 0 | $\frac{1}{2}$ | $\frac{\sqrt{2}}{2}$ | $\frac{\sqrt{3}}{2}$ | 1 | → 증가한다. |
| $\cos A$ | 1 | $\frac{\sqrt{3}}{2}$ | $\frac{\sqrt{2}}{2}$ | $\frac{1}{2}$ | 0 | → 감소한다. |
| $\tan A$ | 0 | $\frac{\sqrt{3}}{3}$ | 1 | $\sqrt{3}$ | 정할 수 없다. | → 한없이 증가한다. |

| 각도 | 사인(sin) | 코사인(cos) | 탄젠트(tan) |
|---|---|---|---|
| 14° | 0.2419 | 0.9703 | 0.2493 |
| 15° | 0.2588 | 0.9659 | 0.2679 |
| 16° | 0.2756 | 0.9613 | 0.2867 |

**1** 오른쪽 그림과 같은 직각삼각형 ABC에서 $\sin C+\cos B$의 값을 구하면?

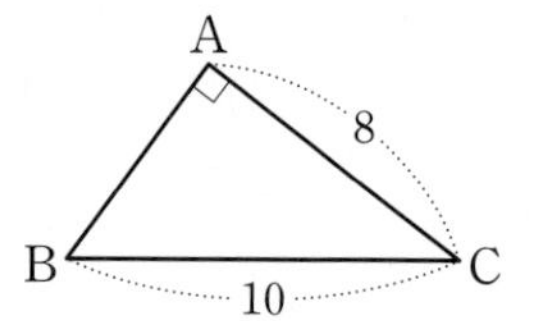


① $\frac{4}{5}$ ② $\frac{9}{10}$ ③ 1
④ $\frac{11}{10}$ ⑤ $\frac{6}{5}$

**2** 오른쪽 그림과 같은 직각삼각형 ABC에서 $\overline{AC}=\sqrt{11}$, $\overline{BC}=5$일 때, 다음 중 옳지 <u>않은</u> 것은?

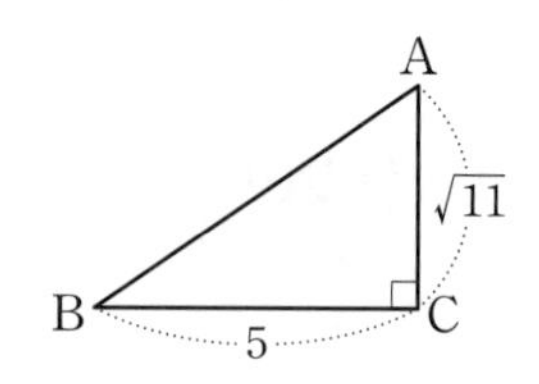


① $\tan A=\frac{5\sqrt{11}}{11}$ ② $\cos A=\frac{\sqrt{11}}{6}$
③ $\tan B=\frac{\sqrt{11}}{5}$ ④ $\sin B=\frac{5}{6}$
⑤ $\cos B=\frac{5}{6}$

**3** 오른쪽 그림과 같이 반지름의 길이가 5인 반원 O에서 $\angle BAC=90^\circ$이고 $\overline{AB}=9$이다. $\angle OAB=x^\circ$라 할 때, $\sin x^\circ$의 값을 구하면?

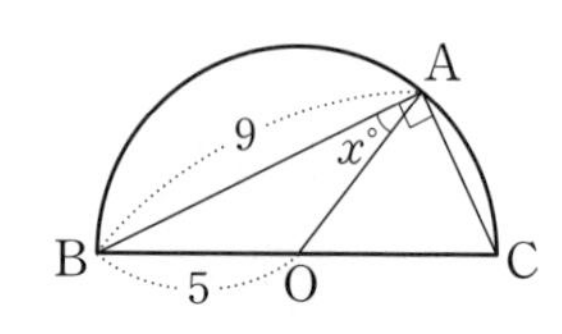


① $\frac{4}{5}$ ② $\frac{\sqrt{51}}{10}$ ③ $\frac{3}{5}$
④ $\frac{\sqrt{19}}{10}$ ⑤ $\frac{2}{5}$

**4** 오른쪽 그림과 같은 직각삼각형 ABC에서 $\overline{AB}=12$이고 $\tan A=\frac{3}{4}$일 때, $\sin C$의 값은?

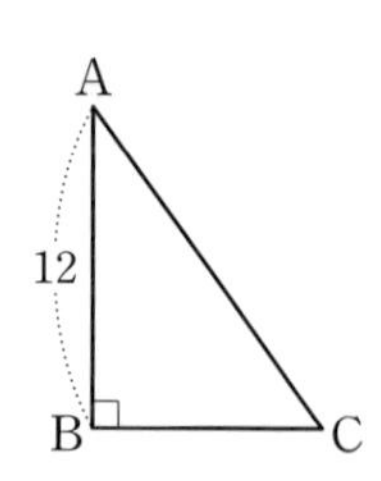


① $\frac{8}{15}$ ② $\frac{3}{5}$ ③ $\frac{2}{3}$
④ $\frac{11}{15}$ ⑤ $\frac{4}{5}$

▶ 정답 및 풀이 3쪽

**5** 오른쪽 그림의 직각삼각형 ABC에서 $\overline{AD}\perp\overline{BC}$이다. $\overline{AB}=5$, $\angle BAD=x^\circ$이고 $\tan x^\circ=\frac{5}{12}$일 때, $\overline{BC}$의 길이는?

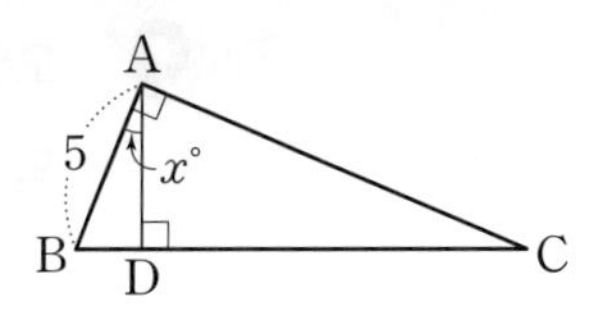


① 12　② 13　③ 14　④ 15　⑤ 16

**6** 다음을 계산하면?

$$\tan 45^\circ\times\sin 45^\circ+\cos 30^\circ\times\tan 30^\circ$$

① 2　② $\frac{1+\sqrt{2}}{2}$　③ $\frac{2\sqrt{3}}{3}$　④ $\frac{\sqrt{3}+3}{6}$　⑤ $\sqrt{2}$

**7** 다음 보기 중 옳은 것을 모두 고른 것은?

보기

ㄱ. $\sin 45^\circ+\cos 45^\circ=\sqrt{2}$

ㄴ. $\cos 60^\circ\times\tan 45^\circ=\sin 30^\circ$

ㄷ. $\cos 30^\circ+\cos 60^\circ=\cos 45^\circ$

ㄹ. $\tan 30^\circ=\frac{1}{\tan 60^\circ}$

① ㄱ, ㄴ　② ㄱ, ㄷ　③ ㄴ, ㄹ　④ ㄱ, ㄴ, ㄹ　⑤ ㄴ, ㄷ, ㄹ

**8** 오른쪽 그림과 같이 두 직각삼각형이 겹쳐져 있고 $\overline{CD}=\sqrt{3}$일 때, $\overline{AB}$의 길이를 구하면?

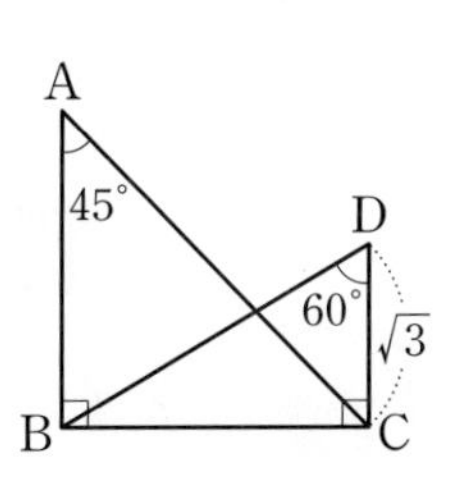


① $\frac{1}{3}$　② $\frac{\sqrt{3}}{3}$　③ 1　④ 3　⑤ $3\sqrt{3}$

**9** 오른쪽 그림과 같이 좌표평면 위의 원점 O를 중심으로 하고 반지름의 길이가 1인 사분원에 대하여 다음 중 옳은 것은?

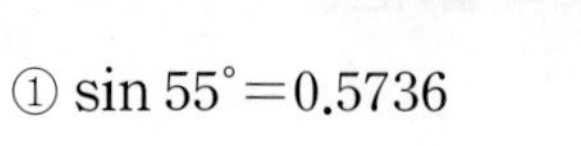

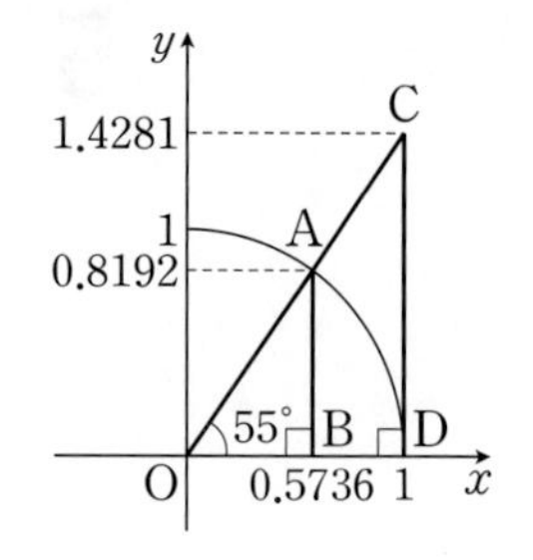


① $\sin 55° = 0.5736$　② $\cos 55° = 0.8192$
③ $\tan 55° = 1$　④ $\sin 35° = 0.5736$
⑤ $\cos 35° = 0.5736$

**10** 오른쪽 그림과 같이 반지름의 길이가 1인 사분원에 대하여 다음 중 옳은 것을 모두 고르면? (정답 2개)

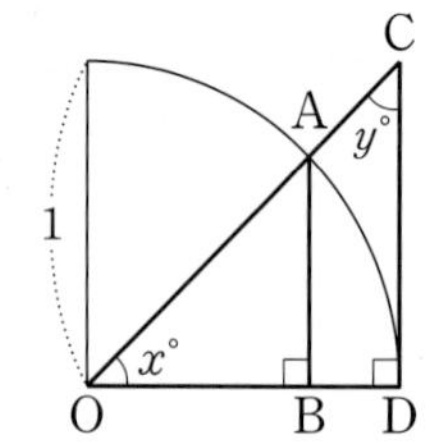


① $\tan x° = \overline{CD}$　② $\cos y° = \overline{CD}$
③ $\sin y° = \overline{OA}$　④ $\overline{OC} = \frac{1}{\cos x°}$
⑤ $\cos^2 x° + \cos^2 y° = \frac{1}{2}$

**11** 다음 중 옳지 않은 것은?

① $\sin 60° \times \cos 30° - \sin 30° = \frac{1}{4}$
② $\sin 0° \times \cos 90° + \sin 90° \times \cos 0° = 1$
③ $\sin 45° \div \cos 45° - \cos 60° = \frac{2}{3}$
④ $\cos 45° \times \cos 60° + \tan 45° \times \tan 60° = \frac{\sqrt{2}}{4} + \sqrt{3}$
⑤ $\sin 60° \times \tan 30° - \sin 45° \times \cos 45° = 0$

**12** 다음 삼각비의 값 중에서 가장 큰 것은?

① $\sin 45°$　② $\cos 90°$　③ $\cos 20°$
④ $\tan 50°$　⑤ $\sin 30°$

## 13 다음 삼각비의 표를 이용하여 $\tan 79^\circ - \cos 79^\circ$의 값을 구하면?

| 각도 | 사인(sin) | 코사인(cos) | 탄젠트(tan) |
|---|---|---|---|
| $77^\circ$ | 0.9744 | 0.2250 | 4.3315 |
| $78^\circ$ | 0.9781 | 0.2079 | 4.7046 |
| $79^\circ$ | 0.9816 | 0.1908 | 5.1446 |
| $80^\circ$ | 0.9848 | 0.1736 | 5.6713 |

① 4.9367　② 4.9538　③ 4.971
④ 4.9882　⑤ 5.0054

## 14 $\sin x^\circ = 0.9903$, $\cos y^\circ = 0.1045$일 때, 다음 삼각비의 표를 이용하여 $x+y$의 값을 구하면?

| 각도 | 사인(sin) | 코사인(cos) | 탄젠트(tan) |
|---|---|---|---|
| $81^\circ$ | 0.9877 | 0.1564 | 6.3138 |
| $82^\circ$ | 0.9903 | 0.1392 | 7.1154 |
| $83^\circ$ | 0.9925 | 0.1219 | 8.1443 |
| $84^\circ$ | 0.9945 | 0.1045 | 9.5144 |

① 163　② 164　③ 165
④ 166　⑤ 167

## 15 다음 중 아래 삼각비의 표를 이용하여 구한 값으로 옳은 것은?

| 각도 | 사인(sin) | 코사인(cos) | 탄젠트(tan) |
|---|---|---|---|
| $31^\circ$ | 0.5150 | 0.8572 | 0.6009 |
| $32^\circ$ | 0.5299 | 0.8480 | 0.6249 |
| $33^\circ$ | 0.5446 | 0.8387 | 0.6494 |

① $\cos 33^\circ = 0.5446$　② $\tan 32^\circ = 0.8572$
③ $\sin x^\circ = 0.5299$이면 $x=32$　④ $\cos x^\circ = 0.8387$이면 $x=32$
⑤ $\tan x^\circ = 0.6009$이면 $x=32$

# Ⅱ

# 삼각비의 활용

## 2 길이 구하기

개념 05 직각삼각형의 변의 길이

개념 06 일반 삼각형의 변의 길이

개념 07 삼각형의 높이

## 3 넓이 구하기

개념 08 삼각형의 넓이

개념 09 사각형의 넓이

# 2
# 길이 구하기

#삼각형의 변의 길이

#삼각비 #피타고라스 정리

#수선 긋기 #삼각형의 높이

#예각 #둔각

▶ 정답 및 풀이 5쪽

- 열대 과일 중 하나인 이 과일은 칼륨과 식이 섬유가 풍부하고 부드러운 식감을 느낄 수 있어서 다양한 요리의 재료로 사용된다. 이 과일은 무엇일까?

다음 직각삼각형 ABC에서 $x$의 값을 구하고, $x$의 값에 해당하는 칸을 모두 색칠하여 이 과일을 찾아보자.

(1)

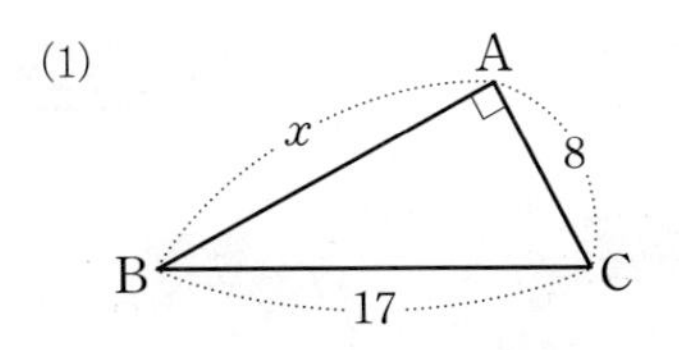


(2)

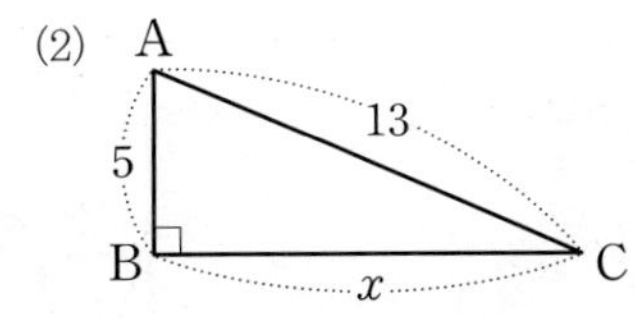


(3)

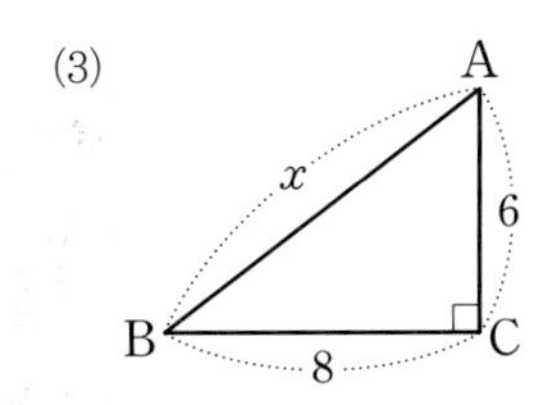


| 12 | 12 | 12 | 12 | 9 | 9 | 9 | 9 | 9 | 9 | 9 | 9 | 14 | 14 |
|---|---|---|---|---|---|---|---|---|---|---|---|---|---|
| 12 | 14 | 14 | 15 | 15 | 15 | 14 | 14 | 14 | 14 | 14 | 14 | 14 | 14 |
| 12 | 10 | 10 | 13 | 13 | 15 | 13 | 13 | 13 | 13 | 13 | 14 | 14 | 14 |
| 9 | 10 | 12 | 12 | 12 | 15 | 11 | 11 | 11 | 11 | 11 | 14 | 14 | 14 |
| 9 | 10 | 14 | 12 | 13 | 13 | 13 | 13 | 9 | 9 | 9 | 10 | 10 | 10 |
| 12 | 10 | 14 | 14 | 12 | 12 | 13 | 9 | 9 | 12 | 12 | 12 | 9 | 10 |
| 12 | 11 | 15 | 15 | 13 | 15 | 15 | 15 | 15 | 15 | 14 | 9 | 9 | 10 |
| 12 | 11 | 14 | 15 | 13 | 13 | 15 | 15 | 14 | 14 | 14 | 9 | 12 | 10 |
| 12 | 11 | 14 | 15 | 15 | 13 | 13 | 12 | 12 | 12 | 12 | 12 | 12 | 13 |
| 12 | 11 | 14 | 14 | 15 | 15 | 11 | 11 | 11 | 11 | 11 | 11 | 12 | 13 |
| 12 | 11 | 13 | 13 | 13 | 10 | 10 | 10 | 10 | 10 | 10 | 10 | 10 | 13 |
| 12 | 10 | 13 | 13 | 13 | 14 | 14 | 14 | 14 | 14 | 14 | 12 | 13 | 13 |
| 9 | 10 | 10 | 9 | 9 | 9 | 9 | 9 | 9 | 9 | 12 | 12 | 13 | 13 |
| 9 | 11 | 15 | 15 | 15 | 15 | 15 | 15 | 15 | 15 | 15 | 13 | 13 | 13 |

정답

* QR코드를 스캔하여 개념 영상을 확인하세요.

# 05 직각삼각형의 변의 길이

## ●● 직각삼각형에서 삼각비를 이용하여 변의 길이를 어떻게 구할까?

직각삼각형에서 한 예각의 크기와 한 변의 길이를 알면 삼각비를 이용하여 나머지 두 변의 길이를 구할 수 있다.

$\angle C=90^\circ$인 직각삼각형 ABC에서 $\angle A$의 크기와 한 변의 길이를 알 때, 삼각비를 이용하여 변의 길이를 구하는 방법에 대해서 알아보자.

### 1 $\angle$A의 크기와 빗변의 길이 $c$를 알 때

① $\overline{BC}$의 길이

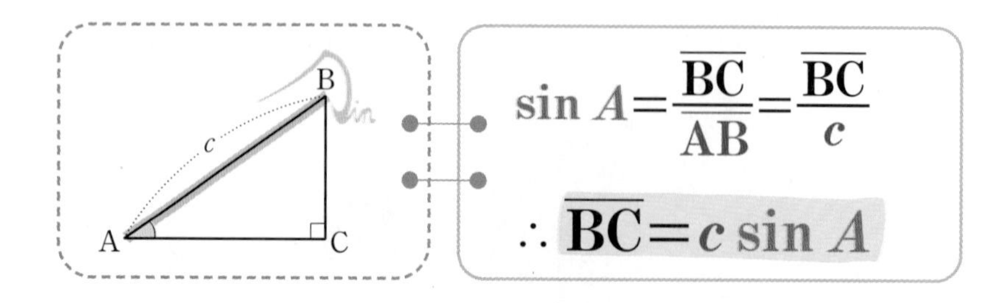


$$\sin A=\frac{\overline{BC}}{\overline{AB}}=\frac{\overline{BC}}{c}$$

$$\therefore \overline{BC}=c\sin A$$

② $\overline{\mathrm{AC}}$의 길이

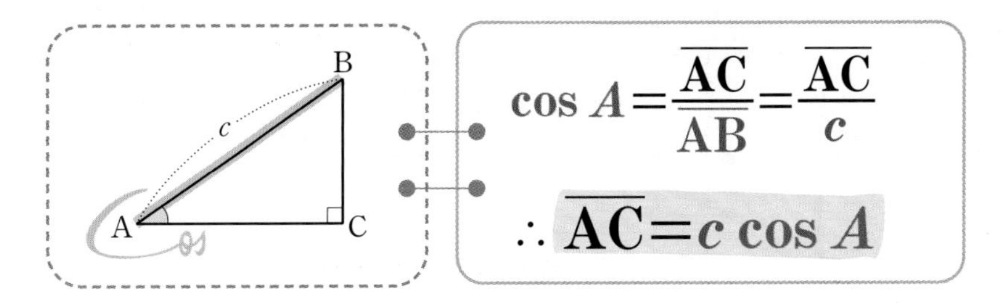


▶ 기준각에 대하여 주어진 변과 구하는 변의 관계를 파악한 후, 다음과 같이 삼각비를 이용한다.

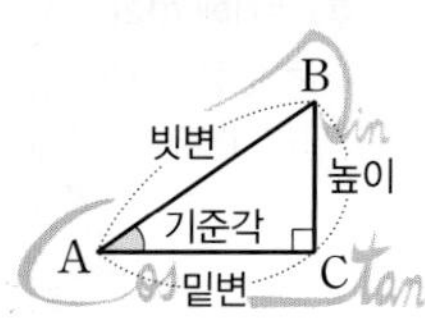


① 빗변과 높이의 관계 ⇨ sin 이용

② 빗변과 밑변의 관계 ⇨ cos 이용

③ 밑변과 높이의 관계 ⇨ tan 이용

## 2 ∠A의 크기와 밑변의 길이 $b$를 알 때

① $\overline{\mathrm{BC}}$의 길이

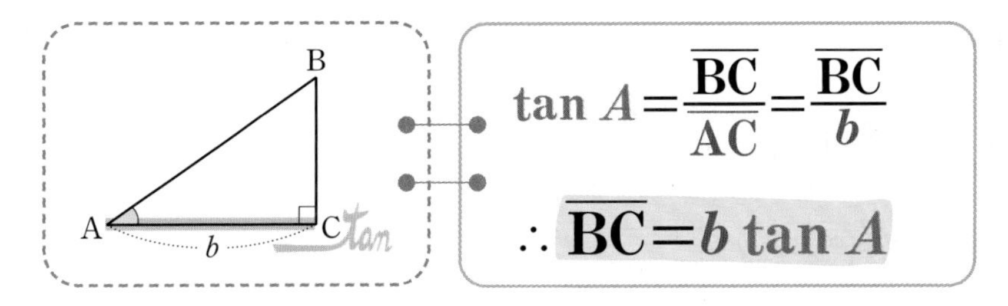


② $\overline{\mathrm{AB}}$의 길이

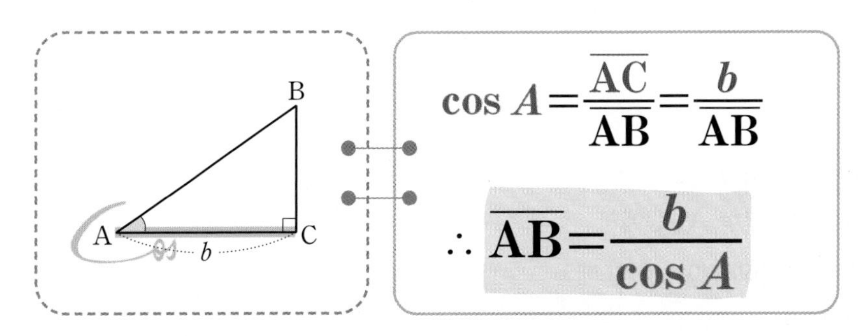


## 3 ∠A의 크기와 높이 $a$를 알 때

① $\overline{\mathrm{AB}}$의 길이

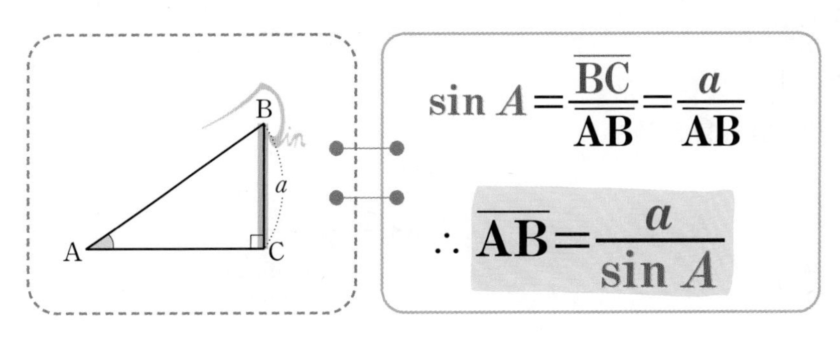

② $\overline{AC}$의 길이

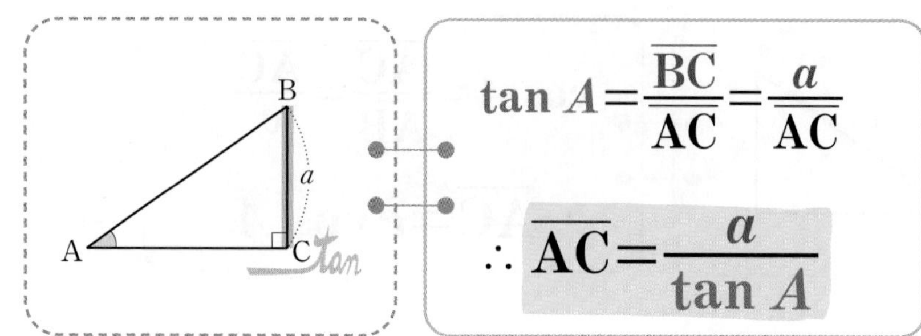


$$\tan A=\frac{\overline{BC}}{\overline{AC}}=\frac{a}{\overline{AC}}$$

$$\therefore \overline{AC}=\frac{a}{\tan A}$$

오른쪽 그림과 같은 직각삼각형 ABC에서 $x$, $y$의 값을 삼각비와 변의 길이를 이용하여 나타낼 때, 다음 □ 안에 알맞은 것을 써넣어 보자.

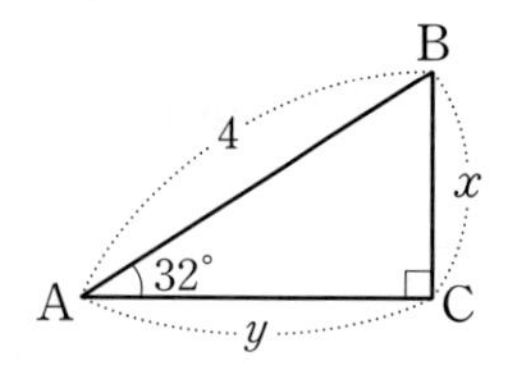


(1) $\sin 32°=\frac{x}{\square}$이므로 $x=$□

(2) $\cos 32°=\frac{y}{\square}$이므로 $y=$□

답 (1) 4, $4\sin 32°$ (2) 4, $4\cos 32°$

## 꽉 잡아, 개념!

**직각삼각형의 변의 길이**

$\angle C=90°$인 직각삼각형 ABC에서

(1) $\angle A$의 크기와 빗변의 길이 $c$를 알 때

➡ $a=c\sin A$,

$b=$ $c\cos A$

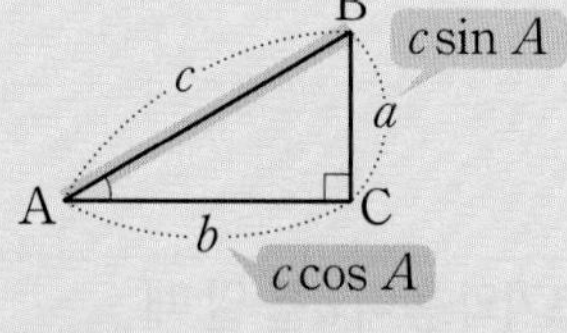


(2) $\angle A$의 크기와 밑변의 길이 $b$를 알 때

➡ $a=$ $b\tan A$,

$c=\frac{b}{\cos A}$

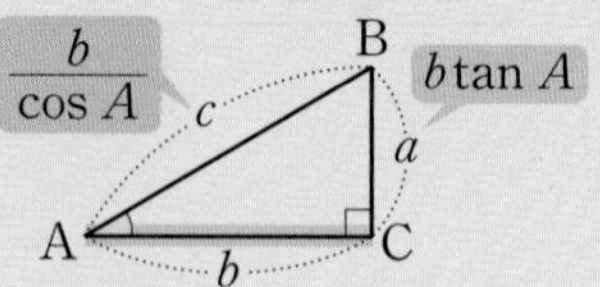


(3) $\angle A$의 크기와 높이 $a$를 알 때

➡ $c=$ $\frac{a}{\sin A}$,

$b=\frac{a}{\tan A}$

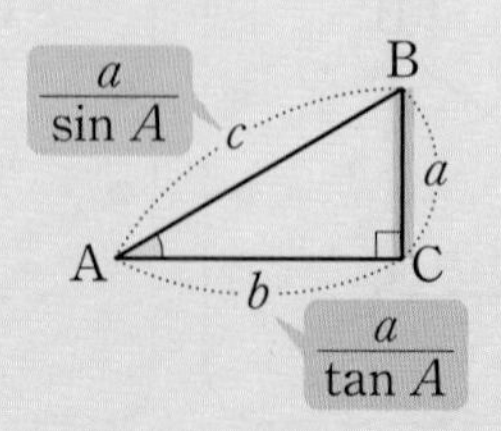

▶ 정답 및 풀이 5쪽

**오른쪽 그림과 같이 $\angle C=90^\circ$인 직각삼각형 ABC에서 $\overline{AC}=6$, $\angle A=53^\circ$일 때, 다음을 구하시오.**

**(단, $\cos 53^\circ=0.60$, $\tan 53^\circ=1.33$으로 계산한다.)**

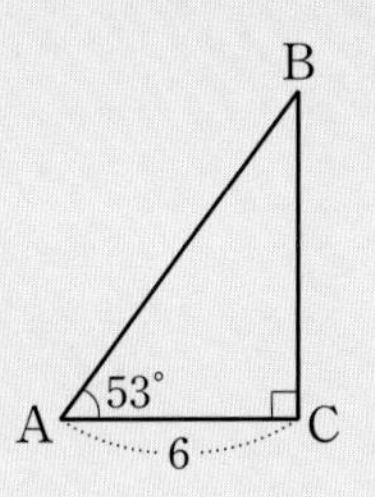


(1) $\overline{AB}$의 길이 (2) $\overline{BC}$의 길이

풀이 (1) $\cos 53^\circ=\dfrac{6}{\overline{AB}}$이므로

$\overline{AB}=\dfrac{6}{\cos 53^\circ}=\dfrac{6}{0.60}=10$

(2) $\tan 53^\circ=\dfrac{\overline{BC}}{6}$이므로

$\overline{BC}=6\tan 53^\circ=6\times 1.33=7.98$

답 (1) **10** (2) **7.98**

**1-1** **오른쪽 그림과 같이 $\angle B=90^\circ$인 직각삼각형 ABC에서 $\overline{AB}=9$, $\angle C=27^\circ$일 때, $x$의 값을 구하시오.**

**(단, $\sin 27^\circ=0.45$로 계산한다.)**

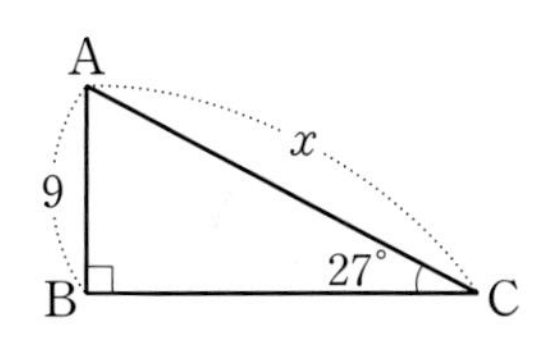


**1-2** **오른쪽 그림과 같이 집으로부터 3 m 떨어진 A 지점에서 사다리가 64°의 각도로 C 지점에 걸쳐 있다. 이때 지면에서 사다리가 걸쳐진 C 지점까지의 높이 $\overline{BC}$를 구하시오.**

**(단, $\tan 64^\circ=2.05$로 계산한다.)**

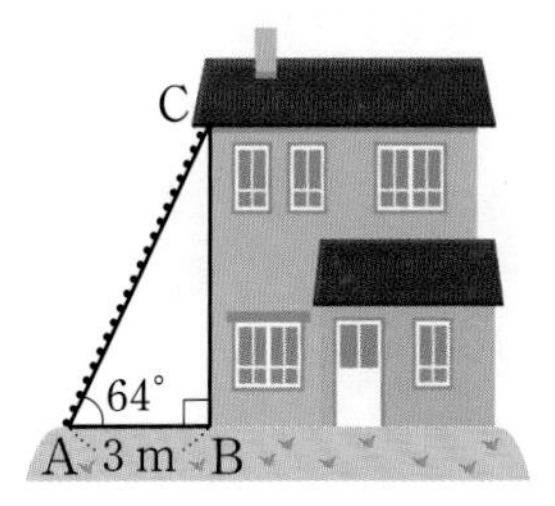

* QR코드를 스캔하여 개념 영상을 확인하세요.

# 06 일반 삼각형의 변의 길이

## ●● 직각삼각형이 아닌 삼각형에서 삼각비를 이용하여 변의 길이를 어떻게 구할까?

'개념 05'에서는 직각삼각형의 변의 길이를 구하는 방법을 배웠다. 이제 직각삼각형이 아닌 삼각형에서 삼각비를 이용하여 변의 길이를 구하는 방법에 대해서 알아보자.

### 1 두 변의 길이와 그 끼인각의 크기를 알 때

오른쪽 그림과 같이

$$\overline{AB}=4,\ \overline{BC}=6,\ \angle B=60°$$

인 $\triangle ABC$에서 $\overline{AC}$의 길이를 구해 보자.

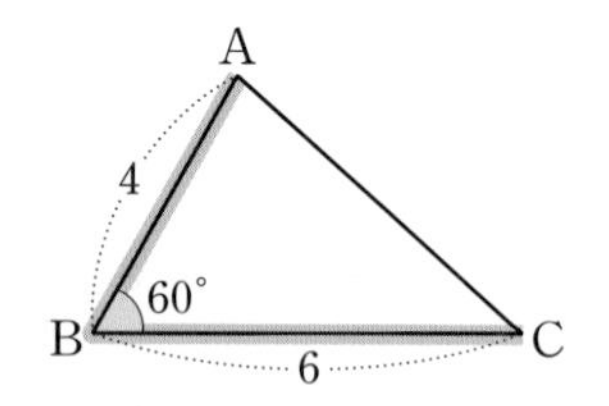


❶ $\overline{AC}$가 직각삼각형의 빗변이 되도록 수선 긋기

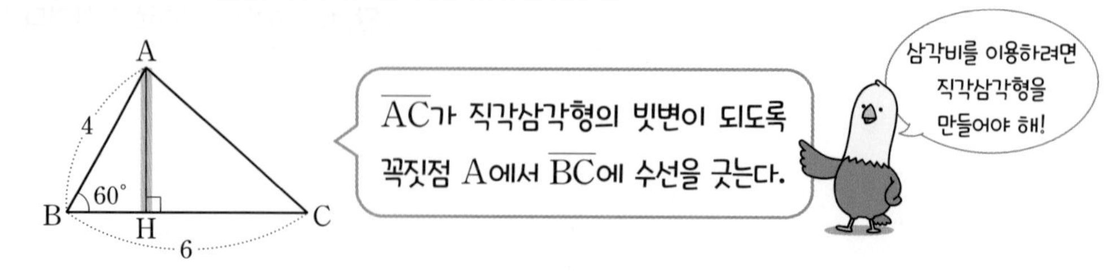

❷ 삼각비를 이용하여 $\overline{AH}$와 $\overline{BH}$의 길이를 구한 후, 피타고라스 정리를 이용하여 $\overline{AC}$의 길이 구하기

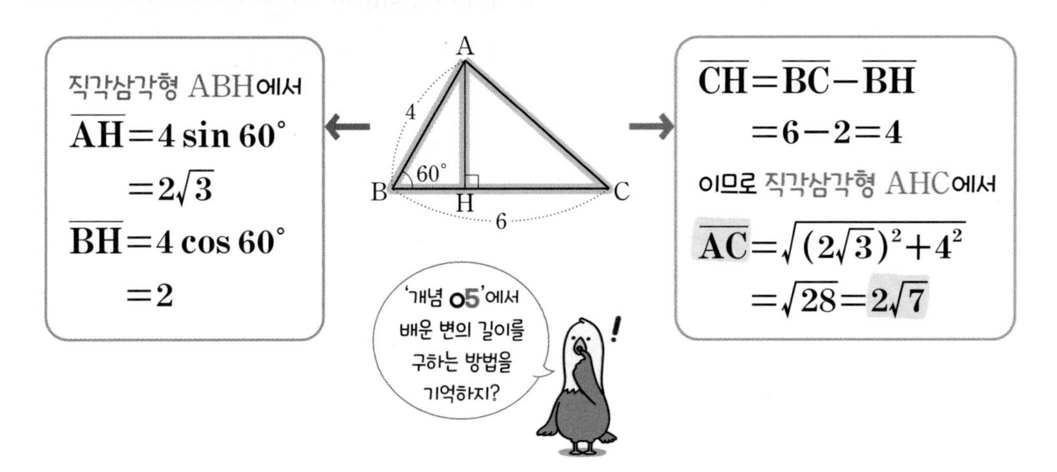


직각삼각형 ABH에서

$\overline{AH}=4\sin 60°$

$=2\sqrt{3}$

$\overline{BH}=4\cos 60°$

$=2$

$\overline{CH}=\overline{BC}-\overline{BH}$

$=6-2=4$

이므로 직각삼각형 AHC에서

$\overline{AC}=\sqrt{(2\sqrt{3})^2+4^2}$

$=\sqrt{28}=2\sqrt{7}$

## 2 한 변의 길이와 그 양 끝 각의 크기를 알 때

오른쪽 그림과 같이

$$\overline{BC}=2,\ \angle B=45°,\ \angle C=75°$$

인 △ABC에서 $\overline{AC}$의 길이를 구해 보자.

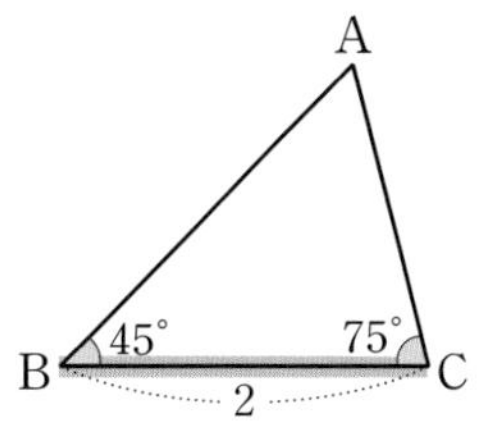


❶ $\overline{AC}$가 직각삼각형의 빗변이 되도록 수선 긋기

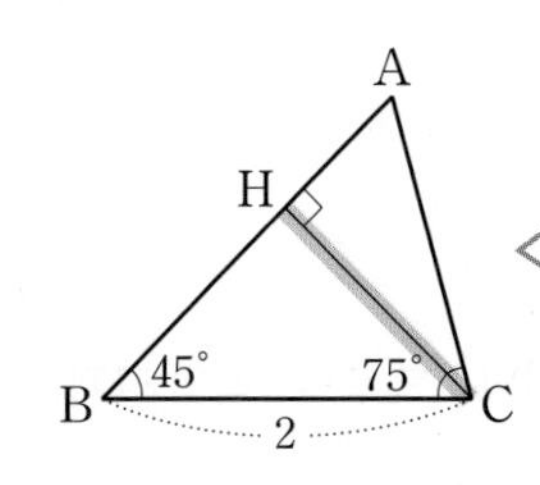


$\overline{AC}$가 직각삼각형의 빗변이 되도록 꼭짓점 C에서 $\overline{AB}$에 수선을 긋는다.

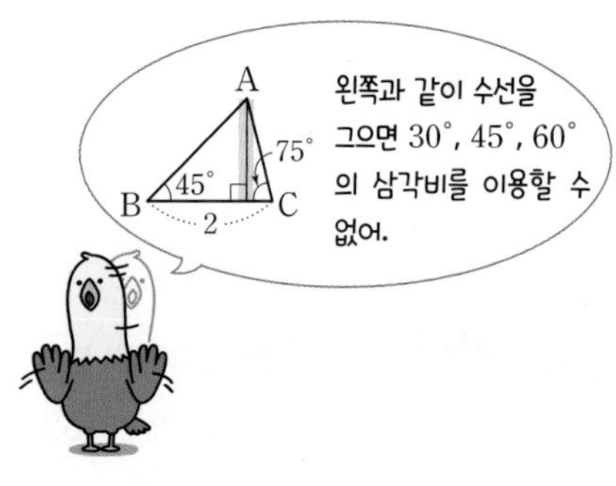


❷ 삼각비를 이용하여 $\overline{CH}$와 $\overline{AC}$의 길이 구하기

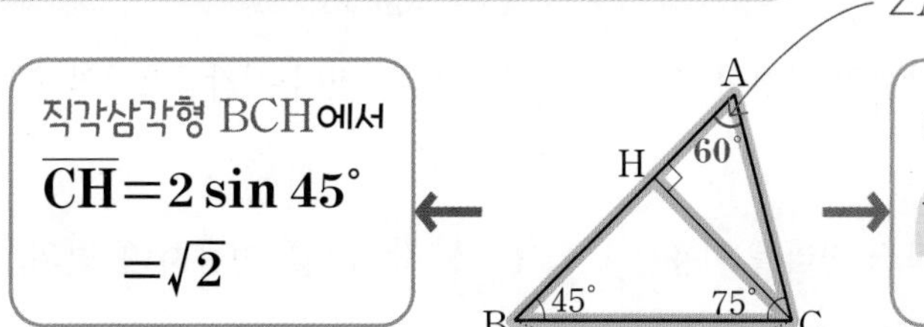


$\angle A=180°-(45°+75°)=60°$

직각삼각형 BCH에서

$\overline{CH}=2\sin 45°$

$=\sqrt{2}$

직각삼각형 AHC에서

$\overline{AC}=\dfrac{\overline{CH}}{\sin 60°}=\dfrac{\sqrt{2}}{\sin 60°}=\dfrac{2\sqrt{6}}{3}$

다음 그림과 같은 $\triangle ABC$에서 $\overline{AC}$의 길이를 구해 보자.

(1)

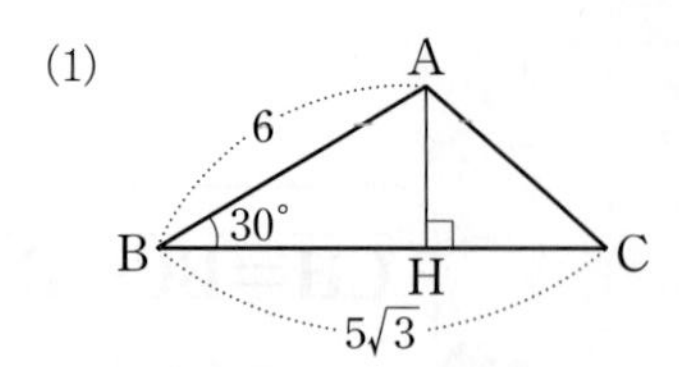


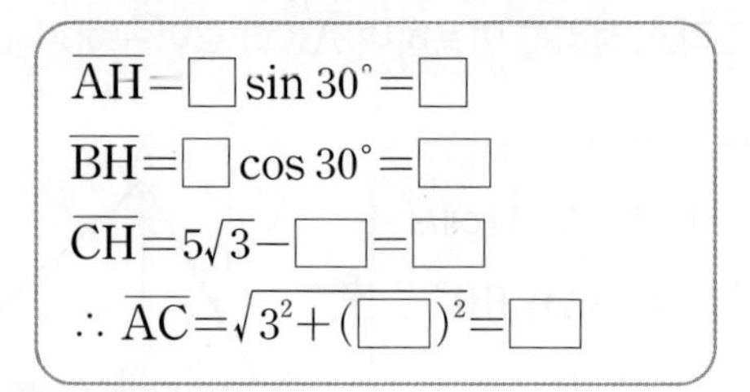


(2)

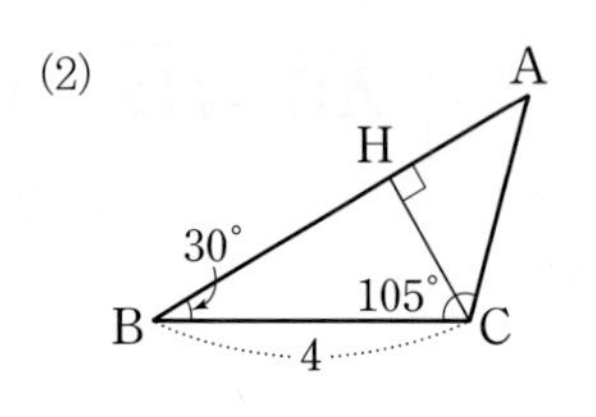


$\overline{CH}=\square\sin 30°=\square$

$\angle A=180°-(30°+105°)=\square°$

$\therefore \overline{AC}=\dfrac{\overline{CH}}{\sin 45°}=\dfrac{\square}{\sin 45°}=\square$

답 (1) $6, 3, 6, 3\sqrt{3}, 3\sqrt{3}, 2\sqrt{3}, 2\sqrt{3}, \sqrt{21}$ (2) $4, 2, 45, 2, 2\sqrt{2}$

회색 글씨를 따라 쓰면서 개념을 정리해 보자!

꽉 잡아, 개념!

**일반 삼각형의 변의 길이 구하기**

(1) 두 변의 길이와 그 끼인각의 크기를 알 때

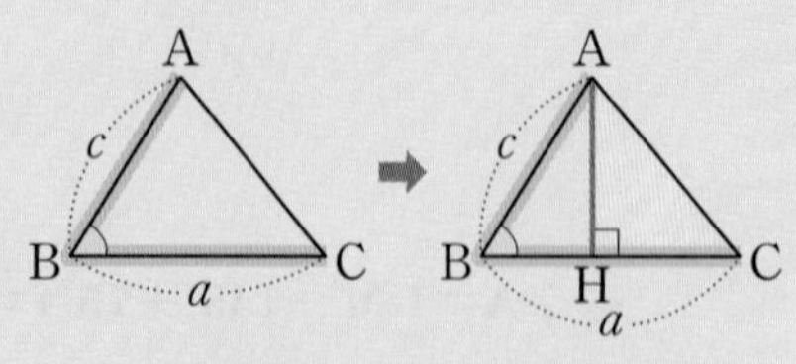


❶ 구하는 변이 직각삼각형의 빗변이 되도록 수선을 긋는다.

❷ 삼각비와 피타고라스 정리를 이용하여 변의 길이를 구한다.

(2) 한 변의 길이와 그 양 끝 각의 크기를 알 때

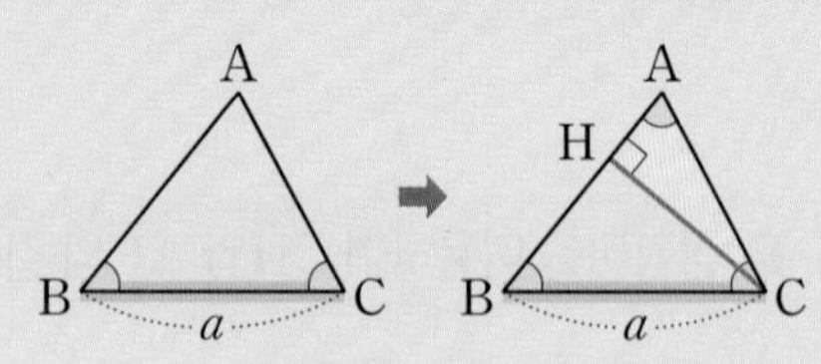


❶ 구하는 변이 직각삼각형의 빗변이 되도록 수선을 긋는다.

❷ 삼각비를 이용하여 변의 길이를 구한다.

▶ 정답 및 풀이 6쪽

**오른쪽 그림과 같은 △ABC에서 $\overline{AH}\perp\overline{BC}$일 때, 다음을 구하시오.**

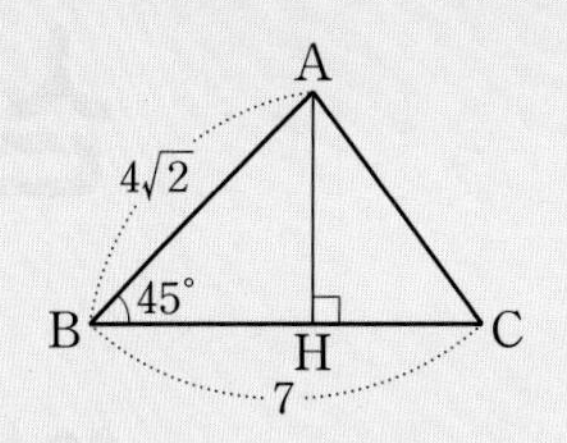


(1) $\overline{AH}$의 길이 (2) $\overline{CH}$의 길이

(3) $\overline{AC}$의 길이

풀이 (1) 직각삼각형 ABH에서 $\overline{AH}=4\sqrt{2}\sin 45^\circ=4\sqrt{2}\times\frac{\sqrt{2}}{2}=4$

(2) 직각삼각형 ABH에서 $\overline{BH}=4\sqrt{2}\cos 45^\circ=4\sqrt{2}\times\frac{\sqrt{2}}{2}=4$

$\therefore \overline{CH}=\overline{BC}-\overline{BH}=7-4=3$

(3) 직각삼각형 AHC에서 $\overline{AC}=\sqrt{\overline{AH}^2+\overline{CH}^2}=\sqrt{4^2+3^2}=\sqrt{25}=5$

답 (1) 4 (2) 3 (3) 5

**1-1 오른쪽 그림과 같은 △ABC에서 $\overline{BC}$의 길이를 구하시오.**

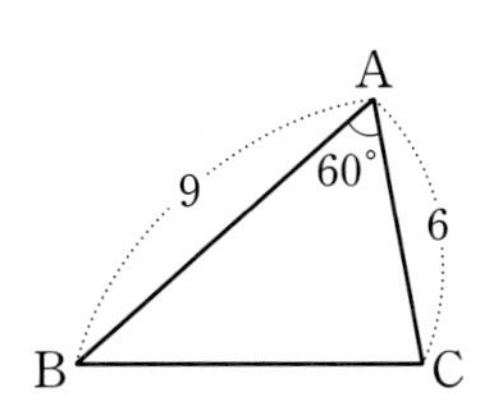

**오른쪽 그림과 같은 △ABC에서 $\overline{AC}\perp\overline{BH}$일 때, 다음을 구하시오.**

(1) $\overline{BH}$의 길이 (2) $\angle A$의 크기

(3) $\overline{AB}$의 길이

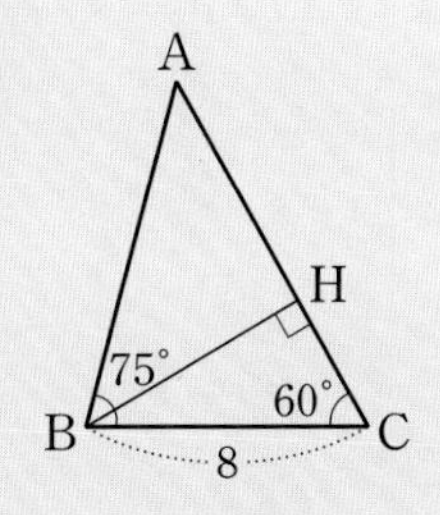

풀이 (1) 직각삼각형 BCH에서 $\overline{BH}=8\sin 60^\circ=8\times\frac{\sqrt{3}}{2}=4\sqrt{3}$

(2) △ABC에서 $\angle A=180^\circ-(75^\circ+60^\circ)=45^\circ$

(3) 직각삼각형 ABH에서 $\overline{AB}=\frac{4\sqrt{3}}{\sin 45^\circ}=4\sqrt{3}\div\frac{\sqrt{2}}{2}=4\sqrt{3}\times\frac{2}{\sqrt{2}}=4\sqrt{6}$

답 (1) $4\sqrt{3}$ (2) 45° (3) $4\sqrt{6}$

**2-1 오른쪽 그림과 같은 △ABC에서 $\overline{AB}$의 길이를 구하시오.**

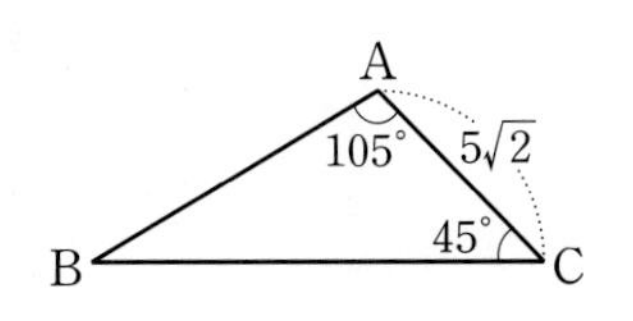

* QR코드를 스캔하여 개념 영상을 확인하세요.

# 07 삼각형의 높이

## •• 삼각형에서 삼각비를 이용하여 높이를 어떻게 구할까?

직각삼각형이 아닌 삼각형에서 한 변의 길이와 그 양 끝 각의 크기를 알면 tan 값을 이용하여 높이를 구할 수 있다.

양 끝 각의 크기에 따라 두 가지 경우로 나누어 높이를 구하는 방법을 알아보자.

### 1 양 끝 각이 모두 예각인 경우

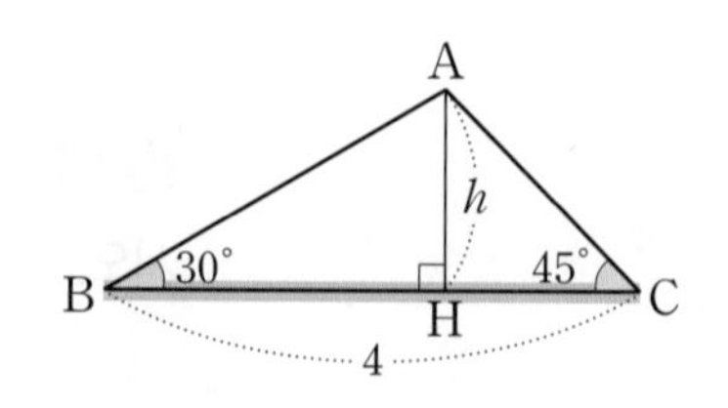


오른쪽 그림과 같이

$$\angle B=30^\circ,\ \angle C=45^\circ,\ \overline{BC}=4$$

인 $\triangle ABC$에서 높이 $h$를 구해 보자.

**❶ tan 값을 이용하여 $\overline{BH}$, $\overline{CH}$의 길이를 $h$에 대한 식으로 나타내기**

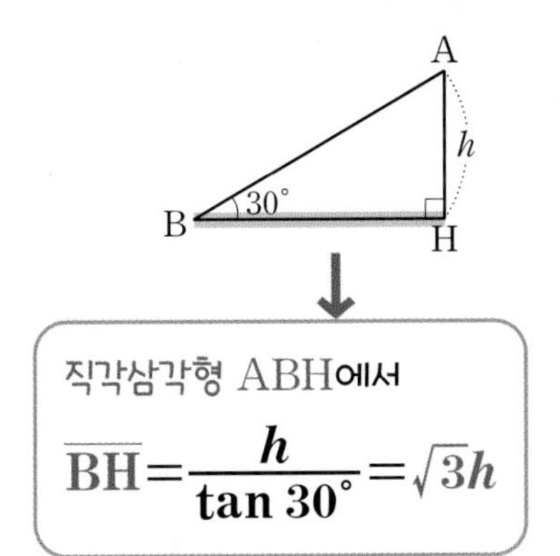


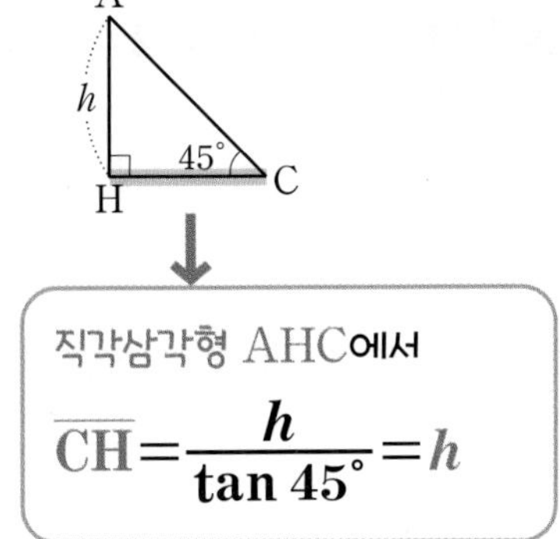


직각삼각형 ABH에서

$$\overline{BH}=\frac{h}{\tan 30^\circ}=\sqrt{3}h$$

직각삼각형 AHC에서

$$\overline{CH}=\frac{h}{\tan 45^\circ}=h$$

▶ 주어진 각이 아닌 다른 각의 tan 값을 이용하여 $\overline{BH}$, $\overline{CH}$의 길이를 구할 수도 있다.

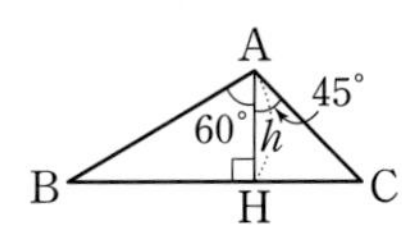


- 직각삼각형 ABH에서 $\overline{BH}=h\tan 60^\circ=\sqrt{3}h$
- 직각삼각형 AHC에서 $\overline{CH}=h\tan 45^\circ=h$

**❷ $\overline{BC}=\overline{BH}+\overline{CH}$임을 이용하여 높이 $h$ 구하기**

$\overline{BC}=\overline{BH}+\overline{CH}$이므로 $4=\sqrt{3}h+h$

$(\sqrt{3}+1)h=4 \qquad \therefore h=2(\sqrt{3}-1)$

## 2 양 끝 각 중 한 각이 둔각인 경우

오른쪽 그림과 같이

$$\angle B=30^\circ,\ \angle C=120^\circ,\ \overline{BC}=2$$

인 △ABC에서 높이 $h$를 구해 보자.

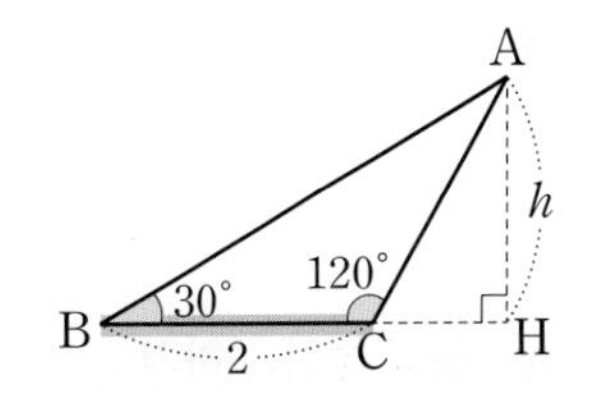


**❶ tan 값을 이용하여 $\overline{BH}$, $\overline{CH}$의 길이를 $h$에 대한 식으로 나타내기**

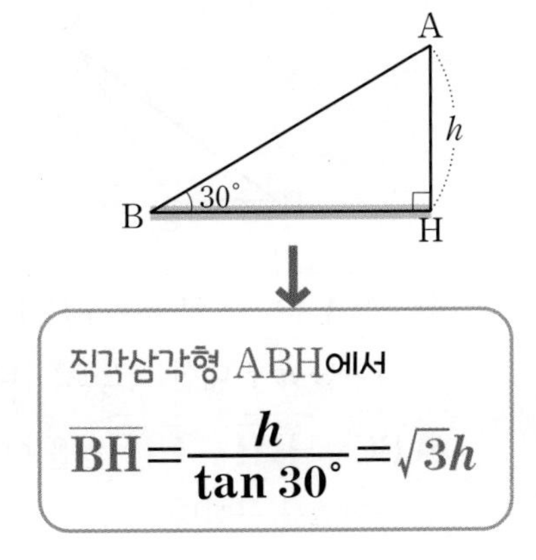


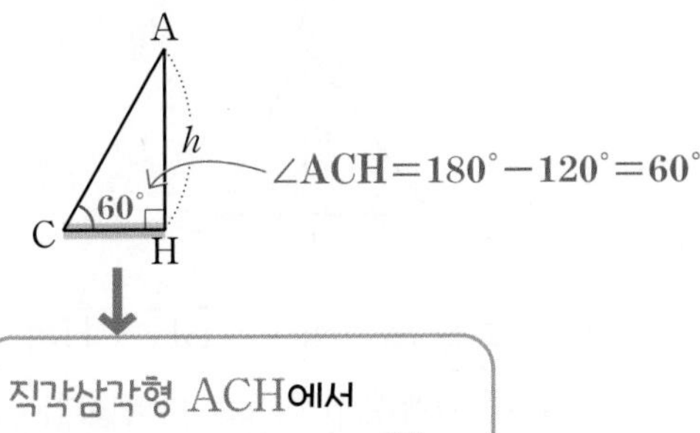


직각삼각형 ABH에서

$$\overline{BH}=\frac{h}{\tan 30^\circ}=\sqrt{3}h$$

직각삼각형 ACH에서

$$\overline{CH}=\frac{h}{\tan 60^\circ}=\frac{\sqrt{3}}{3}h$$

▶ 주어진 각이 아닌 다른 각의 tan 값을 이용하여 $\overline{BH}$, $\overline{CH}$의 길이를 구할 수도 있다.

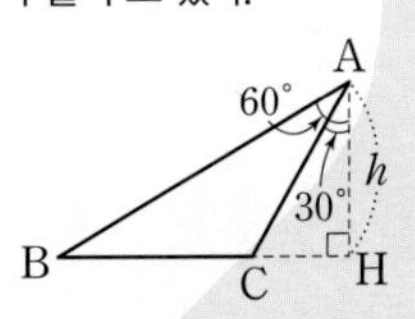


- 직각삼각형 ABH에서 $\overline{BH}=h\tan 60^\circ=\sqrt{3}h$
- 직각삼각형 ACH에서 $\overline{CH}=h\tan 30^\circ=\frac{\sqrt{3}}{3}h$

❷ $\overline{BC}=\overline{BH}-\overline{CH}$임을 이용하여 높이 $h$ 구하기

$\overline{BC}=\overline{BH}-\overline{CH}$이므로 $2=\sqrt{3}h-\frac{\sqrt{3}}{3}h$

$\frac{2\sqrt{3}}{3}h=2 \qquad \therefore h=\sqrt{3}$

다음 그림과 같은 △ABC에서 $h$의 값을 구해 보자.

(1)

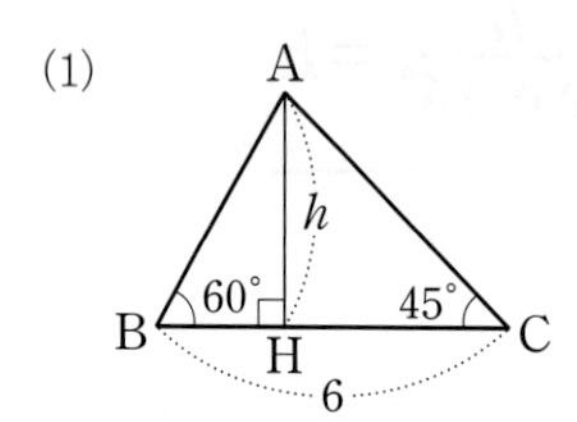


$\overline{BH}=\frac{h}{\tan\square°}=\square h$, $\overline{CH}=\frac{h}{\tan\square°}=h$

$\overline{BC}=\overline{BH}+\overline{CH}$이므로 $6=\square h+h$

$\frac{\square}{3}h=6 \qquad \therefore h=3(\square)$

(2)

$\overline{BH}=\frac{h}{\tan\square°}=\square h$, $\overline{CH}=\frac{h}{\tan\square°}=h$

$\overline{BC}=\overline{BH}-\overline{CH}$이므로 $4=\square h-h$

$(\square-1)h=4 \qquad \therefore h=2(\square)$

답 (1) $60, \frac{\sqrt{3}}{3}, 45, \frac{\sqrt{3}}{3}, \sqrt{3}+3, 3-\sqrt{3}$ (2) $30, \sqrt{3}, 45, \sqrt{3}, \sqrt{3}, \sqrt{3}+1$

회색 글씨를 따라 쓰면서 개념을 정리해 보자!

## 꽉 잡아, 개념!

### 삼각형의 높이 구하기

삼각형에서 한 변의 길이와 그 양 끝 각의 크기를 알 때

(1) 양 끝 각이 모두 예각인 경우

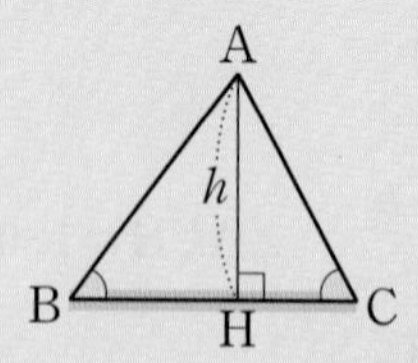


❶ tan 값을 이용하여 $\overline{BH}$, $\overline{CH}$의 길이를 $h$에 대한 식으로 나타낸다.

❷ $\overline{BC}=\overline{BH}+\overline{CH}$임을 이용하여 높이 $h$를 구한다.

(2) 양 끝 각 중 한 각이 둔각인 경우

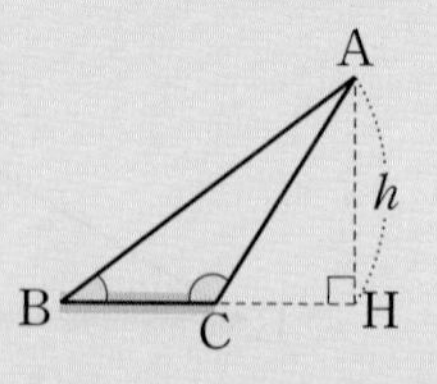


❶ tan 값을 이용하여 $\overline{BH}$, $\overline{CH}$의 길이를 $h$에 대한 식으로 나타낸다.

❷ $\overline{BC}=\overline{BH}-\overline{CH}$임을 이용하여 높이 $h$를 구한다.

▶ 정답 및 풀이 6쪽

**1** **오른쪽 그림과 같은 △ABC에서 다음 물음에 답하시오.**

(1) $\overline{BH}$, $\overline{CH}$의 길이를 $h$에 대한 식으로 각각 나타내시오.

(2) $\overline{BC}=\overline{BH}+\overline{CH}$임을 이용하여 $h$의 값을 구하시오.

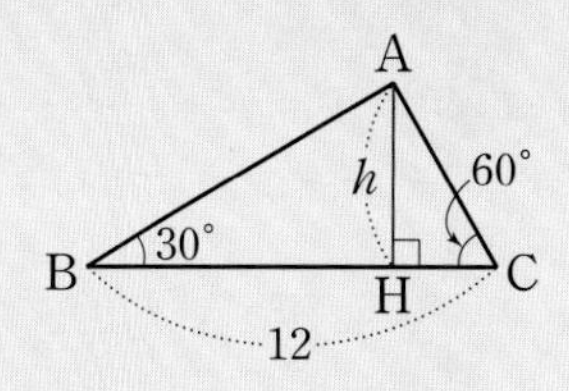

풀이 (1) 직각삼각형 ABH에서 $\overline{BH}=\dfrac{h}{\tan 30^\circ}=\sqrt{3}h$

직각삼각형 AHC에서 $\overline{CH}=\dfrac{h}{\tan 60^\circ}=\dfrac{\sqrt{3}}{3}h$

(2) $\overline{BC}=\overline{BH}+\overline{CH}$이므로 $12=\sqrt{3}h+\dfrac{\sqrt{3}}{3}h$

$\dfrac{4\sqrt{3}}{3}h=12 \qquad \therefore h=3\sqrt{3}$

답 (1) $\overline{BH}=\sqrt{3}h$, $\overline{CH}=\dfrac{\sqrt{3}}{3}h$ (2) $3\sqrt{3}$

**1-1** **오른쪽 그림과 같은 △ABC에서 다음 물음에 답하시오.**

(1) $\overline{BH}$, $\overline{CH}$의 길이를 $h$에 대한 식으로 각각 나타내시오.

(2) $\overline{BC}=\overline{BH}-\overline{CH}$임을 이용하여 $h$의 값을 구하시오.

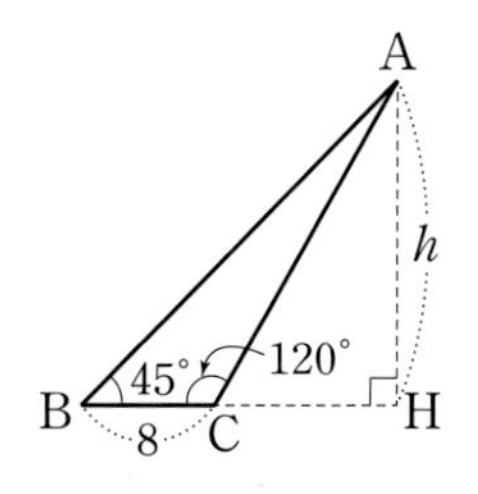


**1-2** **다음 그림과 같은 △ABC에서 $\overline{AH}$의 길이를 구하시오.**

(1)

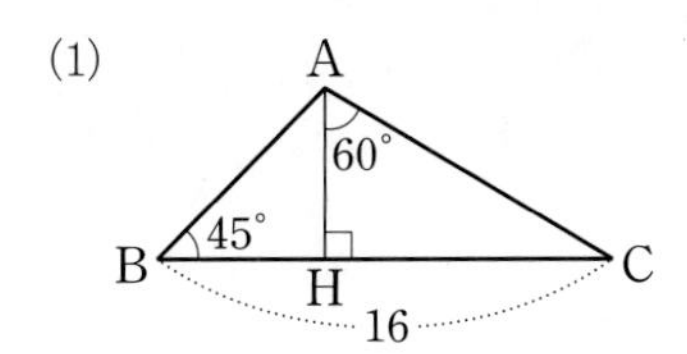


(2)

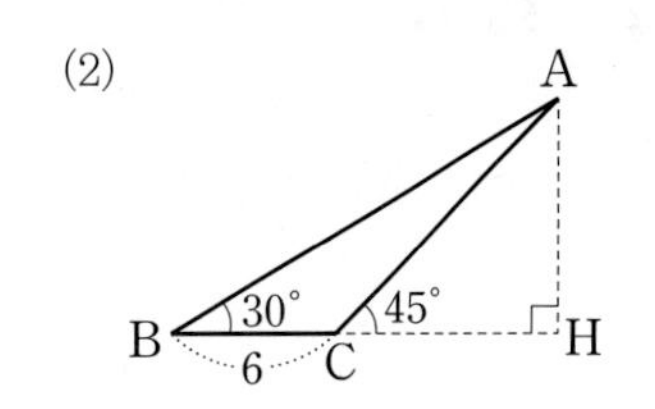

# 3
# 넓이 구하기

#삼각형의 넓이

#두 변의 길이 #끼인각

#평행사변형의 넓이

#사각형의 넓이 #대각선

# 준비 해 보자

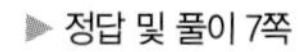


● '다른 사람의 학식이나 재주가 놀랄 만큼 부쩍 늚'이라는 뜻을 가지는 사자성어는 무엇일까?

주어진 도형의 넓이에 해당하는 글자를 골라 사자성어를 완성해 보자.

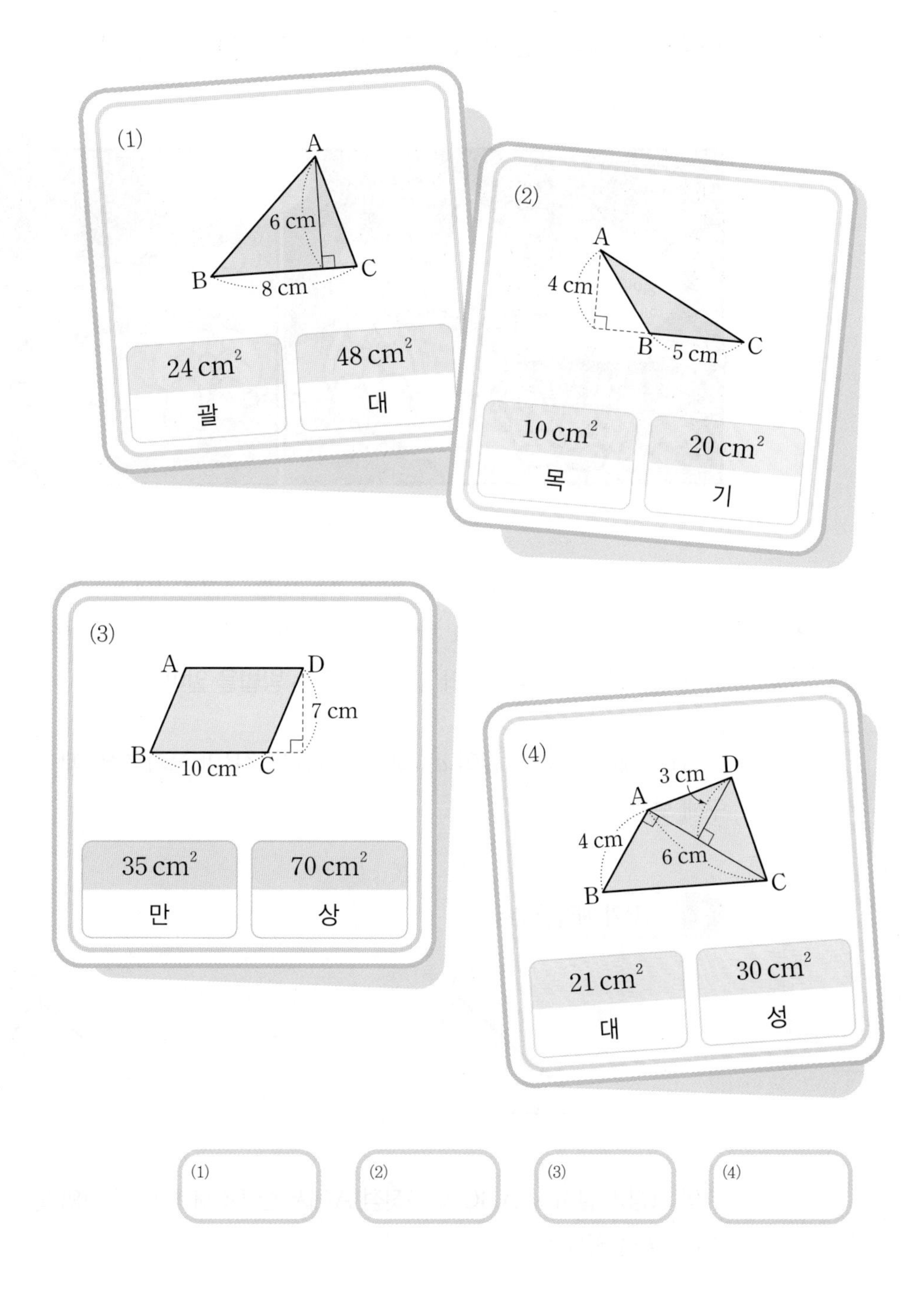

* QR코드를 스캔하여 개념 영상을 확인하세요.

# 08 삼각형의 넓이

## •• 삼각비를 이용하여 삼각형의 넓이를 어떻게 구할까?

▶ △ABC의 넓이 $S$는
$S=\frac{1}{2}ah$

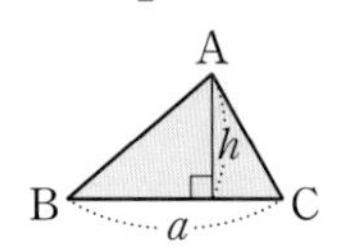


삼각형은 밑변의 길이와 높이를 알면 그 넓이를 구할 수 있다.
그렇다면 두 변의 길이와 그 끼인각의 크기가 주어진 삼각형의 넓이는 어떻게 구할까?
삼각비를 이용하여 삼각형의 넓이를 구하는 방법을 알아보자.

△ABC에서 두 변의 길이 $a$, $c$와 그 끼인각 ∠B의 크기를 알 때, △ABC의 넓이 $S$를 구해 보자.

### 1 ∠B가 예각인 경우

위의 그림과 같이 △ABC의 꼭짓점 A에서 변 BC에 내린 수선의 발 H에 대하여 $\overline{AH}=h$라 하자.

❶ 높이 구하기 직각삼각형 ABH에서

$$\sin B=\frac{h}{c} \qquad \therefore h=c\sin B$$

❷ 넓이 구하기 따라서 △ABC의 넓이 $S$는

$$S=\frac{1}{2}ah=\frac{1}{2}ac\sin B$$

이를 이용하여 오른쪽 그림과 같은 △ABC의 넓이 $S$를 구해 보자.

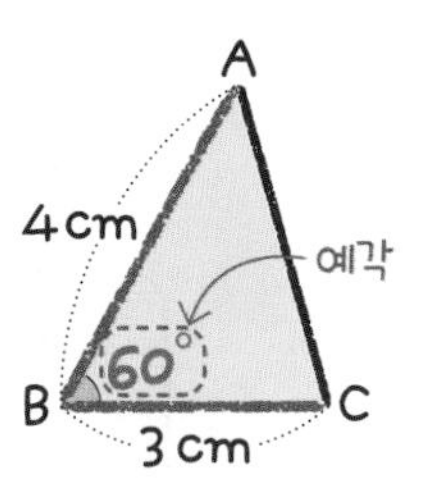


$$S=\frac{1}{2}\times3\times4\times\sin 60^\circ$$
$$=\frac{1}{2}\times3\times4\times\frac{\sqrt{3}}{2}=3\sqrt{3}\,(\text{cm}^2)$$

## 2 ∠B가 둔각인 경우

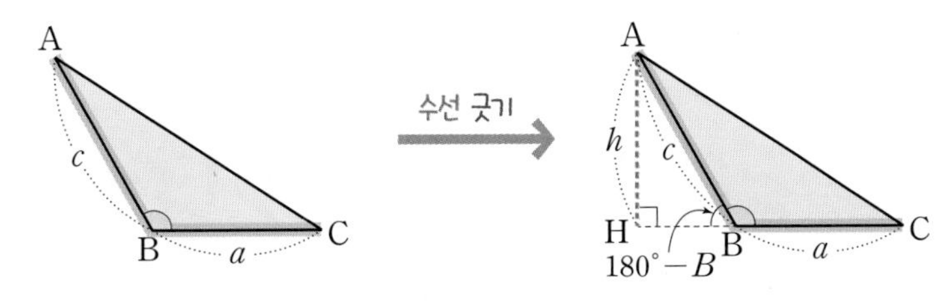


▶ ∠B가 직각인 경우 $\sin B=1$이므로 △ABC의 넓이 $S$는

$S=\frac{1}{2}ac\sin B$

$=\frac{1}{2}ac$

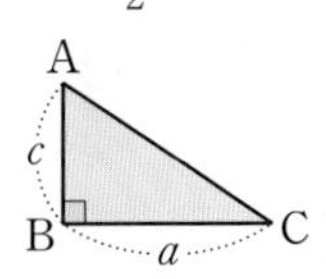


위의 그림과 같이 △ABC의 꼭짓점 A에서 변 BC의 연장선에 내린 수선의 발 H에 대하여 $\overline{AH}=h$라 하자.

❶ 높이 구하기 직각삼각형 ABH에서

$$\sin(180^\circ-B)=\frac{h}{c} \qquad \therefore h=c\sin(180^\circ-B)$$

❷ 넓이 구하기 따라서 △ABC의 넓이 $S$는

$$S=\frac{1}{2}ah=\frac{1}{2}ac\sin(180^\circ-B)$$

이를 이용하여 오른쪽 그림과 같은 △ABC의 넓이 $S$를 구해 보자.

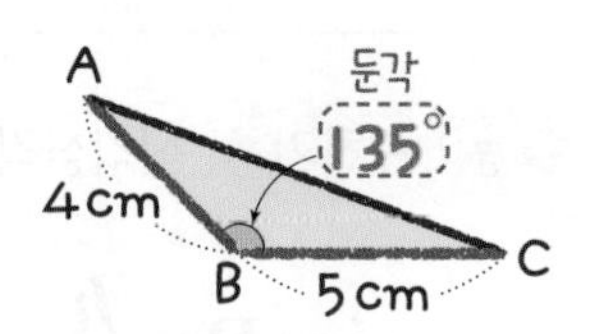


$$S=\frac{1}{2}\times5\times4\times\sin(180^\circ-135^\circ)$$
$$=\frac{1}{2}\times5\times4\times\frac{\sqrt{2}}{2}=5\sqrt{2}\,(\text{cm}^2)$$

**다음 그림과 같은 △ABC의 넓이를 구해 보자.**

(1)

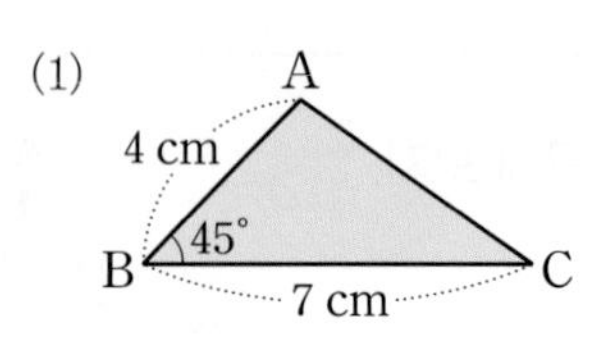


△ABC
$=\frac{1}{2}\times4\times\square\times\sin\square^\circ$
$=\frac{1}{2}\times4\times\square\times\square$
$=\square\,(\text{cm}^2)$

(2)

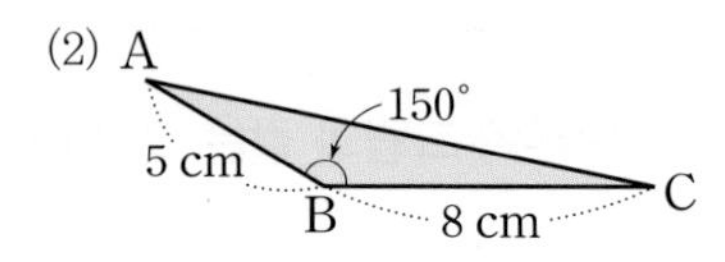


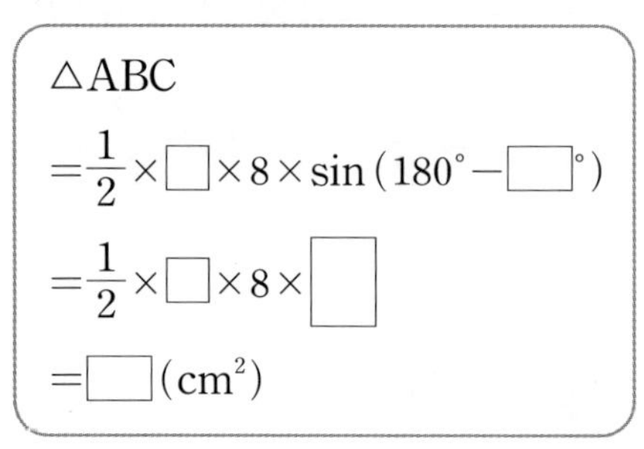

△ABC
$=\frac{1}{2}\times\square\times8\times\sin(180^\circ-\square^\circ)$
$=\frac{1}{2}\times\square\times8\times\square$
$=\square\,(\text{cm}^2)$

답 (1) $7, 45, 7, \frac{\sqrt{2}}{2}, 7\sqrt{2}$  (2) $5, 150, 5, \frac{1}{2}, 10$

회색 글씨를 따라 쓰면서 개념을 정리해 보자!

**꽉 잡아, 개념!**

**삼각형의 넓이**

△ABC에서 두 변의 길이 $a$, $c$와 그 끼인각 ∠B의 크기를 알 때, △ABC의 넓이 $S$는

(1) ∠B가 예각인 경우

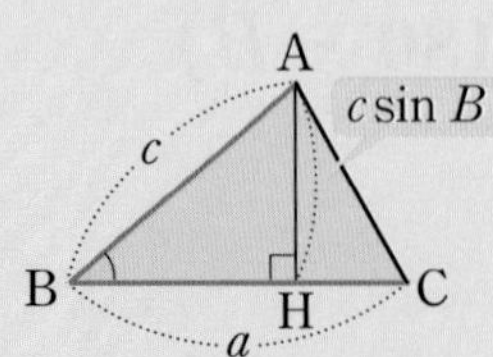


$$S=\frac{1}{2}ac\sin B$$

(2) ∠B가 둔각인 경우

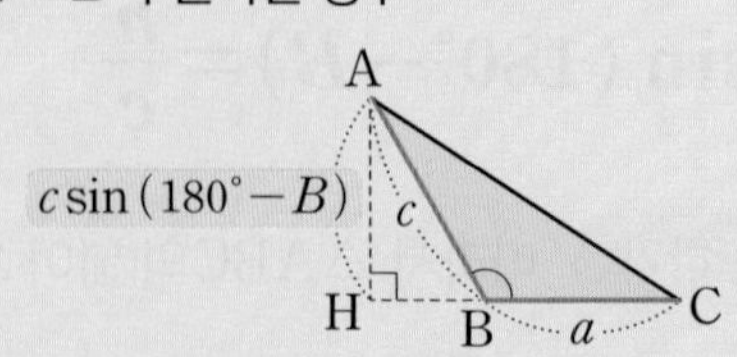


$$S=\frac{1}{2}ac\sin(180^\circ-B)$$

▶ 정답 및 풀이 7쪽

**1** 다음 그림과 같은 △ABC의 넓이를 구하시오.

(1) A, 4 cm, 75°, B, C

(2)

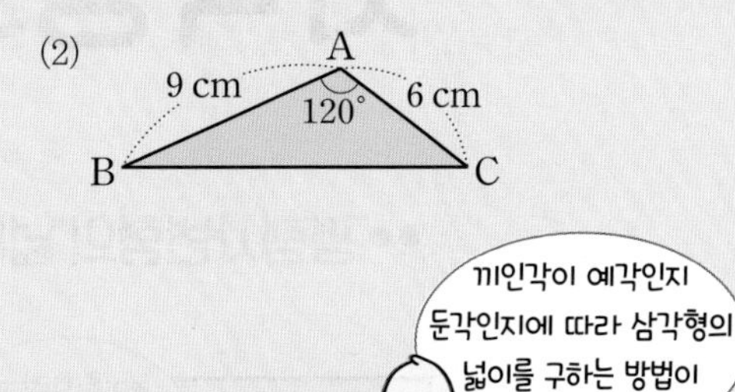


끼인각이 예각인지 둔각인지에 따라 삼각형의 넓이를 구하는 방법이 달라져.

**풀이** (1) $\angle A=180^\circ-(75^\circ+75^\circ)=30^\circ$, $\overline{AC}=\overline{AB}=4\text{ cm}$이므로

$\triangle ABC=\frac{1}{2}\times4\times4\times\sin30^\circ=\frac{1}{2}\times4\times4\times\frac{1}{2}=4\,(\text{cm}^2)$

(2) $\triangle ABC=\frac{1}{2}\times9\times6\times\sin(180^\circ-120^\circ)=\frac{1}{2}\times9\times6\times\frac{\sqrt{3}}{2}=\frac{27\sqrt{3}}{2}\,(\text{cm}^2)$

**답** (1) $4\text{ cm}^2$ (2) $\frac{27\sqrt{3}}{2}\text{ cm}^2$

**1-1** 다음 그림과 같은 △ABC의 넓이를 구하시오.

(1)

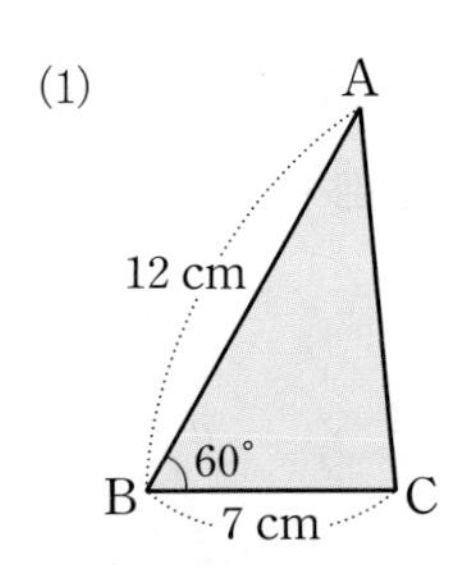


(2)

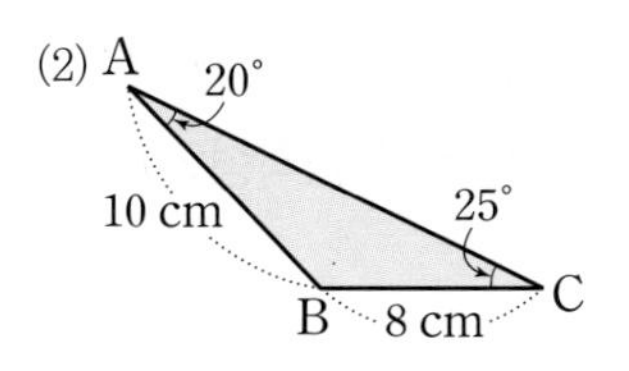


**1-2** 오른쪽 그림과 같은 □ABCD에서 다음을 구하시오.

(1) △ABC의 넓이

(2) △ACD의 넓이

(3) □ABCD의 넓이

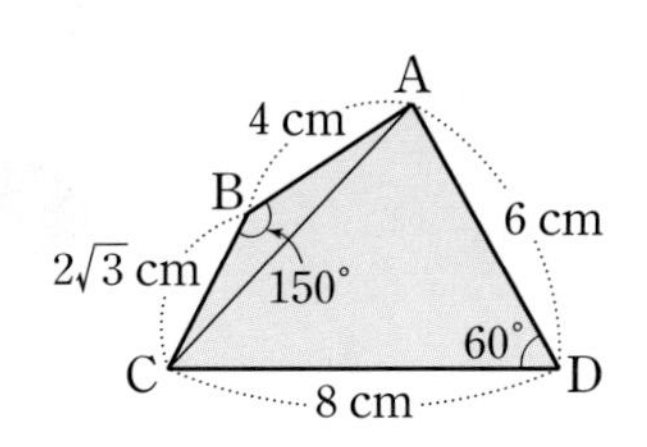

* QR코드를 스캔하여 개념 영상을 확인하세요.

# 09 사각형의 넓이

## ●● 평행사변형의 넓이를 어떻게 구할까?

평행사변형은 대각선에 의하여 합동인 2개의 삼각형으로 나누어지므로 평행사변형의 넓이는 삼각형의 넓이의 2배이다.

따라서 평행사변형에서 이웃하는 두 변의 길이와 그 끼인각의 크기를 알면 '개념 08'에서 배운 삼각형의 넓이 구하는 방법을 이용하여 평행사변형의 넓이를 구할 수 있다.

위의 그림과 같은 평행사변형 ABCD에서 두 변의 길이 $a$, $b$와 그 끼인각의 크기 $x°$를 알 때, 평행사변형 ABCD의 넓이 $S$를 구해 보자.

### 1 $x°$가 예각인 경우

$$S=2\triangle ABC=2\times\frac{1}{2}ab\sin x^\circ$$
$$=ab\sin x^\circ$$

**2** $x^\circ$가 둔각인 경우

$$S=2\triangle ABC=2\times\frac{1}{2}ab\sin(180^\circ-x^\circ)$$
$$=ab\sin(180^\circ-x^\circ)$$

## ●● 사각형의 넓이를 어떻게 구할까?

다음 그림과 같이 □ABCD의 네 꼭짓점을 지나고 두 대각선에 평행한 직선을 각각 그으면 이웃하는 두 변의 길이가 $a$, $b$이고, 그 끼인각의 크기가 $x^\circ$인 평행사변형 EFGH를 만들 수 있다.

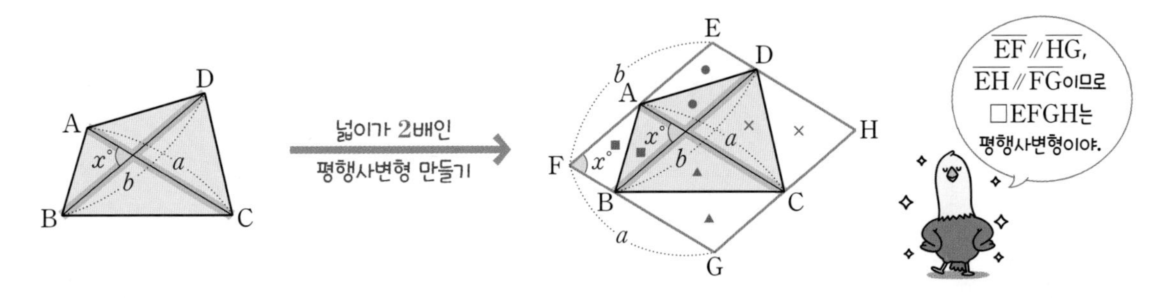


이때 □ABCD의 넓이는 평행사변형 EFGH의 넓이의 $\frac{1}{2}$배이다.

위의 그림과 같은 □ABCD에서 두 대각선의 길이 $a$, $b$와 두 대각선이 이루는 각의 크기 $x^\circ$를 알 때, □ABCD의 넓이 $S$를 구해 보자.

**1** $x^\circ$가 예각인 경우

$$S=\frac{1}{2}\square EFGH=\frac{1}{2}ab\sin x^\circ$$

**2** $x^\circ$가 둔각인 경우

$$S=\frac{1}{2}\square EFGH=\frac{1}{2}ab\sin(180^\circ-x^\circ)$$

다음 그림과 같은 □ABCD의 넓이를 구해 보자.

(1)

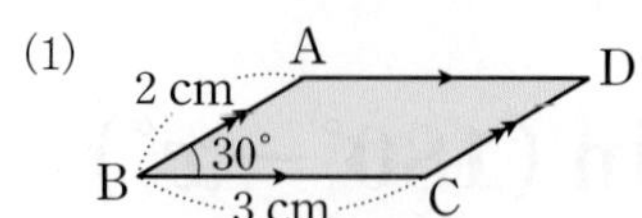


(2)

$\overline{AB} /\!/ \overline{DC}$, $\overline{AD} /\!/ \overline{BC}$이므로
□ABCD는 평행사변형이다.
∴ □ABCD
$=2\times\square\times\sin\square^{\circ}$
$=2\times\square\times\square=\square(\text{cm}^2)$

□ABCD
$=\frac{1}{2}\times\square\times6\times\sin(180^{\circ}-\square^{\circ})$
$=\frac{1}{2}\times\square\times6\times\square$
$=\square(\text{cm}^2)$

답 (1) 3, 30, 3, $\frac{1}{2}$, 3 (2) 4, 120, 4, $\frac{\sqrt{3}}{2}$, $6\sqrt{3}$

(1) **평행사변형의 넓이**

이웃하는 두 변의 길이 $a$, $b$와 그 끼인각의 크기 $x^{\circ}$를 알 때, 평행사변형 ABCD의 넓이 $S$는

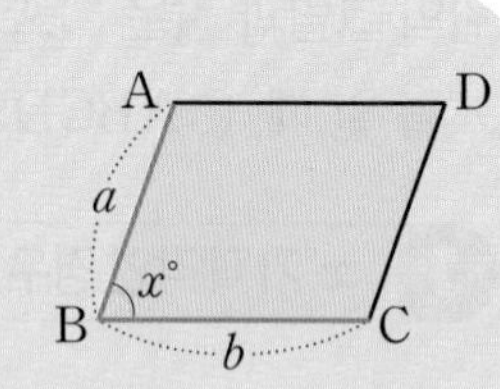


① $x^{\circ}$가 예각인 경우: $S=$ $\boldsymbol{ab\sin x^{\circ}}$

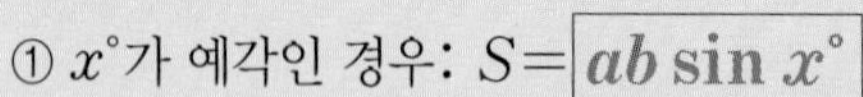

② $x^{\circ}$가 둔각인 경우: $S=$ $\boldsymbol{ab\sin(180^{\circ}-x^{\circ})}$

(2) **사각형의 넓이**

두 대각선의 길이 $a$, $b$와 두 대각선이 이루는 각의 크기 $x^{\circ}$를 알 때, 사각형 ABCD의 넓이 $S$는

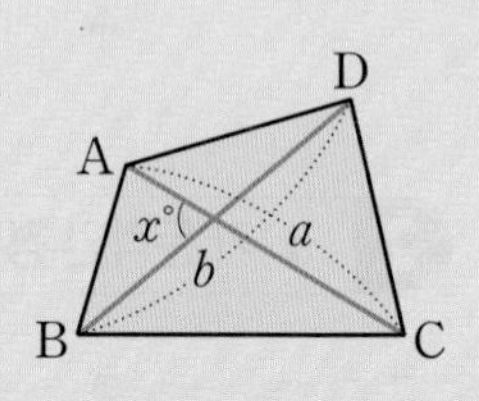


① $x^{\circ}$가 예각인 경우: $S=$ $\boldsymbol{\frac{1}{2}ab\sin x^{\circ}}$

② $x^{\circ}$가 둔각인 경우: $S=$ $\boldsymbol{\frac{1}{2}ab\sin(180^{\circ}-x^{\circ})}$

## 확인해 보자

▶ 정답 및 풀이 7쪽

**다음 그림과 같은 □ABCD의 넓이를 구하시오.**

(1)

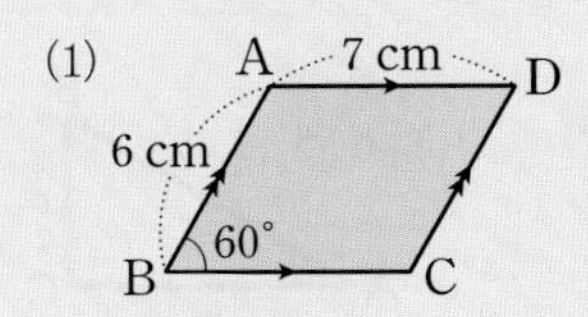


(2)

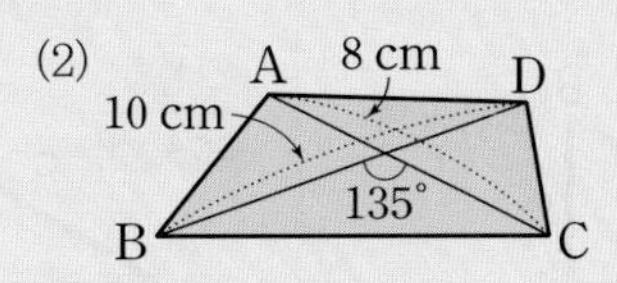


사각형의 넓이를 구하는 방법을 이용해.

**풀이** (1) $\overline{AB} /\!/ \overline{DC}$, $\overline{AD} /\!/ \overline{BC}$이므로 □ABCD는 평행사변형이다.

따라서 $\overline{BC}=\overline{AD}=7$ cm이므로

□ABCD $=6\times7\times\sin 60^\circ=6\times7\times\frac{\sqrt{3}}{2}=21\sqrt{3}\,(\text{cm}^2)$

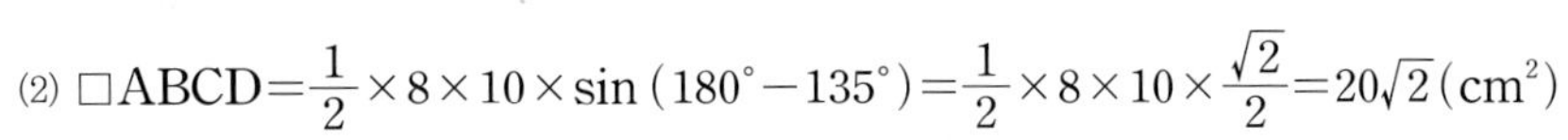

(2) □ABCD $=\frac{1}{2}\times8\times10\times\sin(180^\circ-135^\circ)=\frac{1}{2}\times8\times10\times\frac{\sqrt{2}}{2}=20\sqrt{2}\,(\text{cm}^2)$

**답** (1) $21\sqrt{3}$ cm² (2) $20\sqrt{2}$ cm²

**1-1** **다음 그림과 같은 □ABCD의 넓이를 구하시오.**

(1)

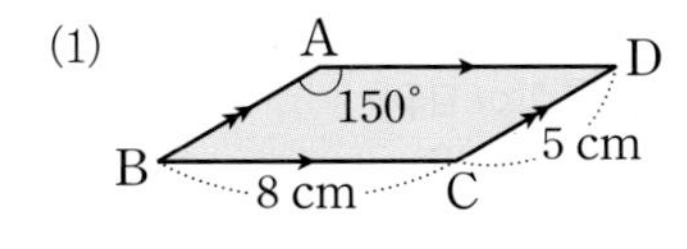


(2)

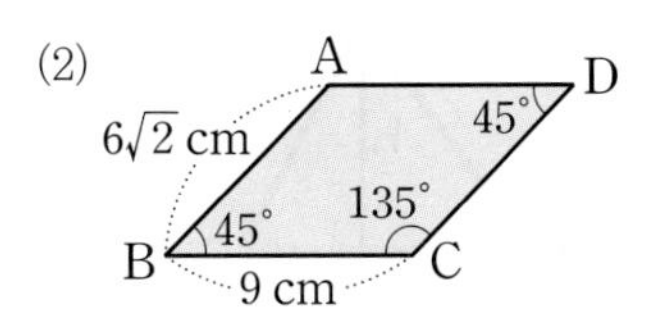


(3)

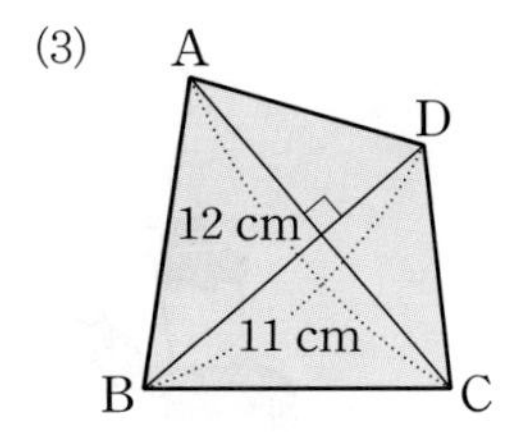


(4)

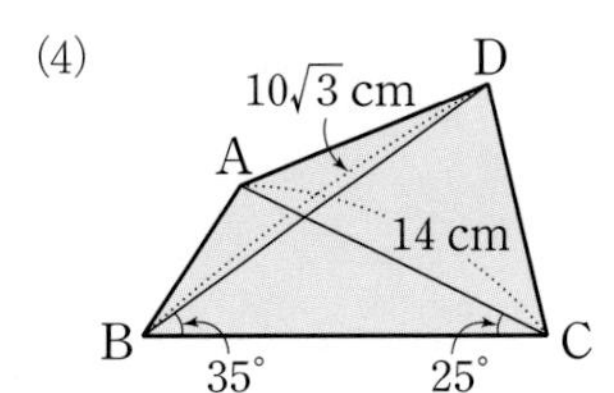

## 개념을 정리해 보자

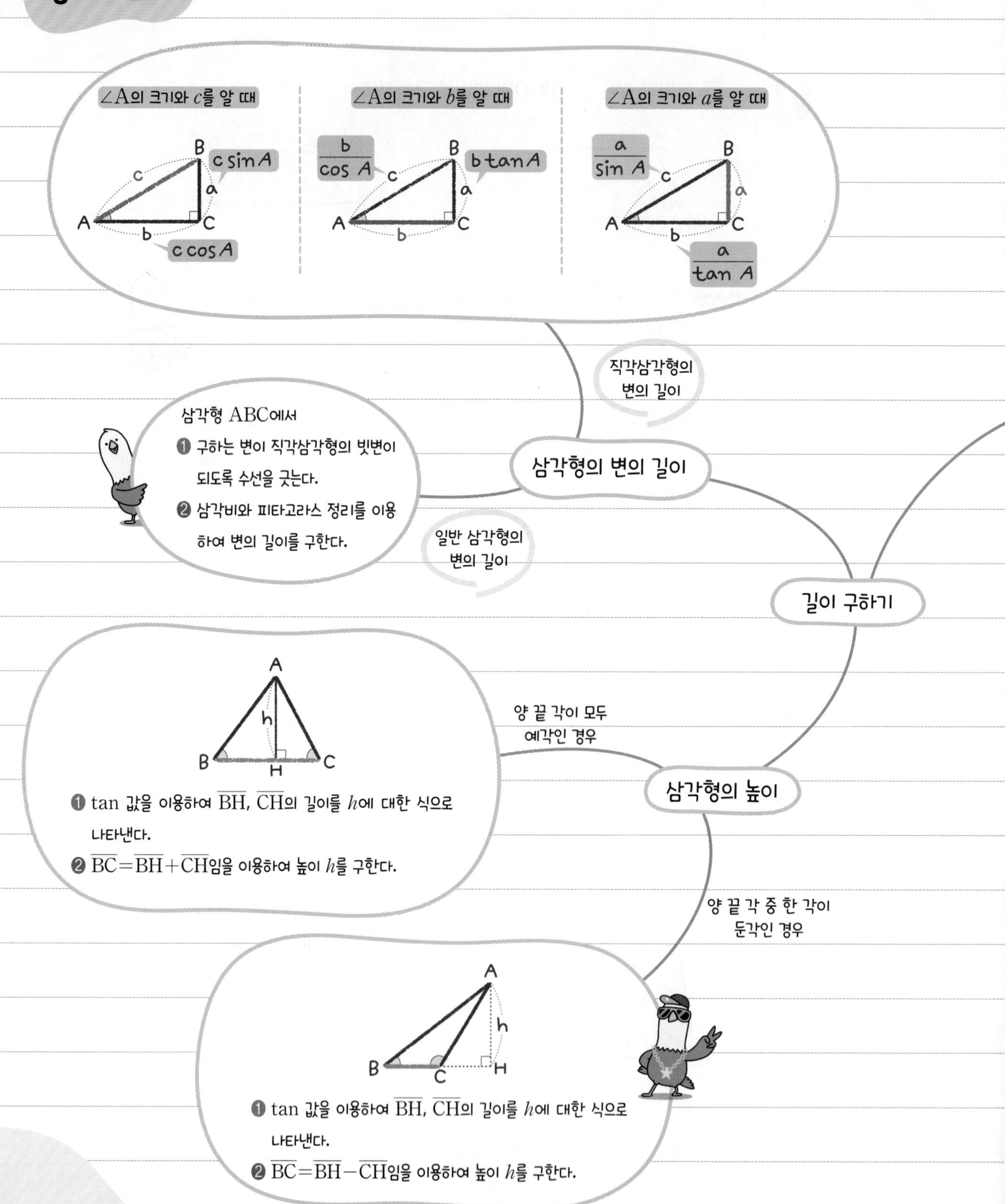

∠A의 크기와 c를 알 때
c sin A
c cos A
∠A의 크기와 b를 알 때
b/cos A
b tan A
∠A의 크기와 a를 알 때
a/sin A
a/tan A
직각삼각형의 변의 길이
삼각형 ABC에서
❶ 구하는 변이 직각삼각형의 빗변이 되도록 수선을 긋는다.
❷ 삼각비와 피타고라스 정리를 이용하여 변의 길이를 구한다.
일반 삼각형의 변의 길이
삼각형의 변의 길이
길이 구하기
양 끝 각이 모두 예각인 경우
삼각형의 높이
❶ tan 값을 이용하여 BH, CH의 길이를 h에 대한 식으로 나타낸다.
❷ BC=BH+CH임을 이용하여 높이 h를 구한다.
양 끝 각 중 한 각이 둔각인 경우
❶ tan 값을 이용하여 BH, CH의 길이를 h에 대한 식으로 나타낸다.
❷ BC=BH−CH임을 이용하여 높이 h를 구한다.

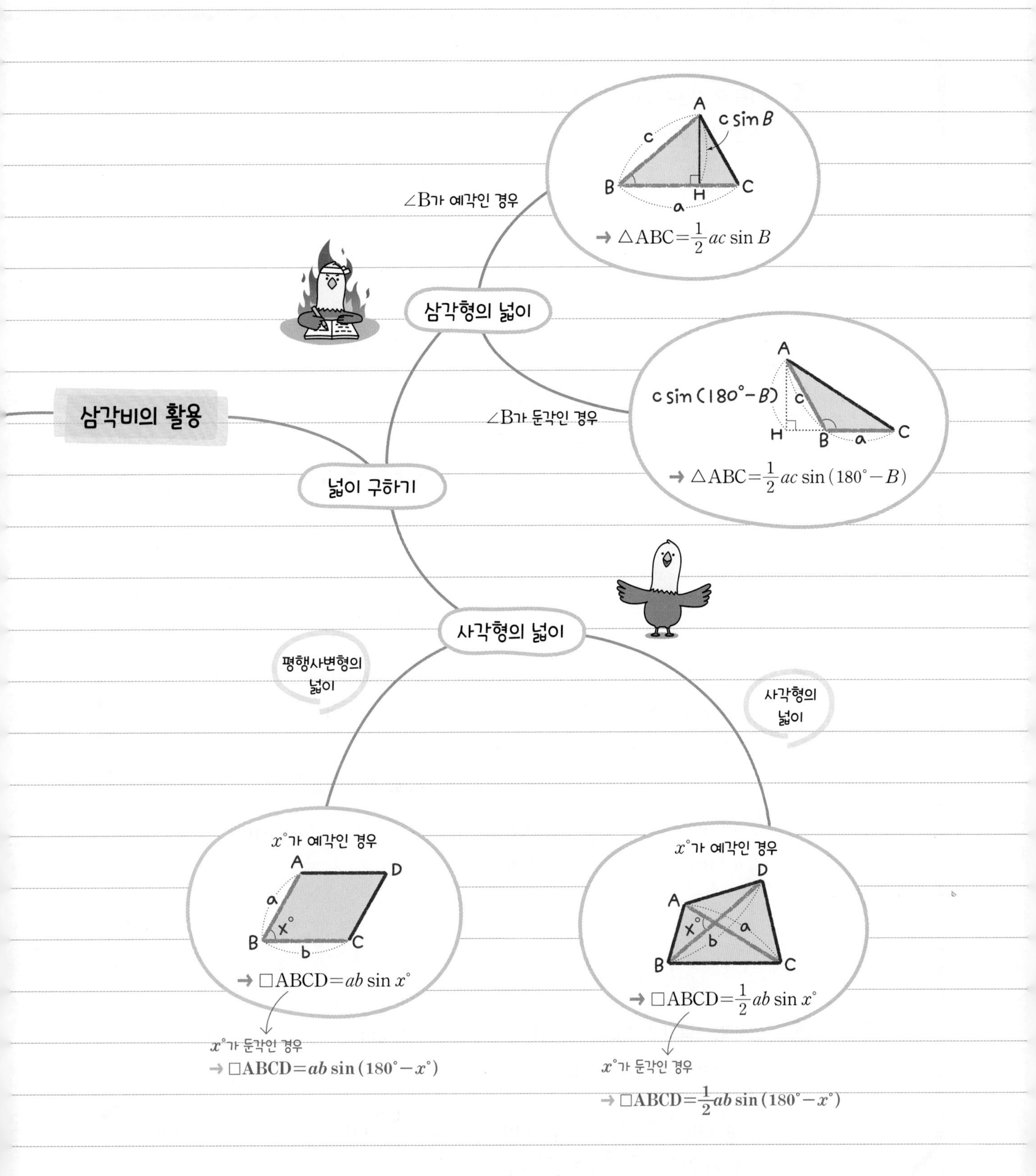

삼각비의 활용
넓이 구하기
삼각형의 넓이
∠B가 예각인 경우
A
c sin B
c
B
H
C
a
→ △ABC=$\frac{1}{2}ac\sin B$
∠B가 둔각인 경우
A
c sin (180°−B)
c
H
B
a
C
→ △ABC=$\frac{1}{2}ac\sin(180^\circ-B)$
사각형의 넓이
평행사변형의 넓이
$x^\circ$가 예각인 경우
A
D
a
x°
B
b
C
→ □ABCD=$ab\sin x^\circ$
$x^\circ$가 둔각인 경우
→ □ABCD=$ab\sin(180^\circ-x^\circ)$
사각형의 넓이
$x^\circ$가 예각인 경우
D
A
x°
a
b
B
C
→ □ABCD=$\frac{1}{2}ab\sin x^\circ$
$x^\circ$가 둔각인 경우
→ □ABCD=$\frac{1}{2}ab\sin(180^\circ-x^\circ)$

## Go Go! 문제를 풀어 보자

**1** 다음 중 오른쪽 그림과 같은 직각삼각형 ABC에서 $\overline{BC}$의 길이를 나타내는 것이 아닌 것은?

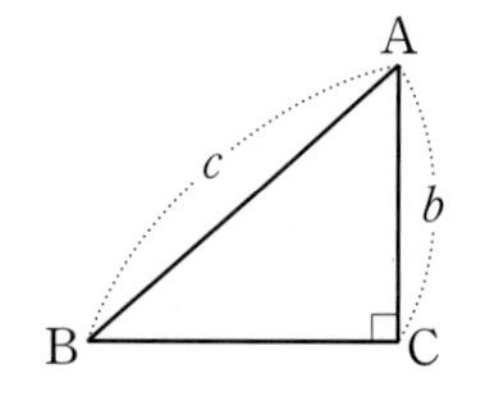


① $c\cos B$　② $c\cos A$　③ $\dfrac{b}{\tan B}$

④ $c\sin A$　⑤ $b\tan A$

**2** 오른쪽 그림과 같은 직각삼각형 ABC에서 $\angle B=54°$, $\overline{BC}=20\text{ cm}$일 때, $x-y$의 값을 구하시오.

(단, $\sin 54°=0.8$, $\cos 54°=0.6$으로 계산한다.)

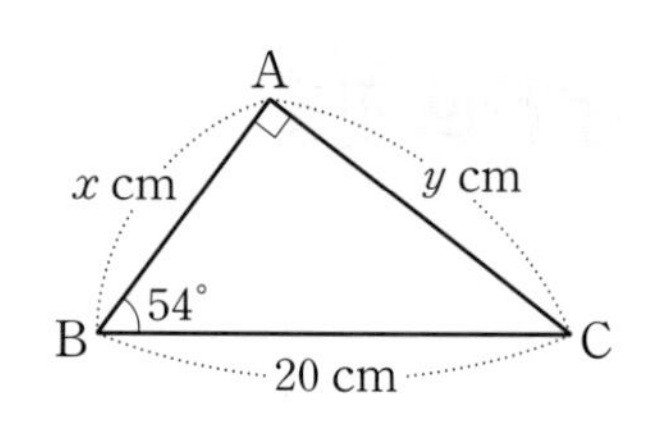


**3** 오른쪽 그림과 같이 나무로부터 10 m 떨어진 A 지점에서 나무의 꼭대기 C 지점을 올려본 각의 크기가 25°이다. 이 사람의 눈높이가 1.6 m일 때, 나무의 높이는?

(단, $\tan 25°=0.47$로 계산한다.)

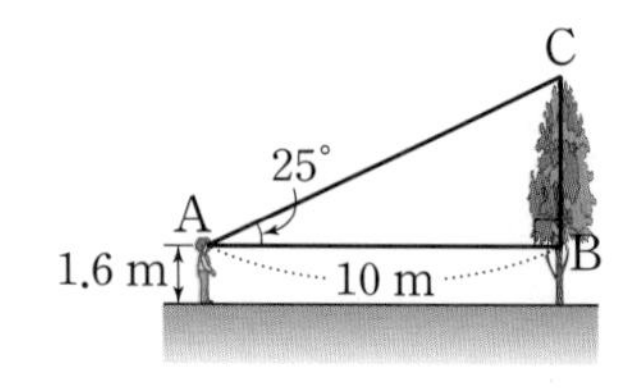


① 6.1 m　② 6.3 m　③ 6.5 m

④ 6.7 m　⑤ 6.9 m

**4** 오른쪽 그림의 △ABC에서 $\overline{AB}=8\text{ cm}$, $\overline{BC}=15\text{ cm}$, $\angle B=60°$일 때, $\overline{AC}$의 길이는?

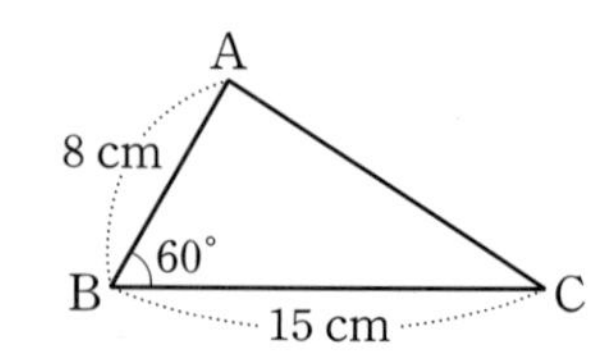


① $\dfrac{13}{2}$ cm　② $\dfrac{13\sqrt{3}}{3}$ cm　③ $\dfrac{13\sqrt{2}}{2}$ cm

④ 13 cm　⑤ $13\sqrt{2}$ cm

▶ 정답 및 풀이 7쪽

**5** 호수의 두 지점 B, C 사이의 거리를 구하기 위하여 오른쪽 그림과 같이 측량하였다. $\overline{AB}=10\text{ m}$, $\overline{AC}=6\sqrt{2}\text{ m}$이고 $\angle A=45°$일 때, 두 지점 B, C 사이의 거리는?

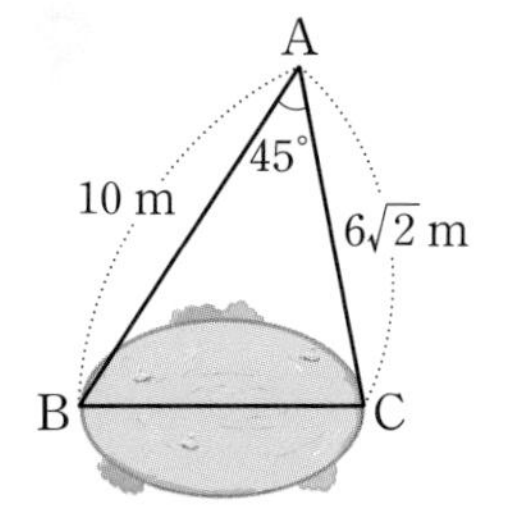


① $\sqrt{13}\text{ m}$　② $4\text{ m}$　③ $6\text{ m}$
④ $2\sqrt{13}\text{ m}$　⑤ $3\sqrt{13}\text{ m}$

**6** 오른쪽 그림의 △ABC에서 $\angle B=37°$, $\angle C=60°$이고 $\overline{AC}=b$일 때, 다음 중 $\overline{AB}$의 길이를 나타내는 것은?

(단, $\sin 37°=0.6$, $\cos 37°=0.8$로 계산한다.)

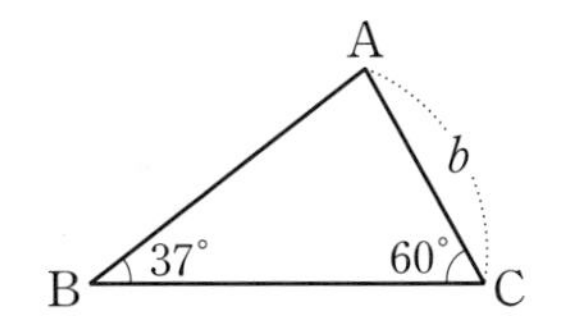


① $\frac{5\sqrt{3}}{8}b$　② $\frac{3\sqrt{3}}{4}b$　③ $\frac{5\sqrt{3}}{6}b$
④ $\sqrt{3}b$　⑤ $\frac{6\sqrt{3}}{5}b$

**7** 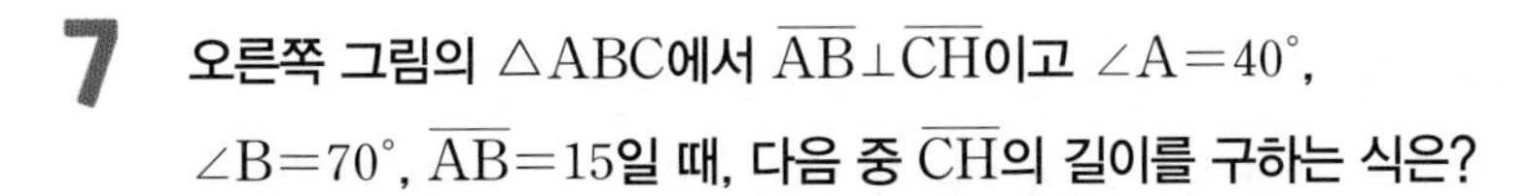
오른쪽 그림의 △ABC에서 $\overline{AB}\perp\overline{CH}$이고 $\angle A=40°$, $\angle B=70°$, $\overline{AB}=15$일 때, 다음 중 $\overline{CH}$의 길이를 구하는 식은?

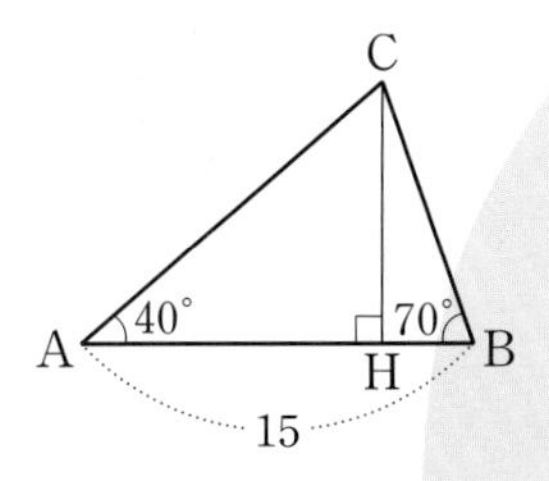

① $\frac{15}{\tan 40°+\tan 50°}$　② $\frac{15}{\tan 50°-\tan 20°}$
③ $\frac{15}{\tan 40°+\tan 70°}$　④ $\frac{15}{\tan 70°-\tan 40°}$
⑤ $\frac{15}{\tan 50°+\tan 20°}$

**8** 오른쪽 그림과 같이 △ABC에서 꼭짓점 A에서 $\overline{BC}$에 내린 수선의 발을 H라 하자. $\angle B=30°$, $\angle C=45°$, $\overline{BC}=10$일 때, $\overline{AH}$의 길이는?

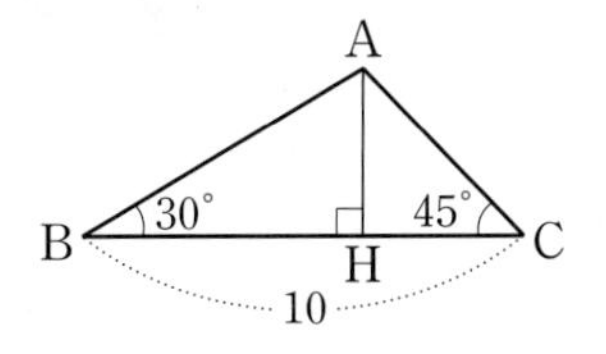


① $5$　② $5(\sqrt{2}-1)$　③ $5(\sqrt{3}-1)$
④ $5(\sqrt{2}+1)$　⑤ $10(\sqrt{3}-1)$

**9** 오른쪽 그림과 같이 400 m 떨어진 두 지점 A, B에서 건물의 꼭대기 D 지점을 올려본 각의 크기가 각각 30°, 60°이었다. 이 건물의 높이 $\overline{CD}$의 길이를 구하면?

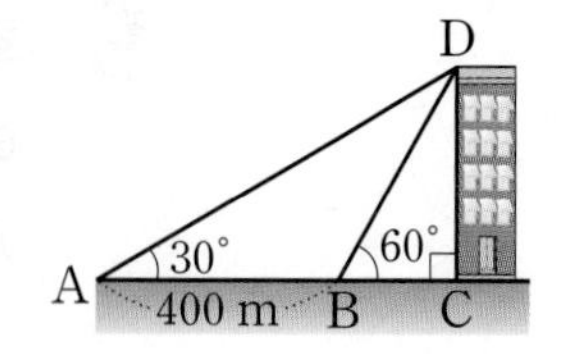


① $\frac{400\sqrt{3}}{3}$ m　② $200\sqrt{3}$ m　③ $100\sqrt{3}$ m
④ $50\sqrt{3}$ m　⑤ $25\sqrt{3}$ m

**10** 오른쪽 그림과 같이 $\angle B=60°$, $\overline{BC}=10\sqrt{3}$ cm인 $\triangle ABC$의 넓이가 90 cm²일 때, $\overline{AB}$의 길이는?

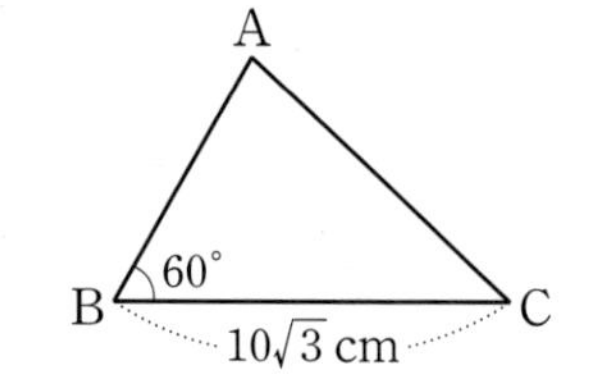


① 6 cm　② $6\sqrt{3}$ cm　③ 12 cm
④ $12\sqrt{3}$ cm　⑤ 24 cm

**11** 오른쪽 그림에서 $\triangle ABC$는 $\angle A=90°$인 직각삼각형이고 $\angle ACB=45°$이다. □BDEC는 한 변의 길이가 12인 정사각형일 때, $\triangle ABD$의 넓이는?

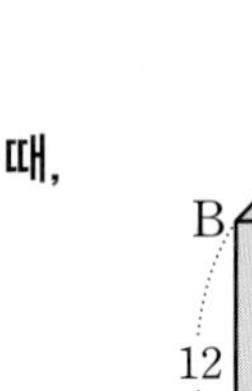

① 32　② 33　③ 34
④ 35　⑤ 36

**12** 오른쪽 그림과 같은 □ABCD의 넓이는?

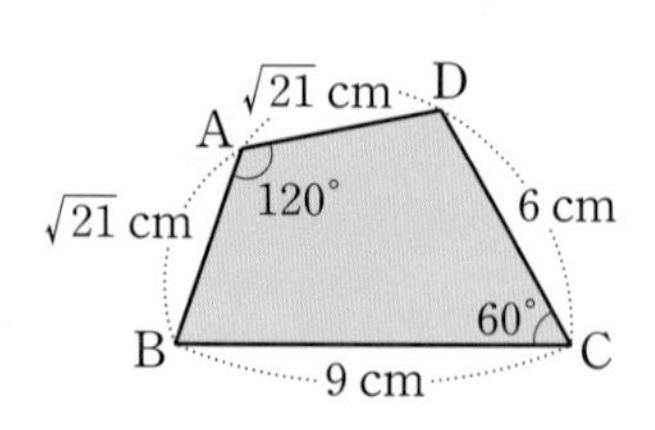


① 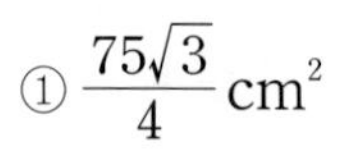 $\frac{75\sqrt{3}}{4}$ cm²　② 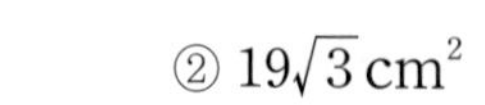 $19\sqrt{3}$ cm²
③ $\frac{77\sqrt{3}}{4}$ cm²　④ $\frac{39\sqrt{3}}{2}$ cm²
⑤ $\frac{79\sqrt{3}}{4}$ cm²

**13** 오른쪽 그림과 같은 평행사변형 ABCD의 넓이가 $15\sqrt{2}\,\text{cm}^2$일 때, $\overline{AB}$의 길이는?

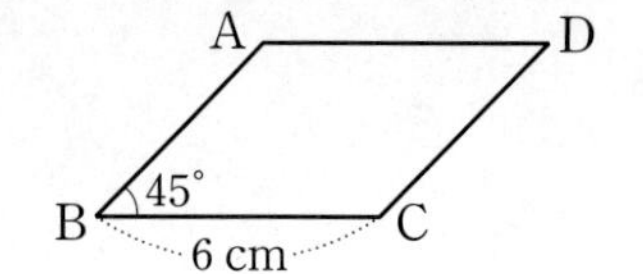


① $3\sqrt{2}$ cm　② $2\sqrt{6}$ cm　③ 5 cm
④ $3\sqrt{3}$ cm　⑤ $5\sqrt{2}$ cm

**14** 오른쪽 그림과 같이 한 변의 길이가 4 cm인 마름모 ABCD의 넓이는?

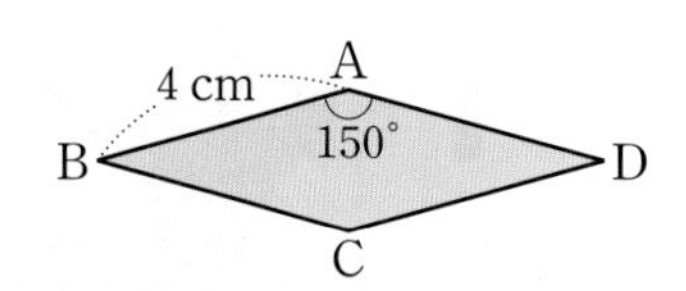


① $4\sqrt{2}\,\text{cm}^2$　② $4\sqrt{3}\,\text{cm}^2$　③ $8\,\text{cm}^2$
④ $8\sqrt{2}\,\text{cm}^2$　⑤ $8\sqrt{3}\,\text{cm}^2$

**15** 오른쪽 그림과 같은 사각형 ABCD의 넓이는?

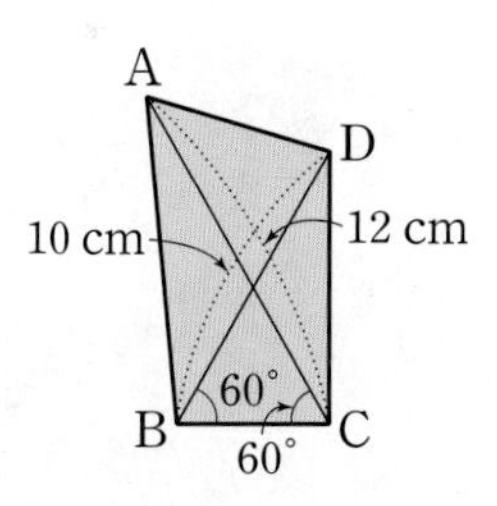


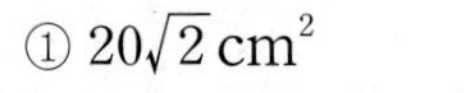

① $20\sqrt{2}\,\text{cm}^2$　② $20\sqrt{3}\,\text{cm}^2$　③ $30\,\text{cm}^2$
④ $30\sqrt{2}\,\text{cm}^2$　⑤ $30\sqrt{3}\,\text{cm}^2$

**16** 오른쪽 그림과 같은 등변사다리꼴 ABCD의 넓이가 $\frac{49\sqrt{2}}{2}\,\text{cm}^2$이고, 두 대각선이 이루는 각의 크기가 135°일 때, $\overline{BD}$의 길이는?

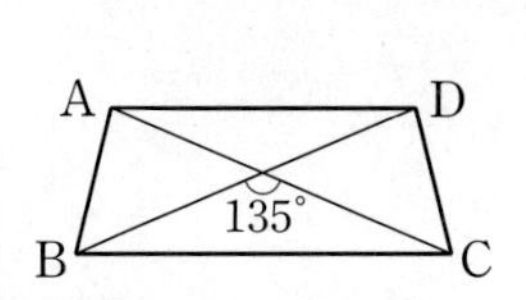


① 7 cm　② $7\sqrt{2}$ cm　③ $7\sqrt{3}$ cm
④ 14 cm　⑤ $14\sqrt{2}$ cm

# Ⅲ 원과 직선

## 4 원의 현

개념 10 원의 중심과 현의 수직이등분선

개념 11 현의 길이

## 5 원의 접선

개념 12 원의 접선

개념 13 원의 접선의 응용

# 4
# 원의 현

#원의 중심

#현의 수직이등분선

#원의 중심에서 현까지의 거리

#현의 길이

## 준비 해 보자

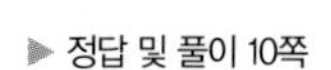


● 갈림길에 설 때마다 다음 문제를 풀어서 미로를 빠져나가 보자.

(1) $\angle$AOB에 대한 호는 $\widehat{AB}$이다. (○, ×)

(2) $\widehat{BC}$에 대한 중심각은 $\angle$BAC이다. (○, ×)

(3) $\overline{AB}$와 $\widehat{AB}$로 둘러싸인 도형은 활꼴이다. (○, ×)

(4) $\widehat{BC}$와 $\overline{AB}$, $\overline{AC}$로 둘러싸인 도형은 부채꼴이다. (○, ×)

(5) $\overline{AC}$는 가장 긴 현이다. (○, ×)

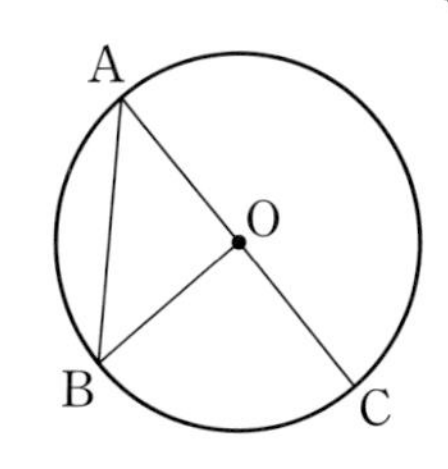

* QR코드를 스캔하여 개념 영상을 확인하세요.

# 10 원의 중심과 현의 수직이등분선

## •• 원의 중심과 현의 수직이등분선 사이에는 어떤 관계가 있을까?

중학교 1학년 때 원의 현과 선분의 수직이등분선에 대하여 배웠다.

이를 이용하여 원의 중심과 현의 수직이등분선 사이의 관계에 대하여 알아보자.

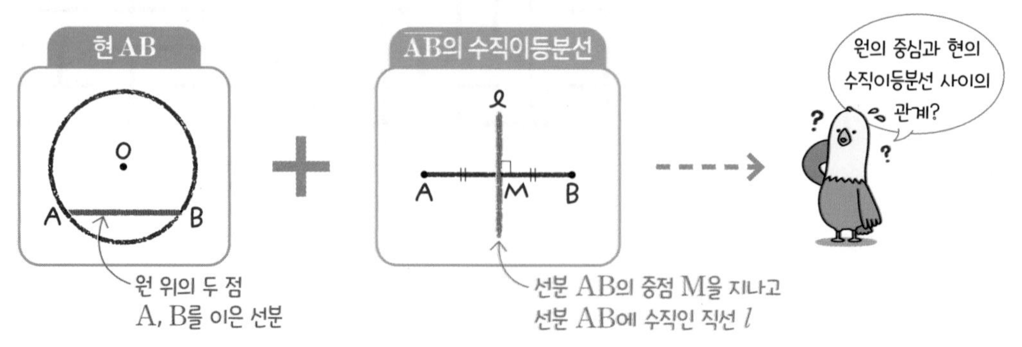

원에서 현의 수직이등분선은 그 원의 중심을 지날까?

오른쪽 그림과 같이 원 O에서 현 AB의 수직이등분선을 $l$이라 하면 **두 점 A와 B로부터 같은 거리에 있는 점들은 모두 직선 $l$ 위에 있다.**
따라서 두 점 A와 B로부터 같은 거리에 있는 원의 중심 O도 직선 $l$ 위에 있다.

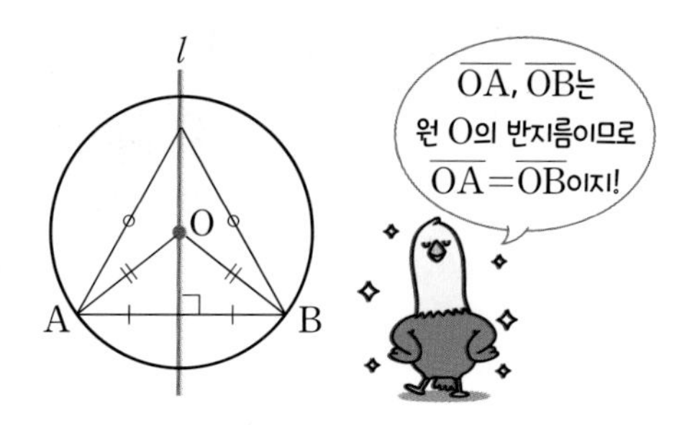


거꾸로 원의 중심에서 현에 내린 수선은 그 현을 이등분할까?

오른쪽 그림과 같이 원 O의 중심에서 현 AB에 내린 수선의 발을 M이라 할 때,

$$\overline{AM}=\overline{BM}$$

임을 확인해 보자.

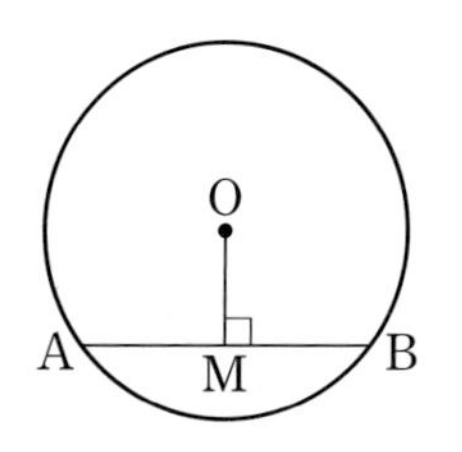


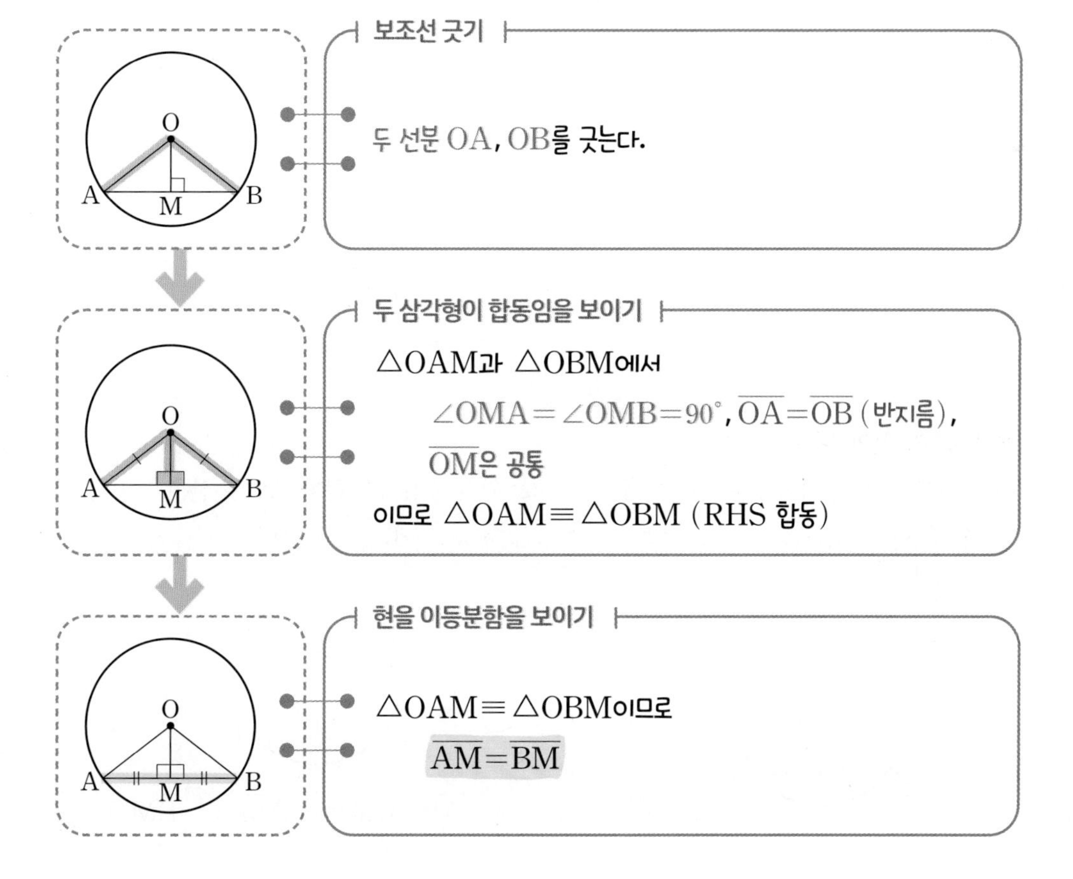


▶ **직각삼각형의 합동 조건**
두 직각삼각형에서
① 빗변의 길이와 한 예각의 크기가 각각 같다. (RHA 합동)
② 빗변의 길이와 다른 한 변의 길이가 각각 같다. (RHS 합동)

앞의 내용을 정리하면 다음과 같다.

**❶ 원에서 현의 수직이등분선은 그 원의 중심을 지난다.**
**❷ 원의 중심에서 현에 내린 수선은 그 현을 이등분한다.**

**참고** **원의 중심 찾기**

위의 성질 ❶을 이용하면 원의 중심을 찾을 수 있다.
오른쪽 그림과 같이 원에 두 개의 현을 그린 후, 각 현에 대한 수직이등분선을 그으면 만나는 점이 원의 중심이다.

**다음 그림의 원 O에서 $x$의 값을 구해 보자.**

(1)

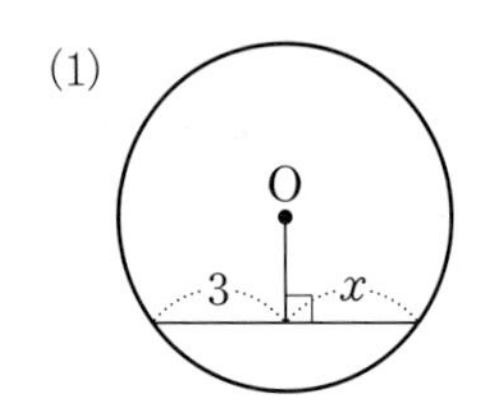


(2)

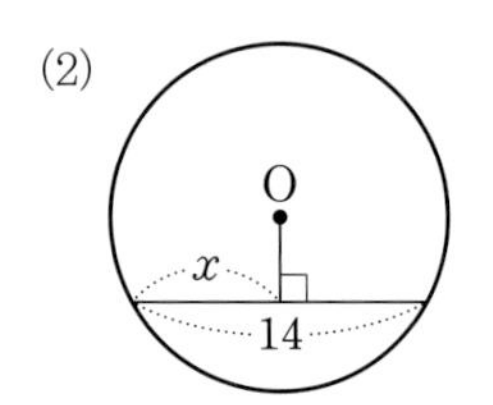


답 (1) 3 (2) 7

**원의 중심과 현의 수직이등분선**

(1) 원에서 현의 수직이등분선은 그 원의 [중심]을 지난다.

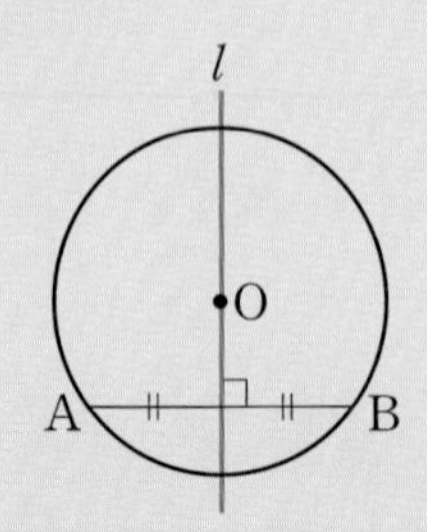


(2) 원의 중심에서 현에 내린 수선은 그 현을 [이등분]한다.

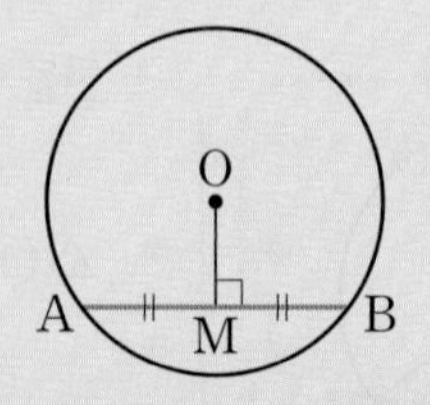


➡ $\overline{AB}\perp\overline{OM}$이면 $\overline{AM}$ [$=$] $\overline{BM}$

## 개념을 Go, Go! 확인해 보자

▶ 정답 및 풀이 10쪽

**1** **오른쪽 그림의 원 O에서 다음을 구하시오.**

(1) $\overline{AM}$의 길이

(2) $\overline{AB}$의 길이

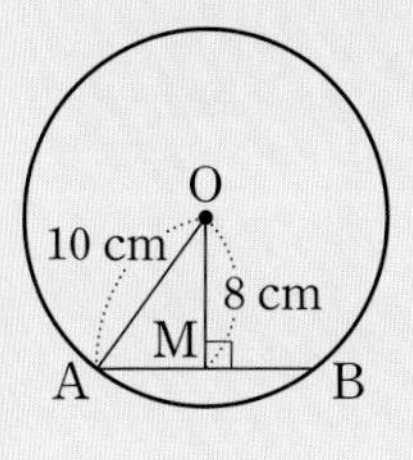


풀이 (1) 직각삼각형 OAM에서 $\overline{AM}=\sqrt{10^2-8^2}=\sqrt{36}=6(\text{cm})$

(2) $\overline{AB}\perp\overline{OM}$이므로 $\overline{AB}=2\overline{AM}=2\times6=12(\text{cm})$

답 (1) 6 cm (2) 12 cm

**1-1** **오른쪽 그림의 원 O에서 $\overline{AB}$의 길이를 구하시오.**

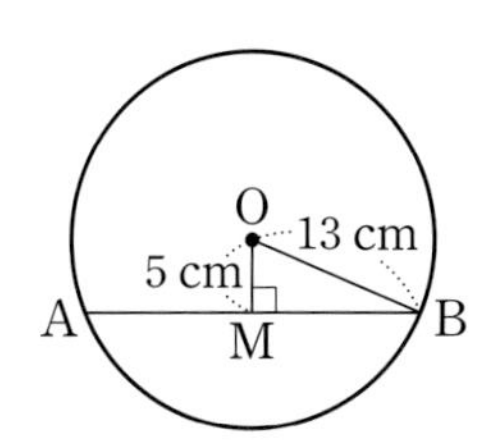

**2** **오른쪽 그림의 원 O에서 다음 물음에 답하시오.**

(1) $\overline{OM}$의 길이를 $x$에 대한 식으로 나타내시오.

(2) $x$의 값을 구하시오.

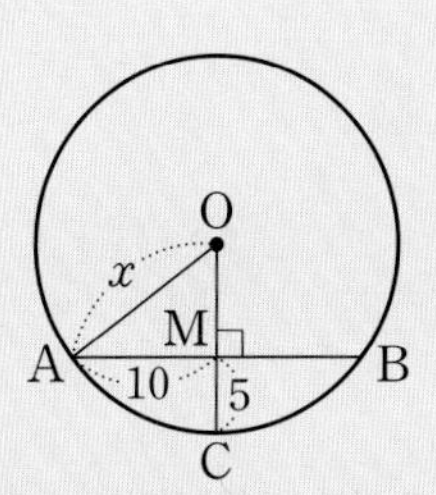


풀이 (1) $\overline{OC}=\overline{OA}=x$이므로 $\overline{OM}=x-5$

(2) 직각삼각형 OAM에서 $x^2=10^2+(x-5)^2$

$10x=125 \qquad \therefore x=\frac{25}{2}$

답 (1) $x-5$ (2) $\frac{25}{2}$

**2-1** **오른쪽 그림의 원 O의 반지름의 길이를 구하시오.**

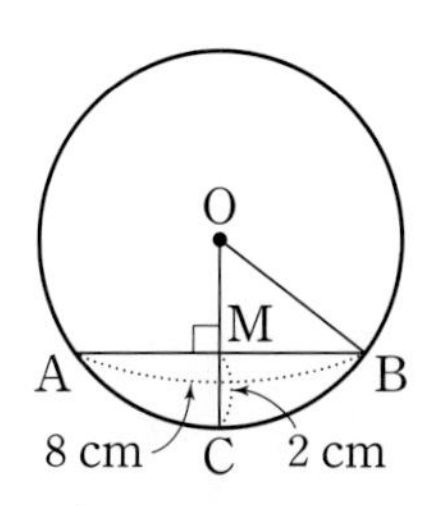

* QR코드를 스캔하여 개념 영상을 확인하세요.

# 11 현의 길이

## ●● 원의 중심에서 현까지의 거리는 현의 길이와 어떤 관계가 있을까?

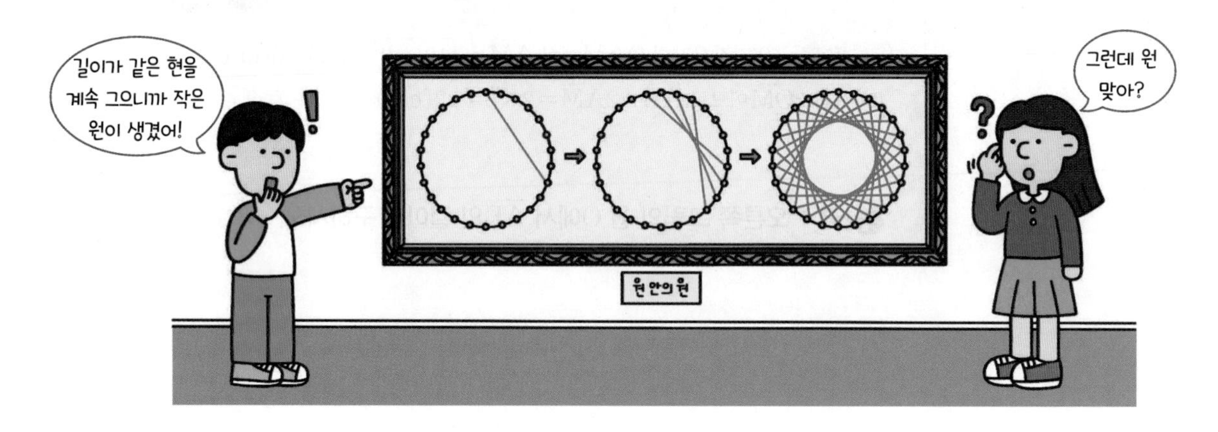


원의 내부에 일정한 길이의 현을 계속 그었을 때 나타난 도형이 원이려면 원의 중심으로부터 각 현까지의 거리가 모두 같아야 한다.

그렇다면 한 원에서 길이가 같은 두 현은 원의 중심으로부터 서로 같은 거리에 있을까?

▶ 점과 직선 사이의 거리는 점에서 직선에 내린 수선의 발까지의 거리이다.

오른쪽 그림과 같이 원 O의 중심에서 두 현 AB, CD에 내린 수선의 발을 각각 M, N이라 할 때,

$$\overline{AB}=\overline{CD}\text{이면 }\overline{OM}=\overline{ON}$$

임을 확인해 보자.

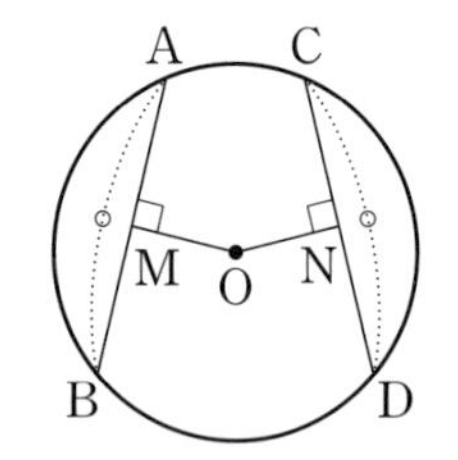


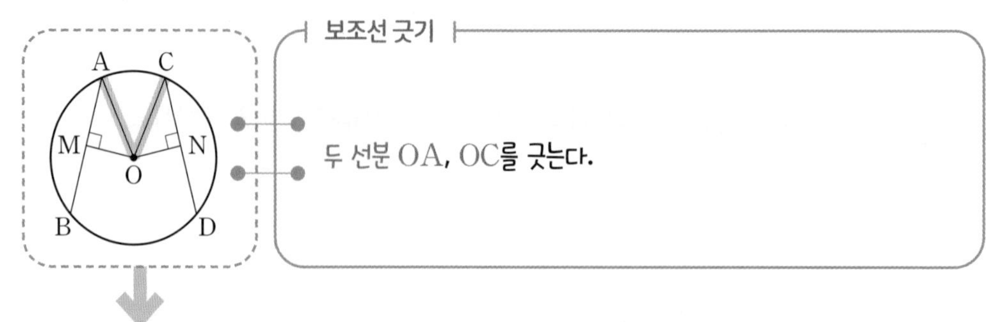

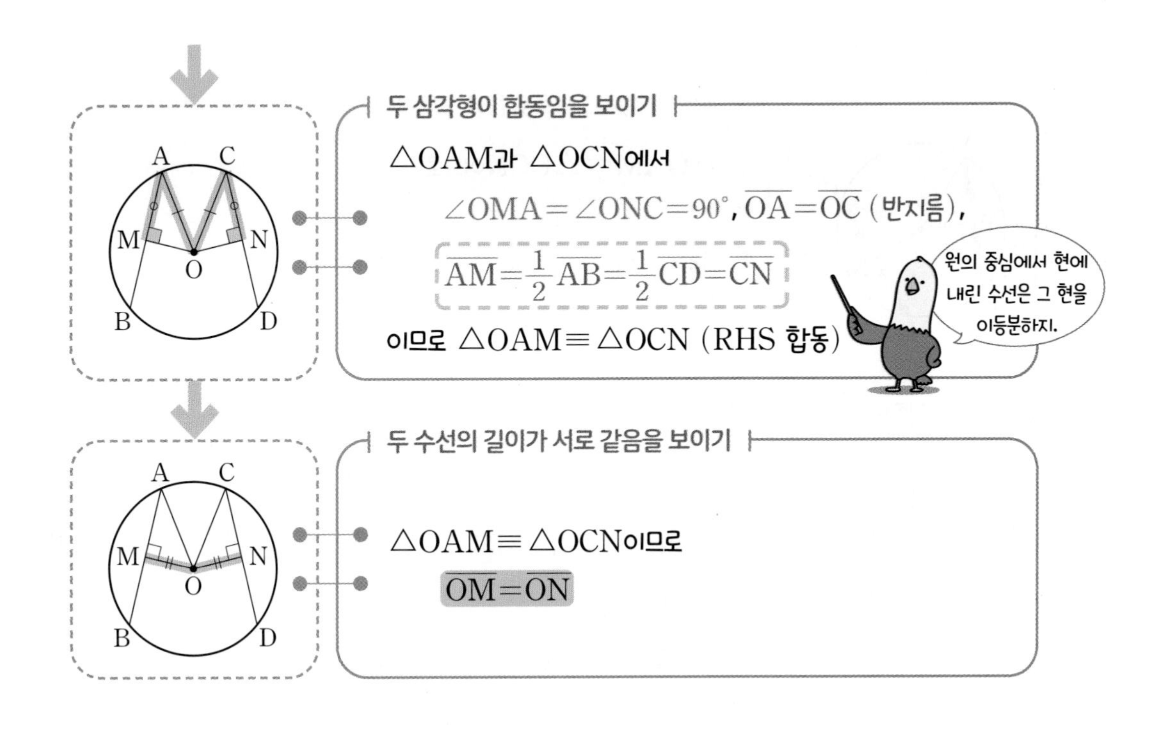


거꾸로 한 원에서 중심으로부터 같은 거리에 있는 두 현의 길이는 서로 같을까?

오른쪽 그림과 같이 원 O의 중심에서 두 현 AB, CD에 내린 수선의 발을 각각 M, N이라 할 때,

$\overline{OM}=\overline{ON}$이면 $\overline{AB}=\overline{CD}$

임을 확인해 보자.

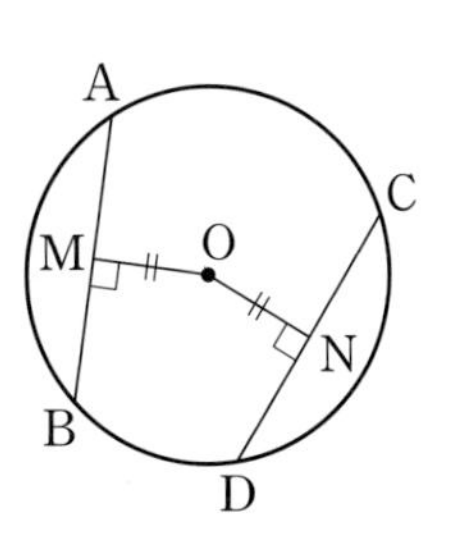


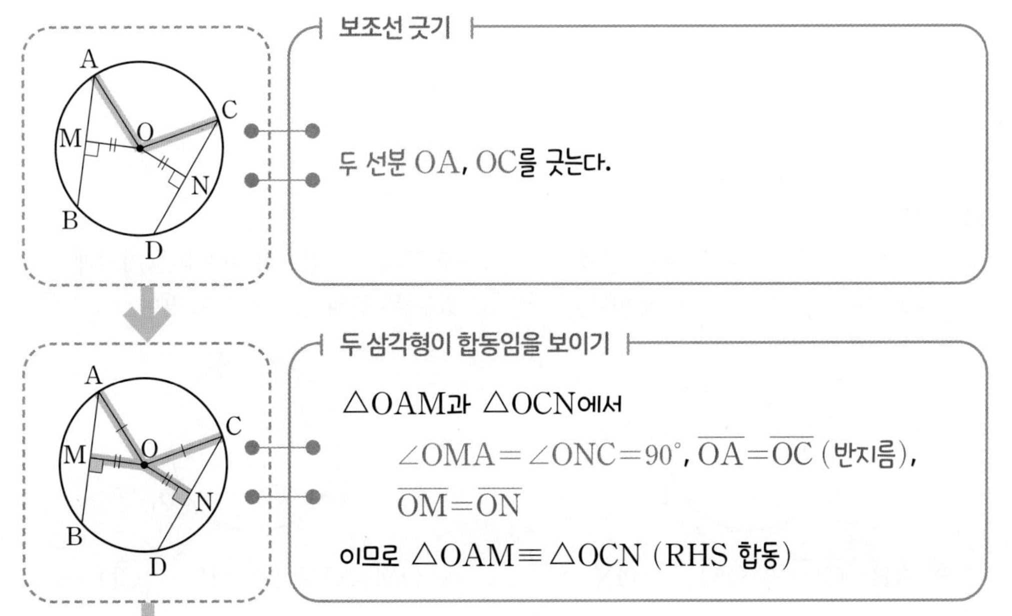

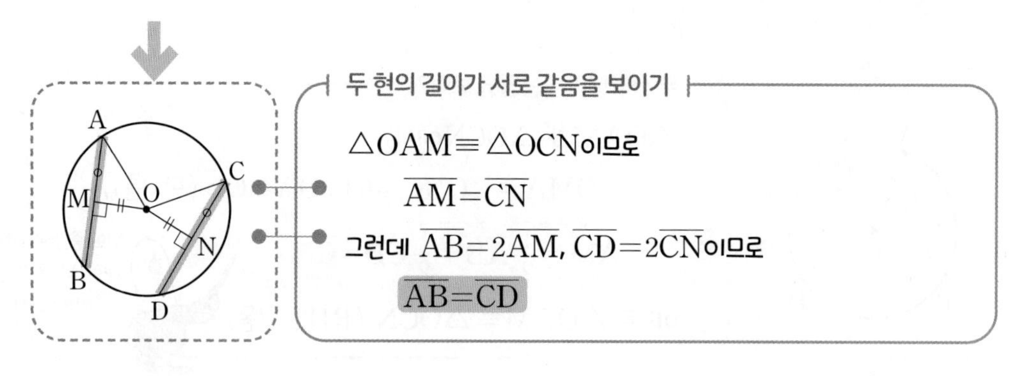


이상을 정리하면 다음과 같다.

❶ 한 원에서 길이가 같은 두 현은 원의 중심으로부터 서로 같은 거리에 있다.

❷ 한 원에서 중심으로부터 같은 거리에 있는 두 현의 길이는 서로 같다.

다음 그림의 원 O에서 $x$의 값을 구해 보자.

(1)

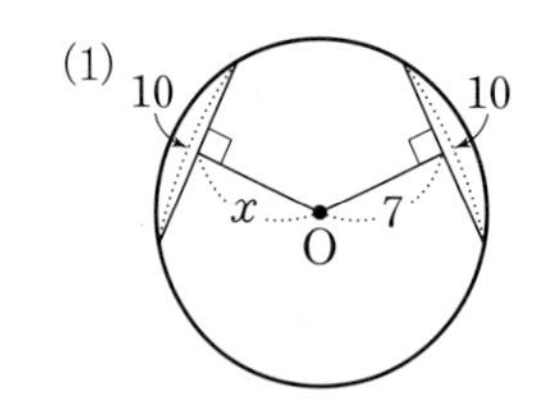


(2)

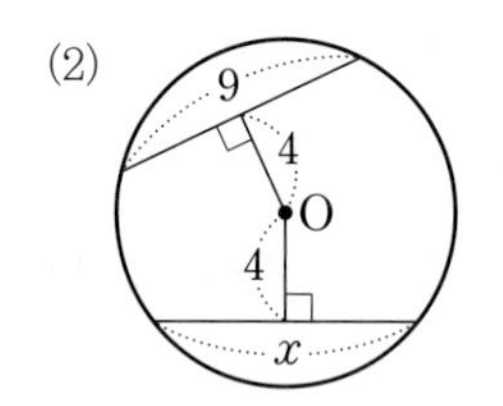


답 (1) 7 (2) 9

현의 길이

(1) 한 원에서 길이가 같은 두 현은 원의 중심으로부터 서로 같은 거리에 있다.

➡ $\overline{AB}=\overline{CD}$이면 $\overline{OM}$ = $\overline{ON}$

(2) 한 원에서 중심으로부터 같은 거리에 있는 두 현의 길이는 서로 같다.

➡ $\overline{OM}=\overline{ON}$이면 $\overline{AB}$ = $\overline{CD}$

▶ 정답 및 풀이 10쪽

## 1 다음 그림의 원 O에서 $x$의 값을 구하시오.

(1)

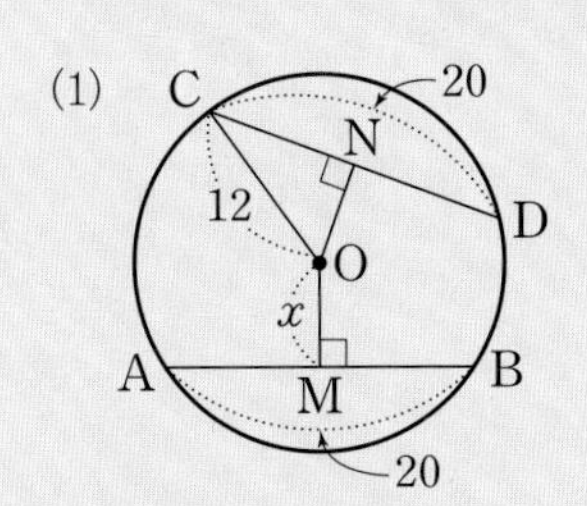


(2)

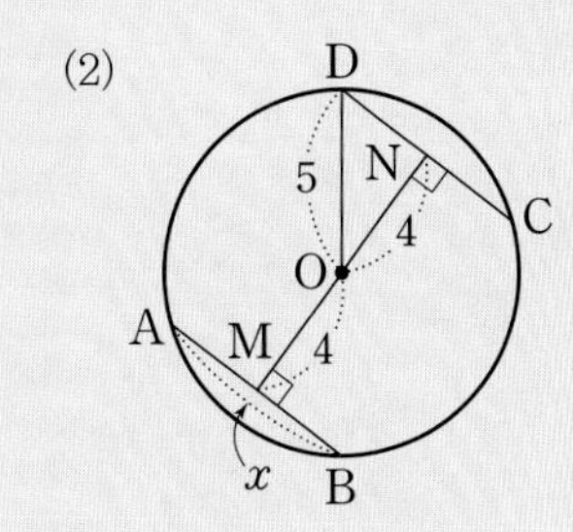

풀이 (1) $\overline{CD}\perp\overline{ON}$이므로 $\overline{CN}=\frac{1}{2}\overline{CD}=\frac{1}{2}\times20=10$

직각삼각형 ONC에서 $\overline{ON}=\sqrt{12^2-10^2}=\sqrt{44}=2\sqrt{11}$

$\overline{AB}=\overline{CD}$이므로 $\overline{OM}=\overline{ON}=2\sqrt{11}$ $\quad\therefore x=2\sqrt{11}$

(2) 직각삼각형 OND에서 $\overline{DN}=\sqrt{5^2-4^2}=\sqrt{9}=3$

$\overline{CD}\perp\overline{ON}$이므로 $\overline{CD}=2\overline{DN}=2\times3=6$

$\overline{OM}=\overline{ON}$이므로 $\overline{AB}=\overline{CD}=6$ $\quad\therefore x=6$

답 (1) $2\sqrt{11}$ (2) 6

## 1-1 다음 그림의 원 O에서 $x$의 값을 구하시오.

(1)

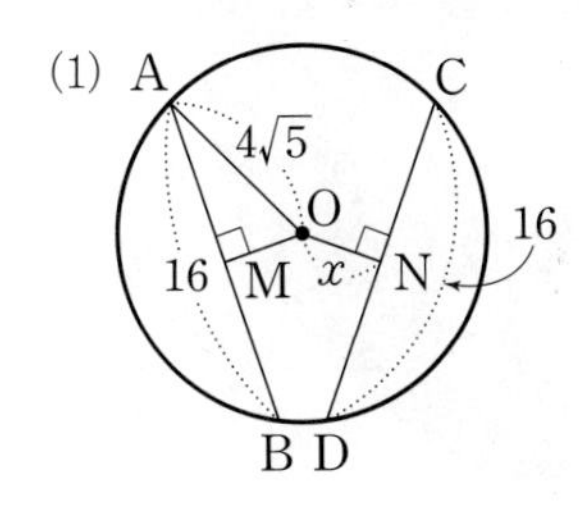


(2)

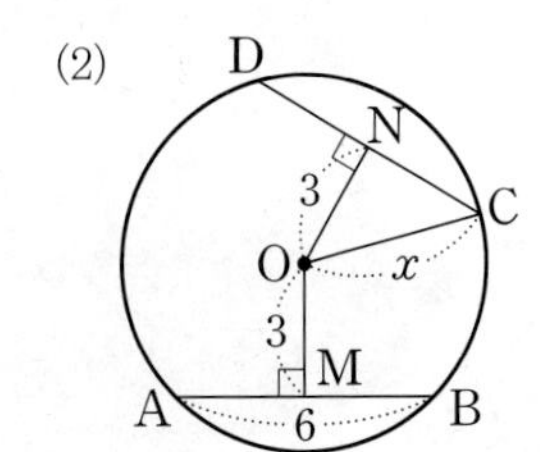


## 1-2 오른쪽 그림의 원 O에서 다음 물음에 답하시오.

(1) 삼각형 ABC는 어떤 삼각형인지 말하시오.

(2) $\angle x$의 크기를 구하시오.

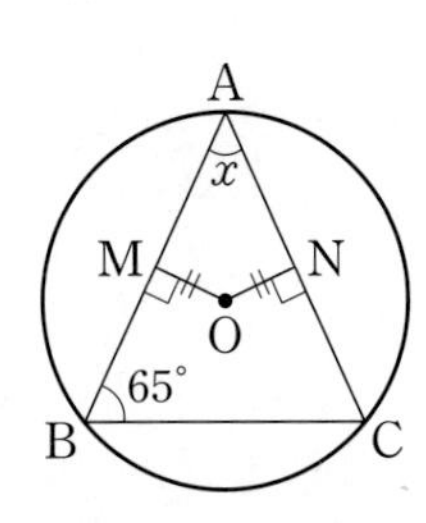

# 5
# 원의 접선

#접선의 길이 #수직

#내접원 #둘레의 길이

#원에 외접하는 사각형

#대변의 길이의 합

▶ 정답 및 풀이 11쪽

● 우리나라에서는 해마다 특색있는 지역 축제들이 개최된다.

아래 그림에서 점 I가 △ABC의 내심일 때, □ 안에 들어갈 알맞은 수에 해당하는 지역을 찾아 다음 축제의 이름을 알아보자.

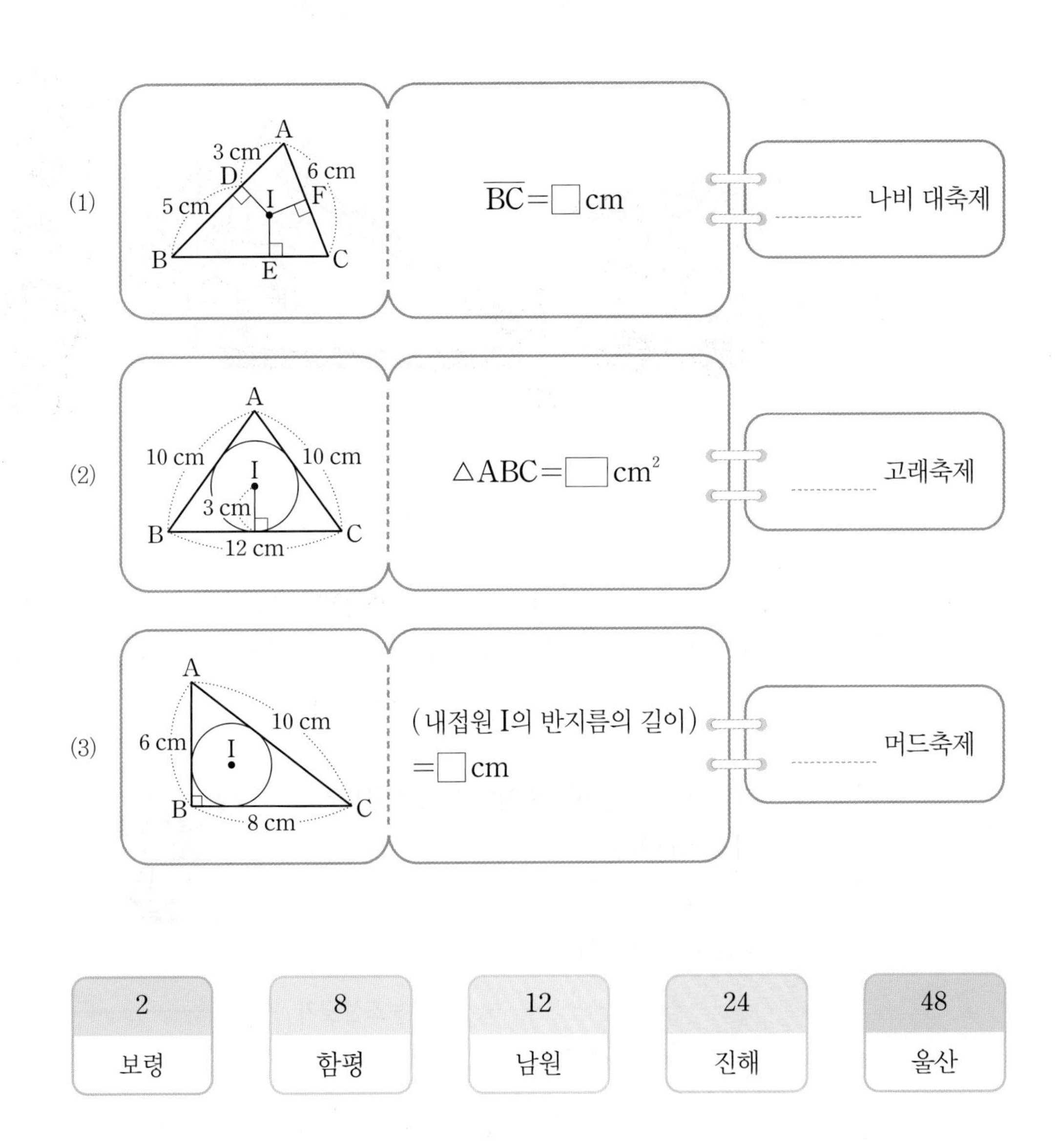


| 2 | 8 | 12 | 24 | 48 |
|---|---|---|---|---|
| 보령 | 함평 | 남원 | 진해 | 울산 |

# 12 원의 접선

* QR코드를 스캔하여 개념 영상을 확인하세요.

## ●● 원의 접선은 어떤 성질이 있을까?

다음 그림과 같이 원 O 밖의 한 점 P에서 원 O에 접선을 그어 보자.

점 P에서 원 O에 그을 수 있는 접선은 **2개**이다.
이 두 접선의 접점을 각각 A, B라 할 때, $\overline{PA}$ 또는 $\overline{PB}$의 길이를 점 P에서 원 O에 그은 **접선의 길이**라 한다.

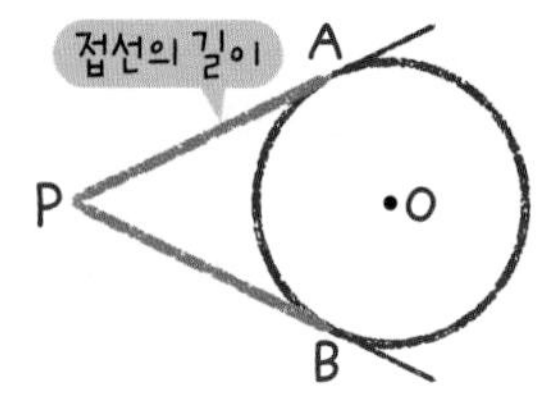


그렇다면 두 접선의 길이는 서로 같을까?
위의 그림의 원 O에서

$$\overline{PA}=\overline{PB}$$

임을 확인해 보자.

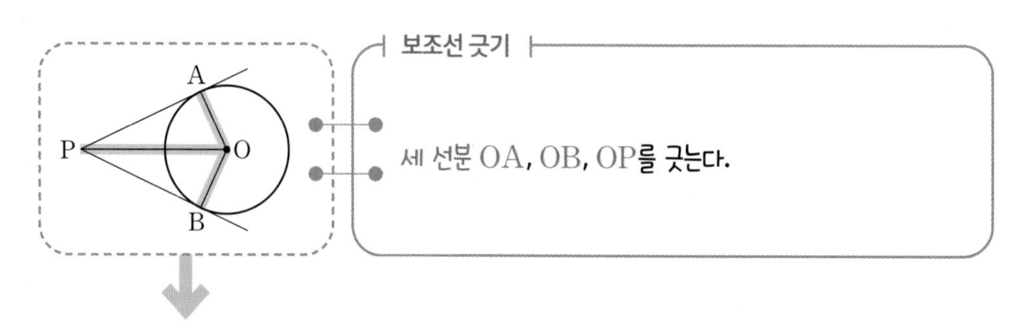

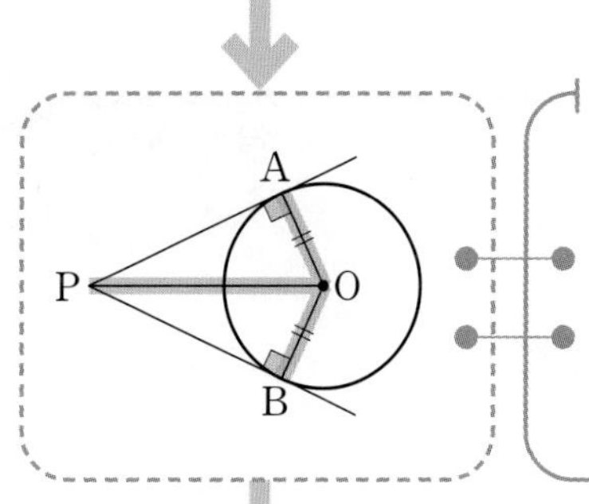


**두 삼각형이 합동임을 보이기**

$\triangle$PAO와 $\triangle$PBO에서

$\angle$PAO$=\angle$PBO$=90°$, $\overline{\text{OP}}$는 공통,

$\overline{\text{OA}}=\overline{\text{OB}}$ (반지름)

이므로 $\triangle\text{PAO}\equiv\triangle\text{PBO}$ (RHS 합동)

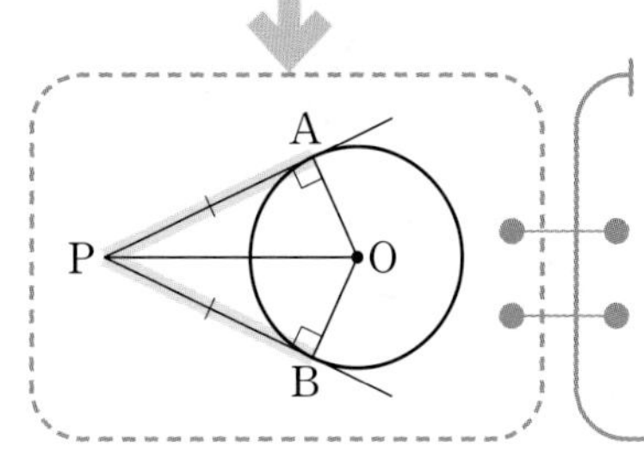


**두 선분의 길이가 서로 같음을 보이기**

$\triangle\text{PAO}\equiv\triangle\text{PBO}$이므로

$\overline{\text{PA}}=\overline{\text{PB}}$

▶ 원의 접선은 그 접점을 지나는 반지름과 수직이다.

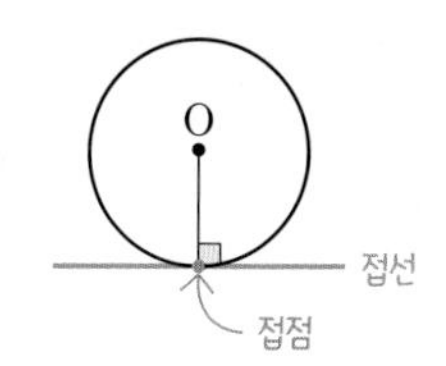


이상을 정리하면 다음과 같다.

**원 밖의 한 점에서 그 원에 그은 두 접선의 길이는 서로 같다.**

**오른쪽 그림에서 두 점 A, B는 점 P에서 원 O에 그은 두 접선의 접점일 때, $\overline{\text{PB}}$의 길이를 구해 보자.**

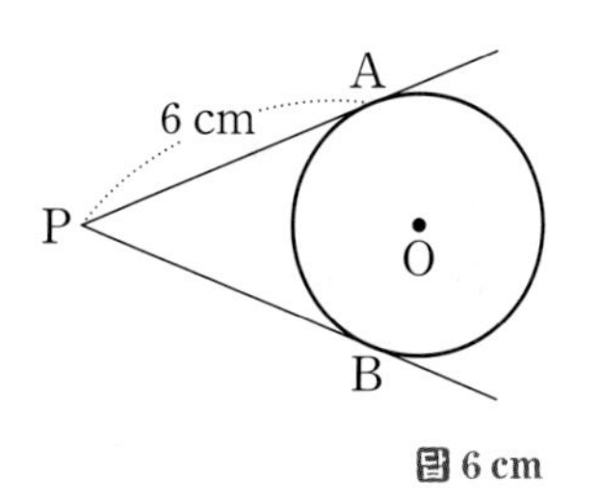


답 6 cm

## 꽉 잡아, 개념!

### 원의 접선의 성질

원 밖의 한 점에서 그 원에 그은 두 접선의 길이는 서로 같다.

➡ $\boxed{\overline{\text{PA}}=\overline{\text{PB}}}$

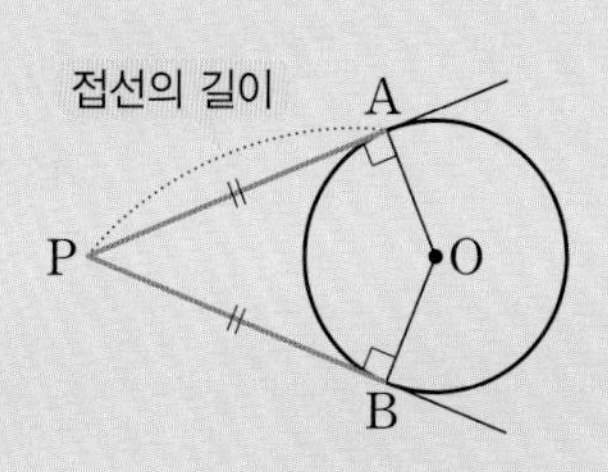


참고 원 O 밖의 한 점 P에서 원 O에 그을 수 있는 접선은 2개이다.
두 접선의 접점을 각각 A, B라 할 때, $\overline{\text{PA}}$ 또는 $\overline{\text{PB}}$의 길이를 점 P에서 원 O에 그은 접선의 길이라 한다.

## 개념을 Go.Go! 확인해 보자

▶ 정답 및 풀이 11쪽

오른쪽 그림에서 두 점 A, B는 점 P에서 원 O에 그은 두 접선의 접점일 때, 다음을 구하시오.

(1) $\overline{PB}$의 길이

(2) $\angle PAB$의 크기

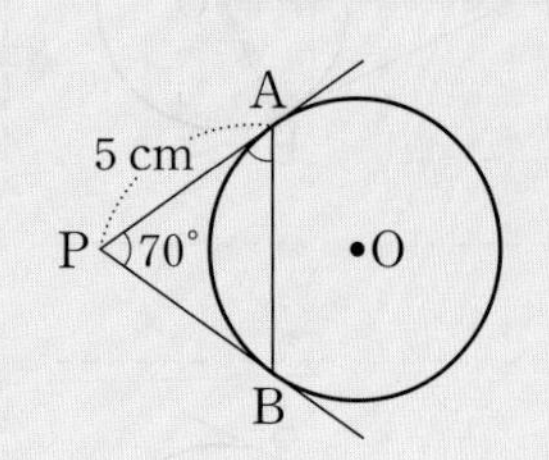

풀이 (1) $\overline{PB}=\overline{PA}=5\,\text{cm}$

(2) $\triangle PBA$는 $\overline{PA}=\overline{PB}$인 이등변삼각형이므로

$\angle PAB=\frac{1}{2}\times(180^\circ-70^\circ)=55^\circ$

답 (1) 5 cm (2) 55°

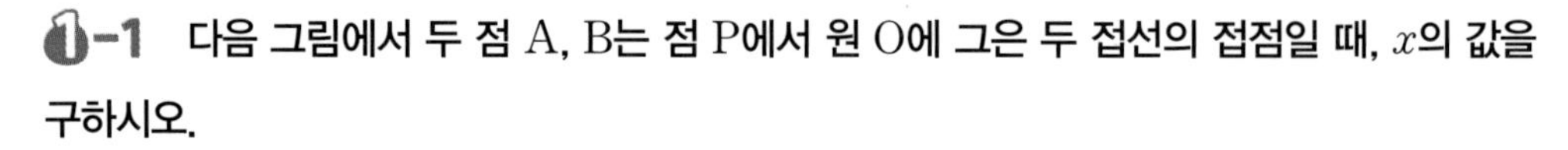

**1-1** 다음 그림에서 두 점 A, B는 점 P에서 원 O에 그은 두 접선의 접점일 때, $x$의 값을 구하시오.

(1)

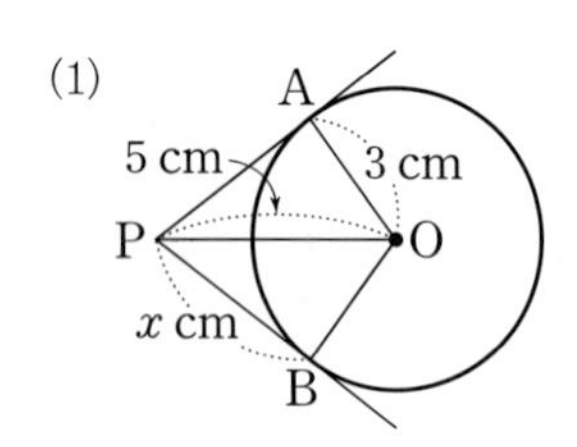


(2)

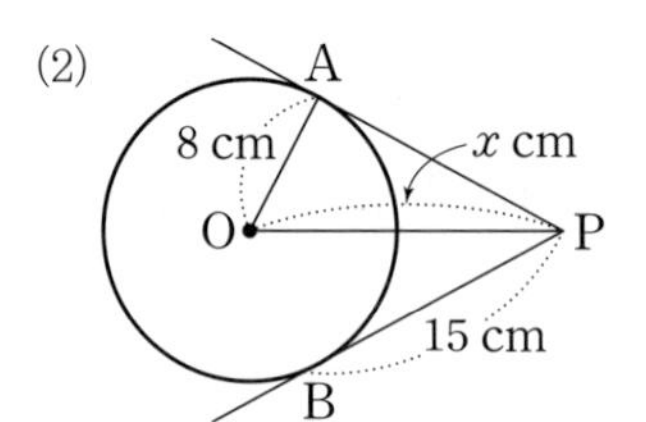


**1-2** 오른쪽 그림과 같이 $\overrightarrow{AD}$, $\overrightarrow{AE}$, $\overline{BC}$는 각각 점 D, E, F에서 원 O에 접할 때, 다음을 구하시오.

(1) $\overline{CF}$의 길이

(2) $\overline{BD}$의 길이

(3) $\overline{BC}$의 길이

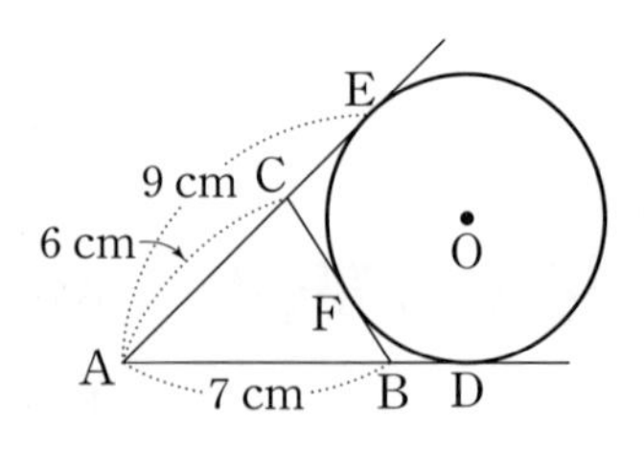

# 13 원의 접선의 응용

* QR코드를 스캔하여 개념 영상을 확인하세요.

## ●● 삼각형과 그 내접원은 어떤 성질이 있을까?

'개념 **12**'에서 배운 원의 접선의 성질을 이용하여 삼각형의 내접원의 성질을 좀 더 알아보자.

원 O가 △ABC의 내접원이고 세 점 D, E, F가 접점일 때, 다음을 확인할 수 있다.

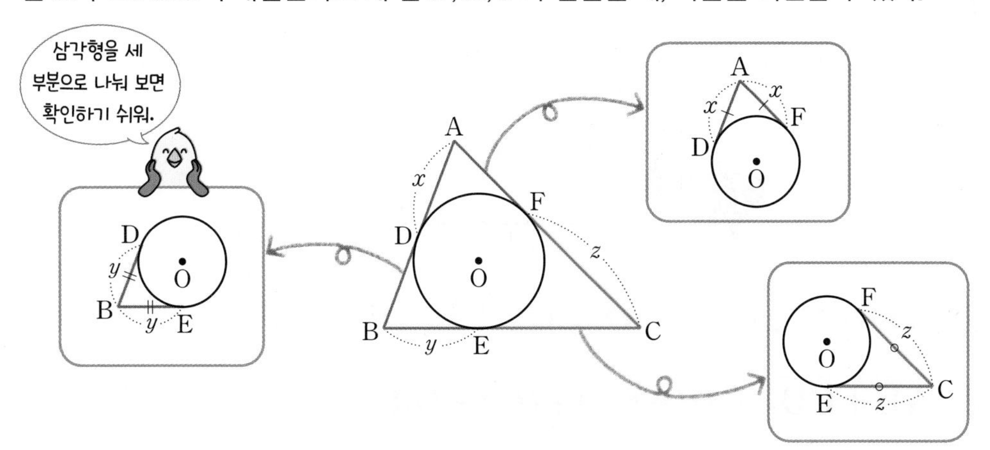


✓ $\overline{AD}=\overline{AF}$, $\overline{BD}=\overline{BE}$, $\overline{CE}=\overline{CF}$ ← 원 밖의 한 점에서 그 원에 그은 두 접선의 길이는 서로 같다.

✓ (△ABC의 둘레의 길이) $=\overline{AB}+\overline{BC}+\overline{CA}$

$=(x+y)+(y+z)+(z+x)$

$=2(x+y+z)$

**참고** 직각삼각형의 내접원

$\angle C=90°$인 직각삼각형 ABC에서 내접원 O의 반지름의 길이는 $r$이고 두 점 D, E는 접점일 때, 원의 접선의 성질에 의하여

$\overline{CD}=\overline{CE}$, $\angle ODC=\angle OEC=90°$

이다. 즉, □ODCE는 한 변의 길이가 $r$인 정사각형이다.

따라서 $\overline{EC}$의 길이는 원 O의 반지름의 길이임을 알 수 있다.

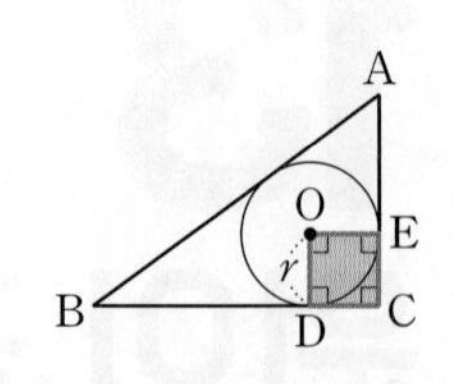


**오른쪽 그림에서 원 O는 △ABC의 내접원이고 세 점 D, E, F가 접점일 때, 다음을 구해 보자.**

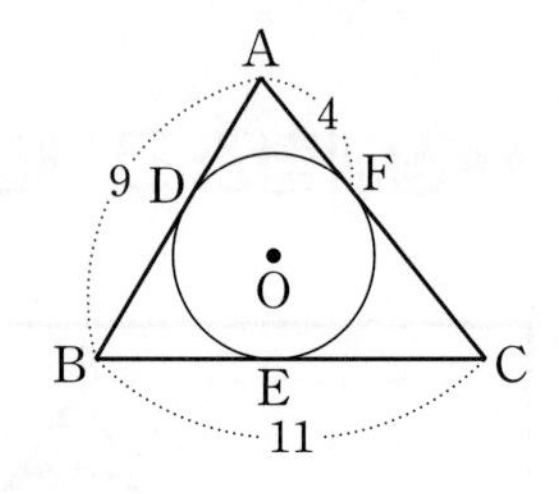


(1) $\overline{AD}=\overline{AF}=\square$

(2) $\overline{BE}=\overline{BD}=\overline{AB}-\overline{AD}=9-\square=\square$

(3) $\overline{CF}=\overline{CE}=\overline{BC}-\overline{BE}=11-\square=\square$

답 (1) 4 (2) 4, 5 (3) 5, 6

## ●● 원에 외접하는 사각형은 어떤 성질이 있을까?

원의 접선의 성질을 이용하여 원에 외접하는 사각형의 성질을 알아보자.

□ABCD가 원 O에 외접하고 네 점 P, Q, R, S가 접점일 때, 다음을 확인할 수 있다.

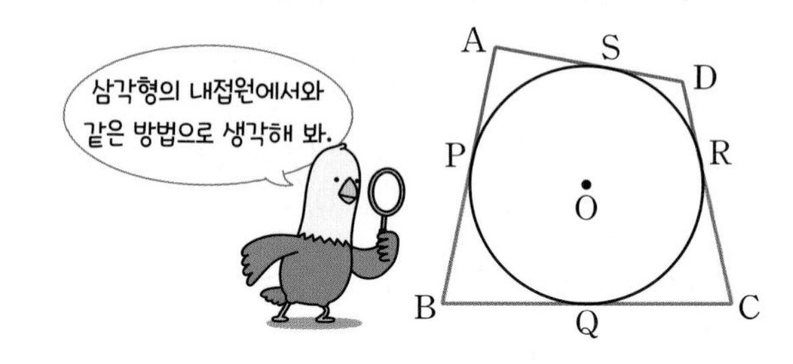


✓ $\overline{AP}=\overline{AS}$, $\overline{BP}=\overline{BQ}$, $\overline{CQ}=\overline{CR}$, $\overline{DR}=\overline{DS}$ ← 원 밖의 한 점에서 그 원에 그은 두 접선의 길이는 서로 같다.

▶ 대변
다각형에서 한 변이나 한 각과 마주 보는 변

✓ $\overline{AB}+\overline{CD}=(\overline{AP}+\overline{BP})+(\overline{CR}+\overline{DR})$ (대변)

$=(\overline{AS}+\overline{BQ})+(\overline{CQ}+\overline{DS})$

$=(\overline{AS}+\overline{DS})+(\overline{BQ}+\overline{CQ})$

$=\overline{AD}+\overline{BC}$ (대변)

이상을 정리하면 다음과 같다.

**원에 외접하는 사각형의 두 쌍의 대변의 길이의 합은 서로 같다.**

다음 그림에서 □ABCD가 원 O에 외접할 때, $x$의 값을 구해 보자.

(1)

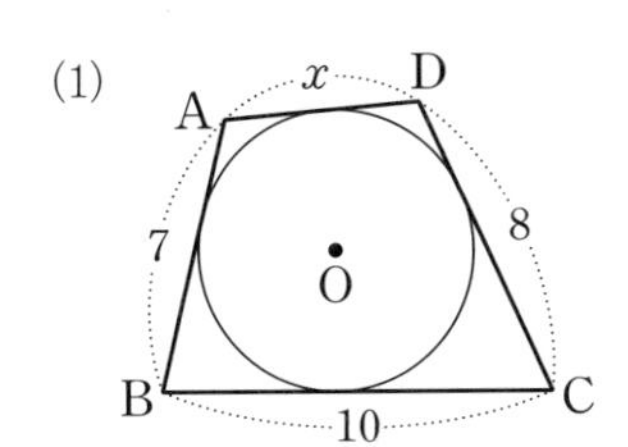


$\overline{AB}+\overline{CD}=\overline{AD}+\overline{\square}$이므로

$7+8=x+\square$

$\therefore x=\square$

(2)

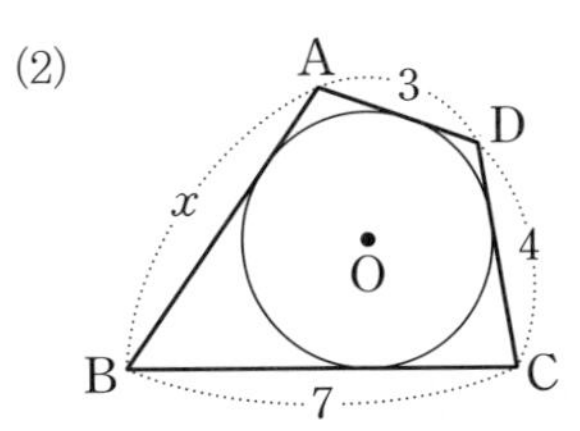


$\overline{AB}+\overline{\square}=\overline{AD}+\overline{BC}$이므로

$x+\square=3+7$

$\therefore x=\square$

답 (1) BC, 10, 5 (2) CD, 4, 6

## 꽉 잡아, 개념!

(1) **삼각형의 내접원의 성질**

원 O가 △ABC의 내접원이고 세 점 D, E, F가 접점일 때,

① $\overline{AD}=\boxed{\overline{AF}}$, $\overline{BD}=\boxed{\overline{BE}}$, $\overline{CE}=\boxed{\overline{CF}}$

② (△ABC의 둘레의 길이)$=2(x+y+z)$

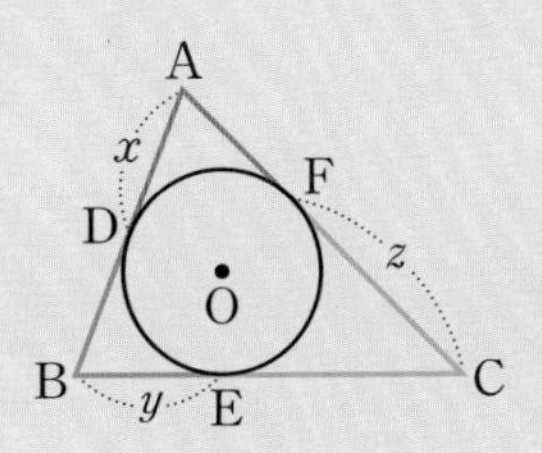


(2) **원에 외접하는 사각형의 성질**

원에 외접하는 사각형의 두 쌍의 대변의 길이의 합은 서로 같다.

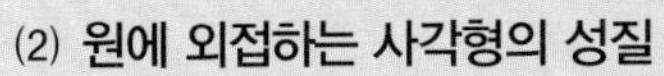

➡ $\overline{AB}+\overline{CD}=\boxed{\overline{AD}+\overline{BC}}$

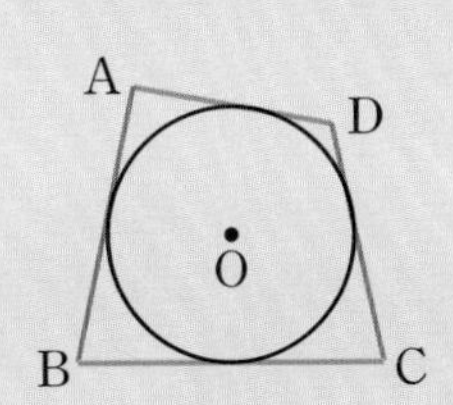

▶ 정답 및 풀이 11쪽

**다음 그림에서 △ABC와 □ABCD가 각각 원 O에 외접할 때, $x$의 값을 구하시오.**

(1)

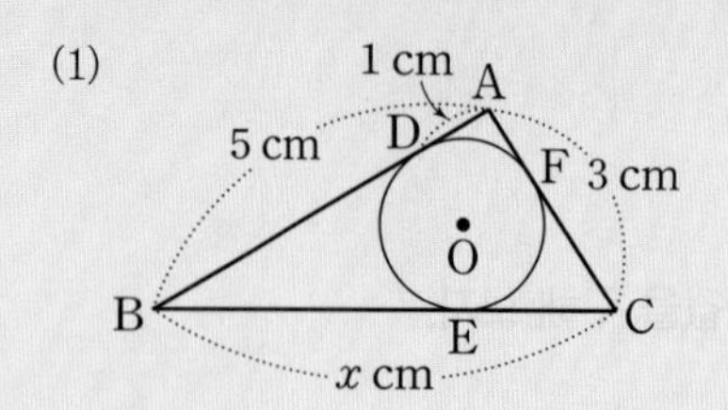


(2)

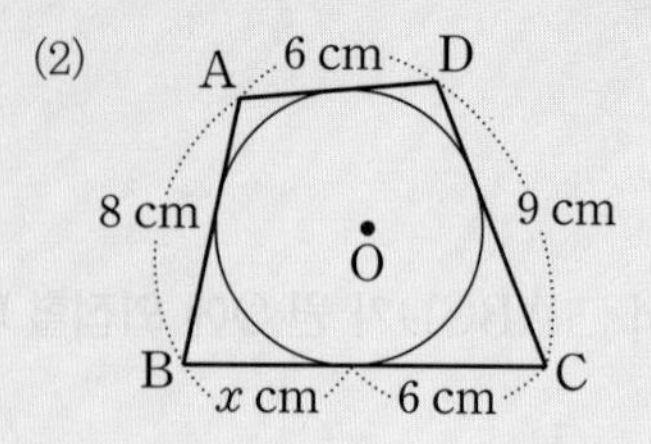


풀이 (1) $\overline{BE}=\overline{BD}=\overline{AB}-\overline{AD}=5-1=4$(cm)
$\overline{AF}=\overline{AD}=1$ cm이므로 $\overline{CE}=\overline{CF}=\overline{AC}-\overline{AF}=3-1=2$(cm)
따라서 $\overline{BC}=\overline{BE}+\overline{CE}=4+2=6$(cm)이므로 $x=6$
(2) $\overline{AB}+\overline{CD}=\overline{AD}+\overline{BC}$이므로
$8+9=6+(x+6)$ $\therefore x=5$

답 (1) 6 (2) 5

**1-1 다음 그림에서 △ABC와 □ABCD가 각각 원 O에 외접할 때, $x$의 값을 구하시오.**

(1)

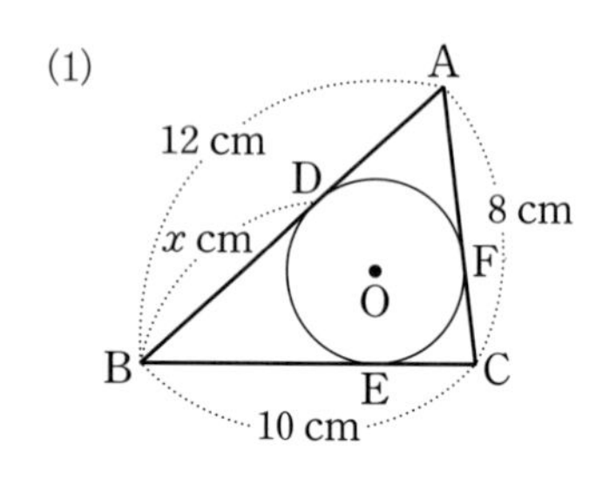


(2)

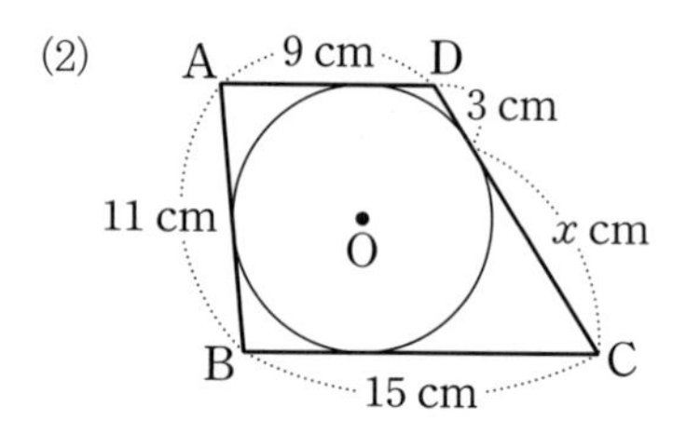


**1-2 오른쪽 그림에서 원 O는 직각삼각형 ABC의 내접원이고 세 점 D, E, F는 접점이다. 원 O의 반지름의 길이를 $r$ cm라 할 때, 다음 물음에 답하시오.**

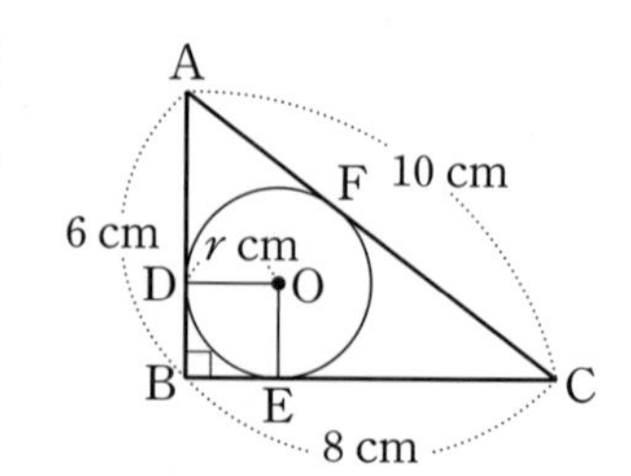


(1) $\overline{AF}$, $\overline{CF}$의 길이를 $r$에 대한 식으로 각각 나타내시오.
(2) $r$의 값을 구하시오.

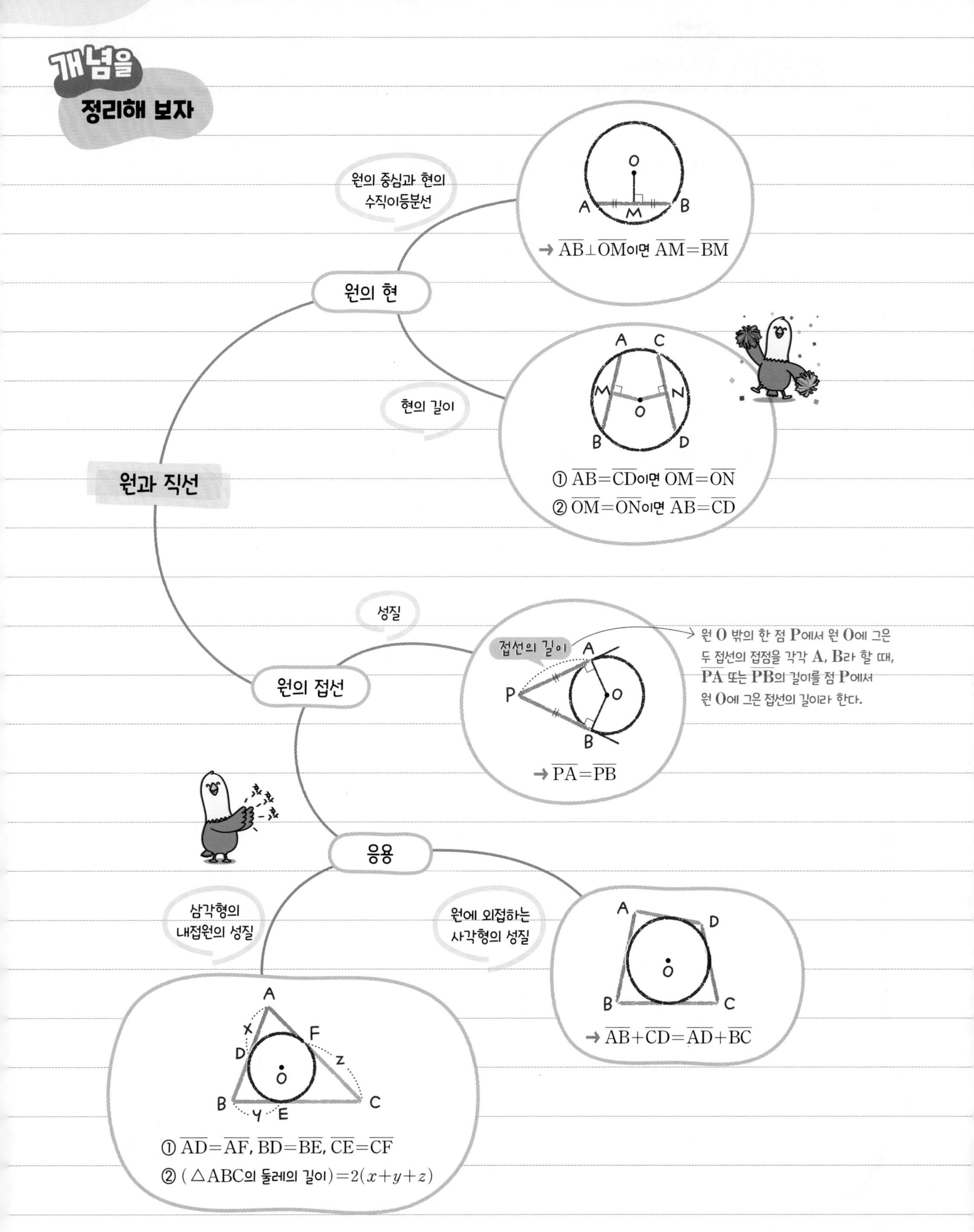
개념을
정리해 보자
원의 중심과 현의
수직이등분선
O
A
M
B
→ $\overline{AB}\perp\overline{OM}$이면 $\overline{AM}=\overline{BM}$
원의 현
A
C
M
N
O
B
D
현의 길이
원과 직선
① $\overline{AB}=\overline{CD}$이면 $\overline{OM}=\overline{ON}$
② $\overline{OM}=\overline{ON}$이면 $\overline{AB}=\overline{CD}$
성질
접선의 길이
A
P
O
B
원 O 밖의 한 점 P에서 원 O에 그은
두 접선의 접점을 각각 A, B라 할 때,
$\overline{PA}$ 또는 $\overline{PB}$의 길이를 점 P에서
원 O에 그은 접선의 길이라 한다.
원의 접선
→ $\overline{PA}=\overline{PB}$
응용
삼각형의
내접원의 성질
원에 외접하는
사각형의 성질
A
D
O
B
C
→ $\overline{AB}+\overline{CD}=\overline{AD}+\overline{BC}$
A
x
F
D
z
O
B
y
E
C
① $\overline{AD}=\overline{AF}$, $\overline{BD}=\overline{BE}$, $\overline{CE}=\overline{CF}$
② (△ABC의 둘레의 길이)$=2(x+y+z)$

**1** 오른쪽 그림의 원 O에서 $\overline{AB}\perp\overline{OM}$이고 $\overline{AB}=10\text{ cm}$, $\overline{OM}=4\text{ cm}$일 때, $\overline{OA}$의 길이는?

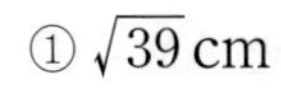
① $\sqrt{39}\text{ cm}$　② $\sqrt{41}\text{ cm}$　③ $\sqrt{43}\text{ cm}$

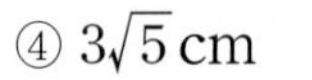
④ $3\sqrt{5}\text{ cm}$　⑤ $\sqrt{47}\text{ cm}$

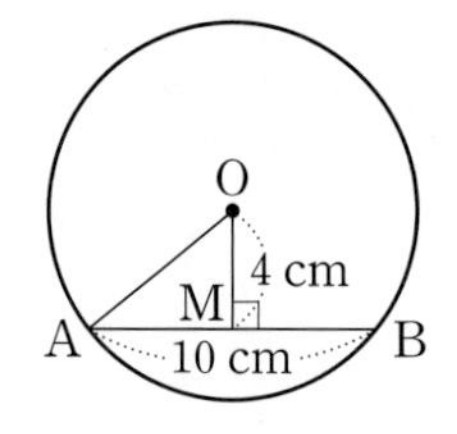


**2** 오른쪽 그림의 원 O에서 $\overline{AB}\perp\overline{CD}$이고 $\overline{CM}=20\text{ cm}$, $\overline{DM}=6\text{ cm}$일 때, $\overline{AB}$의 길이는?

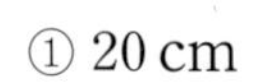
① $20\text{ cm}$　② $4\sqrt{22}\text{ cm}$　③ $4\sqrt{30}\text{ cm}$

④ $8\sqrt{22}\text{ cm}$　⑤ $8\sqrt{30}\text{ cm}$

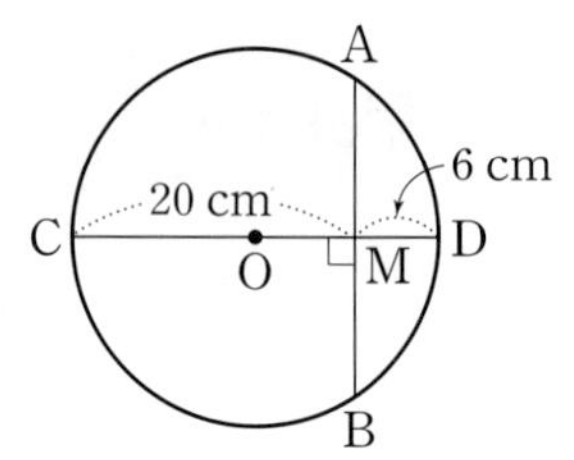


**3** 오른쪽 그림의 원 O에서 $\overline{AB}\perp\overline{OC}$이고 $\overline{AM}=12\text{ cm}$, $\overline{CM}=4\text{ cm}$일 때, $x$의 값을 구하시오.

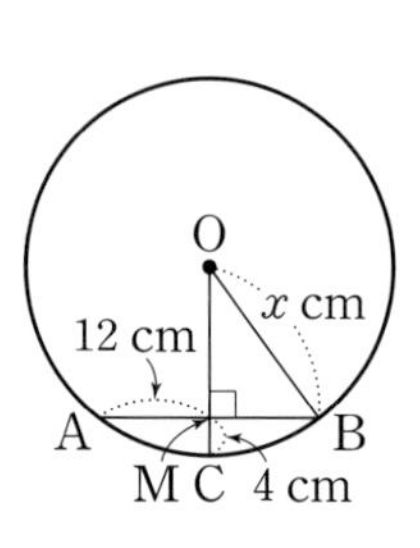


**4** 오른쪽 그림과 같이 반지름의 길이가 $10\text{ cm}$인 원 O에서 $\overline{AB}\perp\overline{OM}$, $\overline{CD}\perp\overline{ON}$이고 $\overline{BM}=8\text{ cm}$, $\overline{CD}=16\text{ cm}$일 때, $\overline{ON}$의 길이를 구하시오.

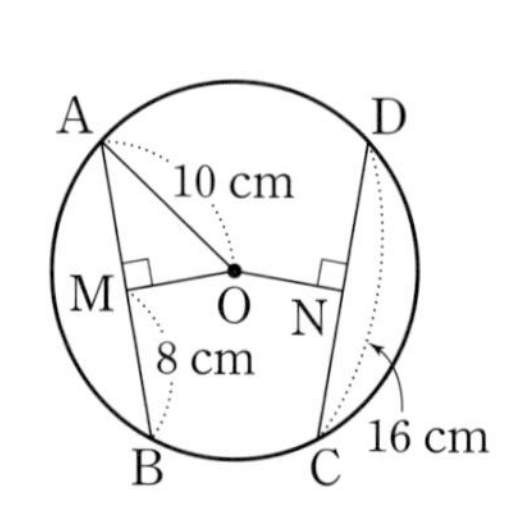

▶ 정답 및 풀이 11쪽

**5** 오른쪽 그림과 같이 원 O의 중심에서 $\overline{AB}$, $\overline{CD}$에 내린 수선의 발을 각각 M, N이라 하자. $\overline{OC}=15\,cm$, $\overline{OM}=\overline{ON}=12\,cm$일 때, $\overline{AB}$의 길이는?

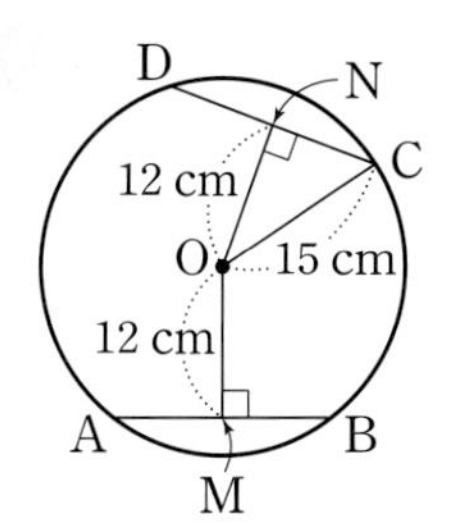


① $9\,cm$ ② $9\sqrt{2}\,cm$ ③ $9\sqrt{3}\,cm$
④ $18\,cm$ ⑤ $18\sqrt{2}\,cm$

**6** 오른쪽 그림과 같은 원 O에서 $\overline{AB}\perp\overline{OM}$, $\overline{AC}\perp\overline{ON}$이고 $\overline{OM}=\overline{ON}$이다. $\angle MON=100°$일 때, $\angle ABC$의 크기를 구하시오.

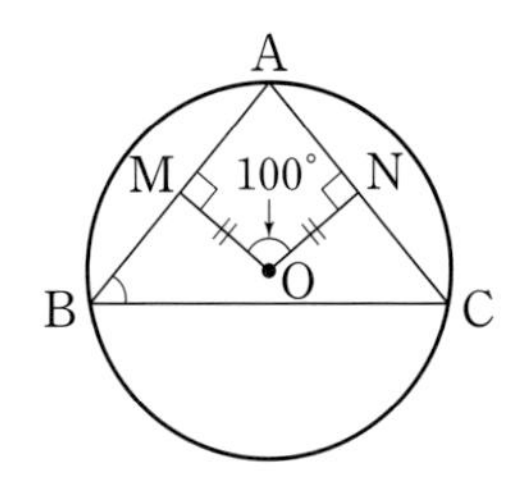


**7** 오른쪽 그림에서 두 점 A, B는 점 P에서 원 O에 그은 두 접선의 접점이다. $\angle APB=40°$일 때, $\angle PAB$의 크기는?

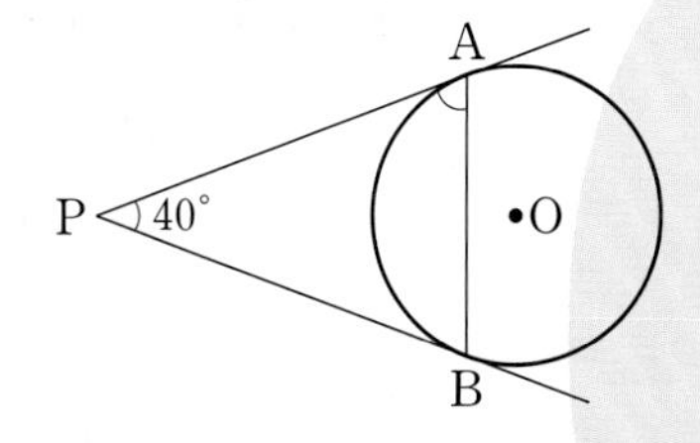

① $60°$ ② $65°$ ③ $70°$
④ $75°$ ⑤ $80°$

**8** 오른쪽 그림에서 두 점 A, B는 점 P에서 원 O에 그은 두 접선의 접점이다. $\overline{BO}=6\,cm$, $\overline{CP}=2\,cm$일 때, $x$의 값은?

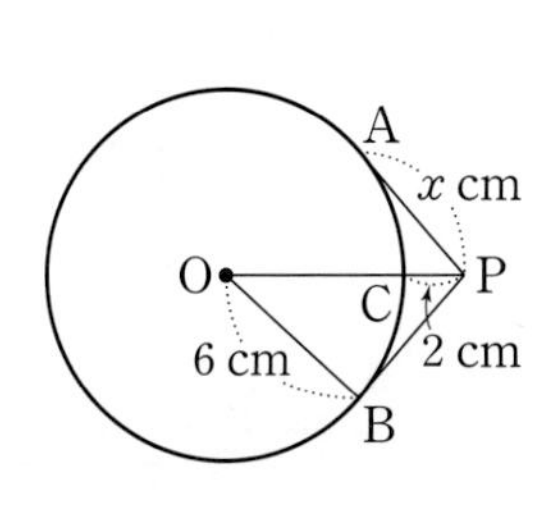

① $\sqrt{14}$ ② $\sqrt{21}$ ③ $2\sqrt{7}$
④ $\frac{3\sqrt{14}}{2}$ ⑤ $3\sqrt{7}$

**9** 오른쪽 그림에서 두 점 D와 E는 점 A에서 원 O에 그은 두 접선의 접점이다. $\overline{BC}$가 점 F에서 원 O에 접하고 $\overline{AB}=13\text{ cm}$, $\overline{AC}=10\text{ cm}$, $\overline{AD}=16\text{ cm}$일 때, $\overline{BC}$의 길이는?

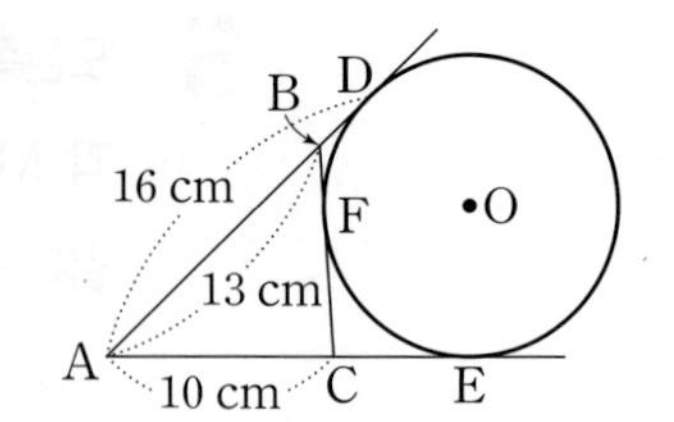


① 6 cm ② 7 cm ③ 8 cm
④ 9 cm ⑤ 10 cm

**10** 오른쪽 그림에서 두 점 D와 E는 점 A에서 원 O에 그은 두 접선의 접점이다. $\overline{BC}$가 점 F에서 원 O에 접하고 $\overline{AB}=6\text{ cm}$, $\overline{AC}=8\text{ cm}$, $\overline{BC}=10\text{ cm}$일 때, $\overline{BD}$의 길이를 구하시오.

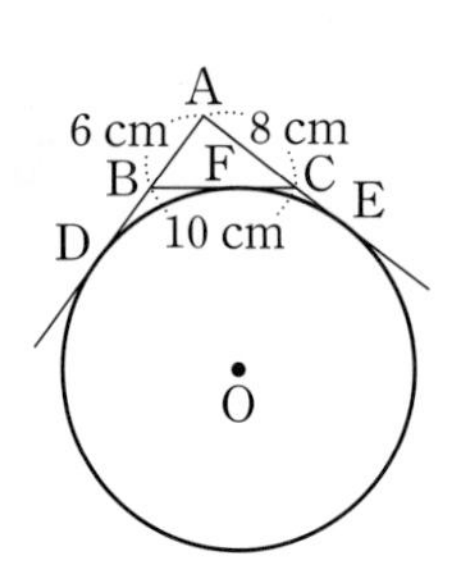


**11** 오른쪽 그림에서 두 점 D와 E는 점 A에서 원 O에 그은 두 접선의 접점이다. $\overline{BC}$가 점 F에서 원 O에 접하고 $\angle BCE=90^\circ$, $\overline{BC}=12\text{ cm}$, $\overline{AC}=9\text{ cm}$일 때, $\overline{AE}$의 길이는?

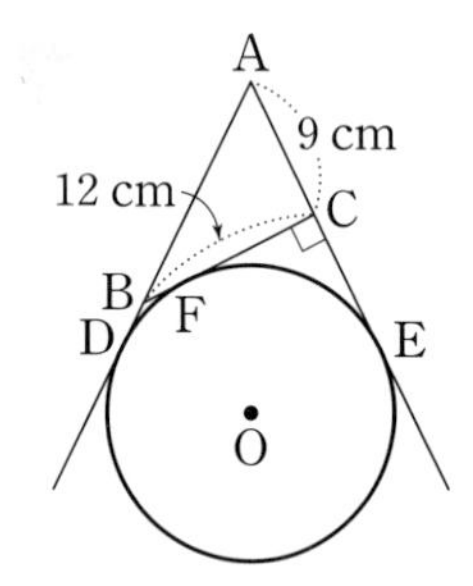

① 14 cm ② 15 cm ③ 16 cm
④ 17 cm ⑤ 18 cm

**12** 오른쪽 그림과 같이 원 O가 △ABC에 내접하고 그 접점을 각각 D, E, F라 하자. $\overline{AB}=8\text{ cm}$, $\overline{AD}=3\text{ cm}$, $\overline{BC}=6\text{ cm}$일 때, $\overline{AC}$의 길이를 구하시오.

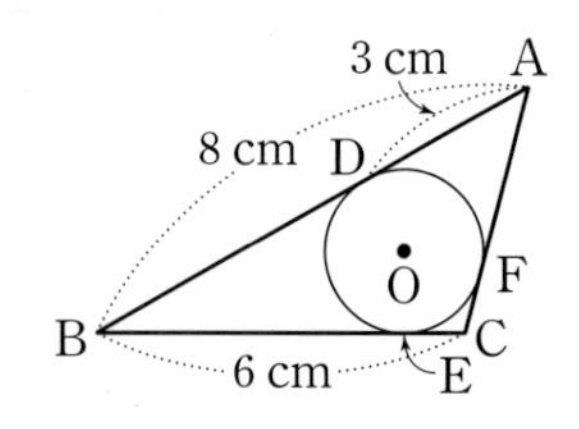

**13** 오른쪽 그림에서 원 O는 $\triangle ABC$의 내접원이고 세 점 D, E, F는 접점이다. $\overline{AB}=7\text{ cm}$, $\overline{BC}=9\text{ cm}$, $\overline{CA}=6\text{ cm}$일 때, $\overline{BE}$의 길이를 구하시오.

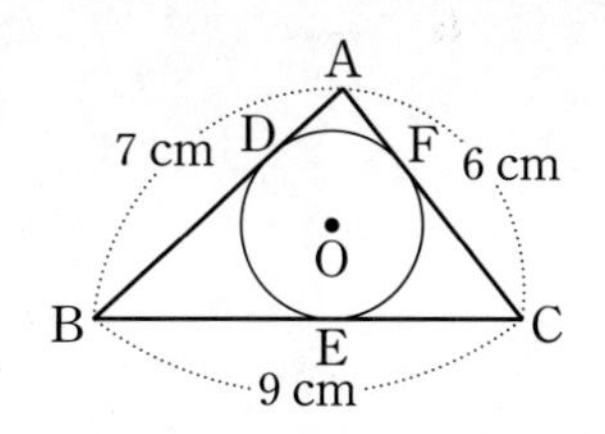


**14** 오른쪽 그림의 $\square ABCD$는 원 O에 외접하고 점 P, Q, R, S는 접점이다. $\overline{AD}=11\text{ cm}$, $\square ABCD$의 둘레의 길이가 $54\text{ cm}$일 때, $\overline{BP}+\overline{CR}$의 길이를 구하시오.

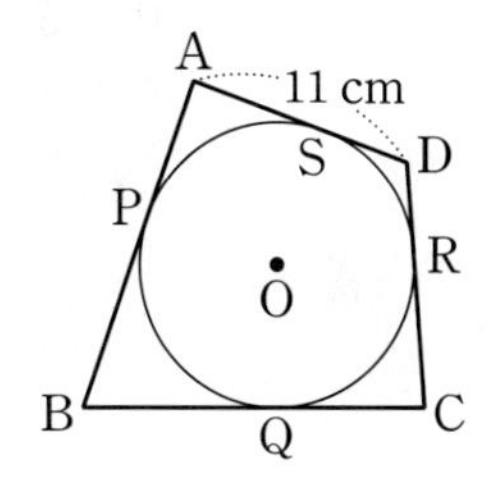


**15** 오른쪽 그림에서 $\square ABCD$는 원 O에 외접하고 네 점 E, F, G, H는 접점일 때, $\overline{AE}+\overline{CG}$의 길이를 구하시오.

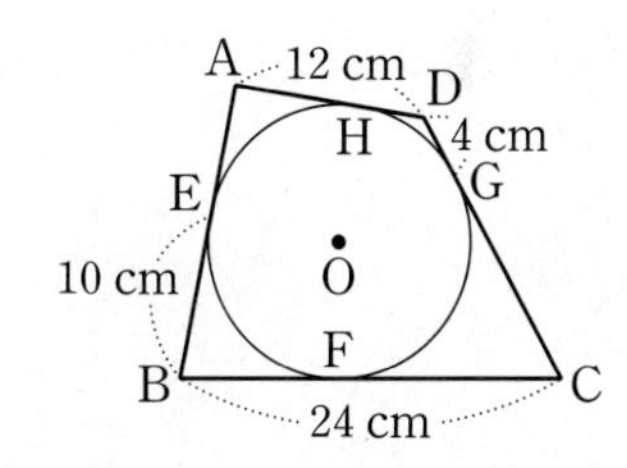


**16** 오른쪽 그림과 같은 $\overline{AD}/\!/\overline{BC}$인 등변사다리꼴 ABCD가 원 O에 외접한다. $\overline{AD}=32\text{ cm}$, $\overline{BC}=80\text{ cm}$일 때, $\overline{AB}$의 길이를 구하시오.

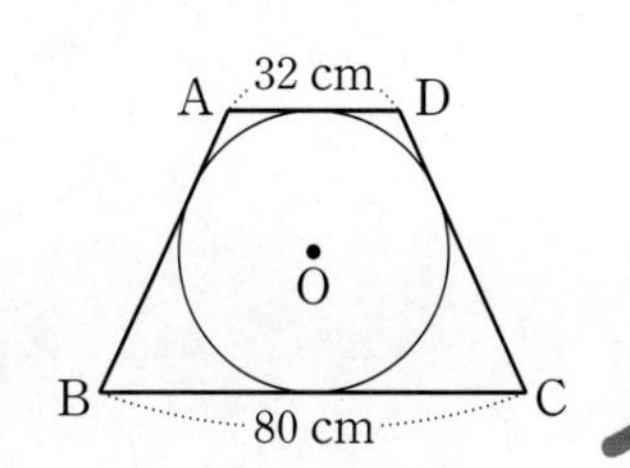

# Ⅳ 원주각

## 6 원주각의 성질

개념 14 원주각과 중심각의 크기

개념 15 원주각의 성질

개념 16 원주각의 크기와 호의 길이

## 7 원주각의 활용

개념 17 네 점이 한 원 위에 있을 조건

개념 18 원에 내접하는 사각형의 성질

개념 19 원의 접선과 현이 이루는 각

# 6
# 원주각의 성질

#원주각 #중심각

#호 AB #원주각의 크기

#$\frac{1}{2}$ #모두 같다 #반원 #90°

#호의 길이 #정비례

## 준비 해 보자

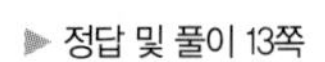
▶ 정답 및 풀이 13쪽

● 속담 '세 살 버릇 여든까지 간다.'는 몸에 밴 버릇은 쉽게 고칠 수 없으므로 좋은 습관을 갖도록 노력해야 한다는 뜻이 있다.

다음은 이와 비슷한 의미를 갖는 스페인 속담이다.

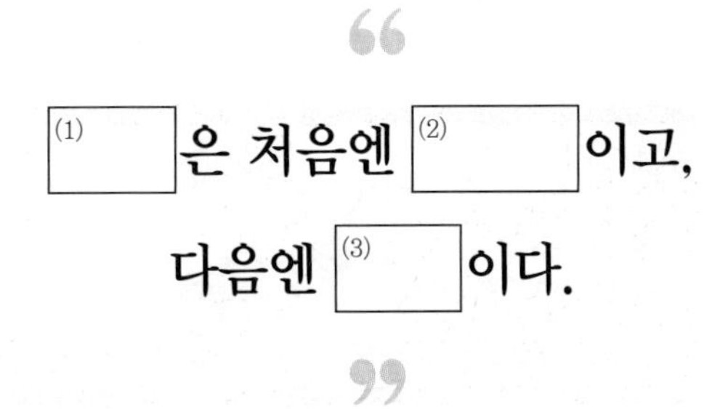


아래 그림의 원 O에서 $x$의 값에 해당하는 단어를 찾아 스페인 속담을 완성해 보자.

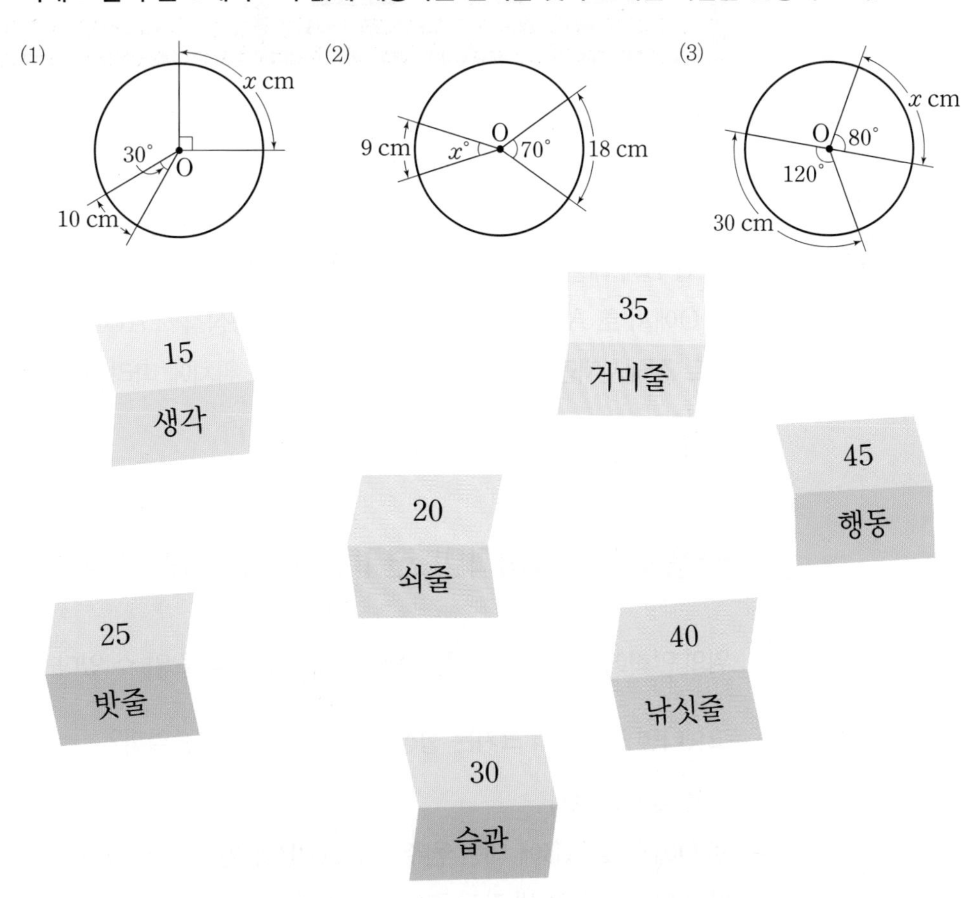

# 14 원주각과 중심각의 크기

* QR코드를 스캔하여 개념 영상을 확인하세요.

## ●● 원주각이란 무엇일까?

▶ 중심각
두 반지름 OA, OB가 이루는 ∠AOB를 호에 대한 중심각이라 한다.

원 O에서 호 AB 위에 있지 않은 원 위의 한 점 P에 대하여 ∠APB를 호 AB에 대한 **원주각**이라 하고, 호 AB를 원주각 ∠APB에 대한 호라 한다.
원 O에서 호 AB가 정해지면 그 호에 대한 중심각 ∠AOB는 하나로 정해지지만, 원주각 ∠APB는 점 P의 위치에 따라 무수히 많다.

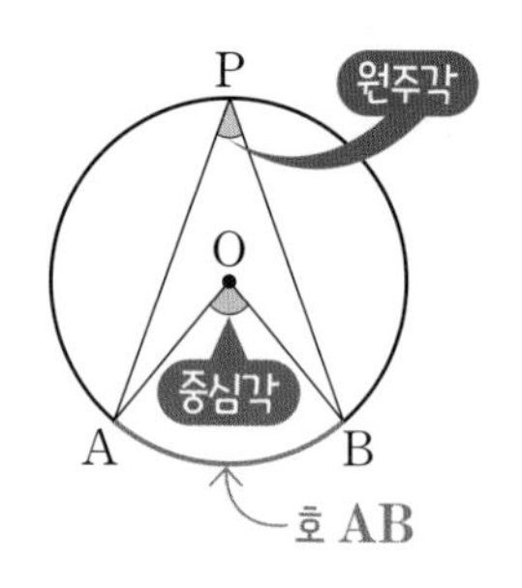


## ●● 원주각과 중심각의 크기 사이에는 어떤 관계가 있을까?

위의 만화에서 원주각 60°는 중심각 120°의 $\frac{1}{2}$임을 알 수 있다.

그렇다면 원주각의 크기는 항상 중심각의 크기의 $\frac{1}{2}$일까?

이를 확인해 보자.

원 O에서 호 AB에 대한 원주각 ∠APB와 원의 중심 O의 위치 관계는 점 P의 위치에 따라 다음과 같이 세 가지 경우로 나눌 수 있다.

❶ 중심 O가 ∠APB의 한 변 위에 있는 경우

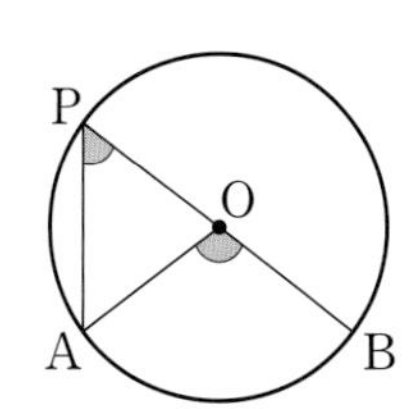


❷ 중심 O가 ∠APB의 내부에 있는 경우

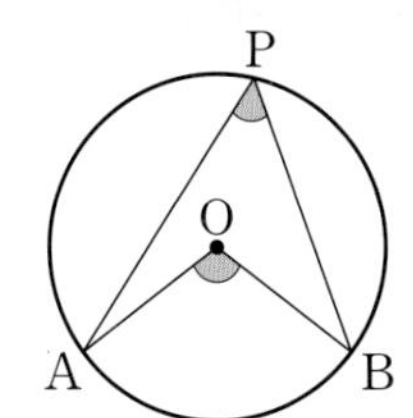


❸ 중심 O가 ∠APB의 외부에 있는 경우

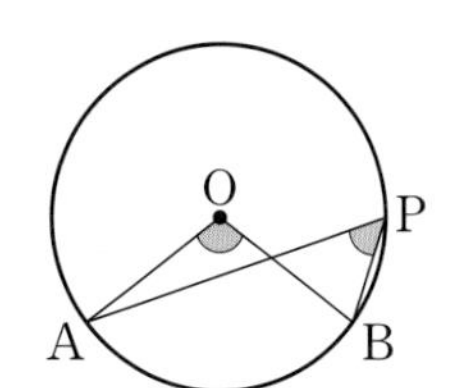


## 1 중심 O가 ∠APB의 한 변 위에 있는 경우

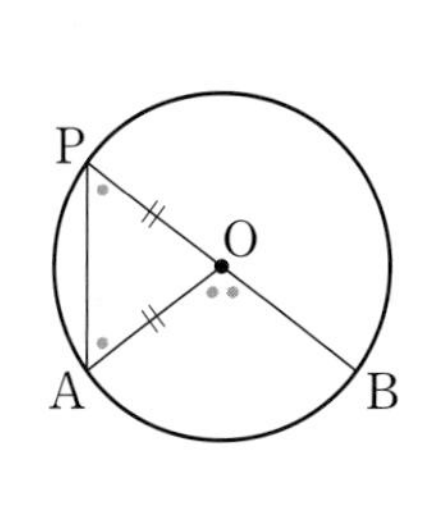


$\triangle$OPA는 $\overline{OP}=\overline{OA}$인 이등변삼각형이므로

$\angle OPA=\angle OAP$ ← 이등변삼각형의 두 밑각의 크기는 같다.

$\angle AOB$는 $\triangle$OPA의 한 외각이므로

$\angle AOB=\angle OPA+\angle OAP=2\angle APB$

$\therefore$ $\boldsymbol{\angle APB=\frac{1}{2}\angle AOB}$

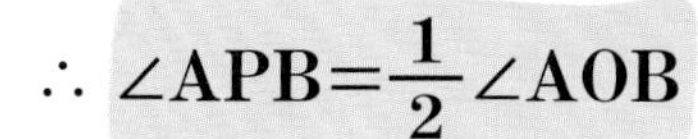

삼각형의 한 외각의 크기는 그와 이웃하지 않는 두 내각의 크기의 합과 같아.

## 2 중심 O가 ∠APB의 내부에 있는 경우

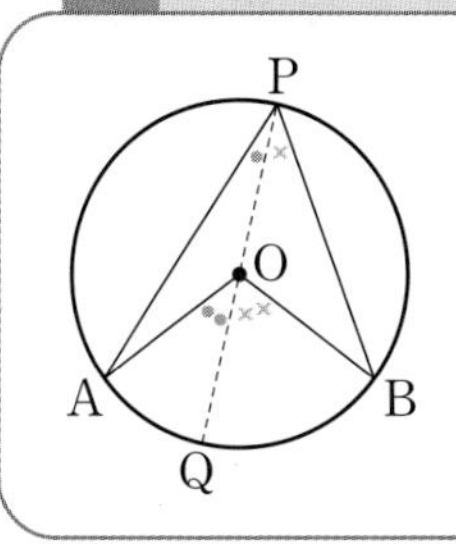


지름 PQ를 그으면

❶에 의하여

$\boldsymbol{\angle APB}=\angle APQ+\angle BPQ=\frac{1}{2}\angle AOQ+\frac{1}{2}\angle BOQ$

$=\frac{1}{2}(\angle AOQ+\angle BOQ)=\boldsymbol{\frac{1}{2}\angle AOB}$

## 3 중심 O가 ∠APB의 외부에 있는 경우

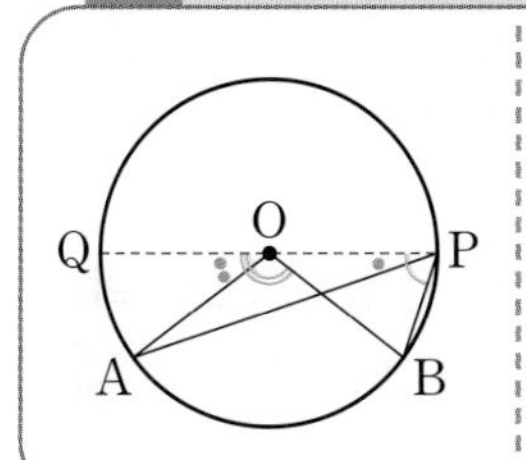


지름 PQ를 그으면

❶에 의하여

$\boldsymbol{\angle APB}=\angle QPB-\angle QPA=\frac{1}{2}\angle QOB-\frac{1}{2}\angle QOA$

$=\frac{1}{2}(\angle QOB-\angle QOA)=\boldsymbol{\frac{1}{2}\angle AOB}$

앞의 세 가지 경우에서 모두 $\angle APB = \frac{1}{2}\angle AOB$임을 확인할 수 있다.

따라서 원주각과 중심각의 크기 사이에는 다음과 같은 관계가 성립한다.

**한 호에 대한 원주각의 크기는**

**그 호에 대한 중심각의 크기의 $\frac{1}{2}$이다.**

**다음 그림의 원 O에서 $\angle x$의 크기를 구해 보자.**

(1)

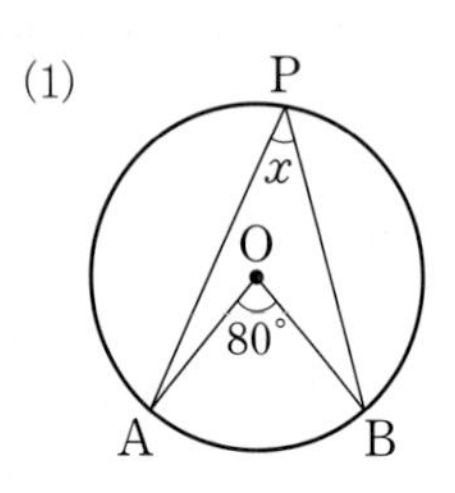


(2)

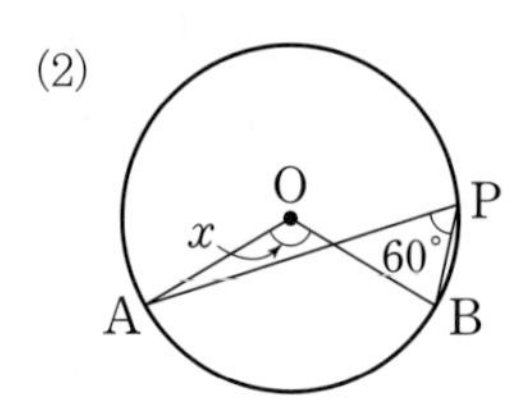


⇨ $\angle x = \square \angle AOB = \square \times 80^\circ = \square^\circ$

⇨ $\angle x = \square \angle APB = \square \times 60^\circ = \square^\circ$

답 (1) $\frac{1}{2}$, $\frac{1}{2}$, 40 (2) 2, 2, 120

**꽉 잡아, 개념!**

(1) **원주각:** 원 O에서 호 AB 위에 있지 않은 원 위의 한 점 P에 대하여 $\angle APB$를 호 AB에 대한 원주각이라 한다.

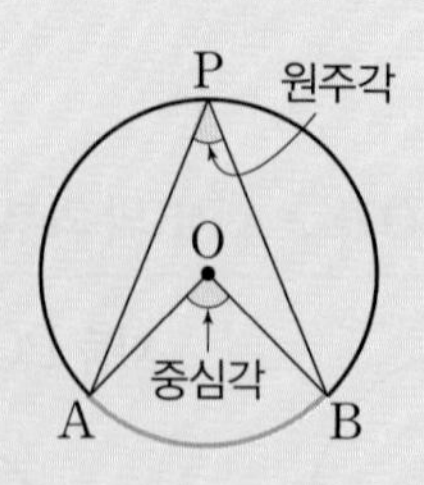


참고 호 AB에 대한 중심각은 하나이지만 원주각은 무수히 많다.

(2) **원주각과 중심각의 크기:** 한 호에 대한 원주각의 크기는 그 호에 대한 중심각의 크기의 $\frac{1}{2}$이다. ➡ $\angle APB = \frac{1}{2}\angle AOB$

# 개념을 Go,Go! 확인해 보자

▶ 정답 및 풀이 13쪽

다음 그림의 원 O에서 $\angle x$의 크기를 구하시오.

(1)

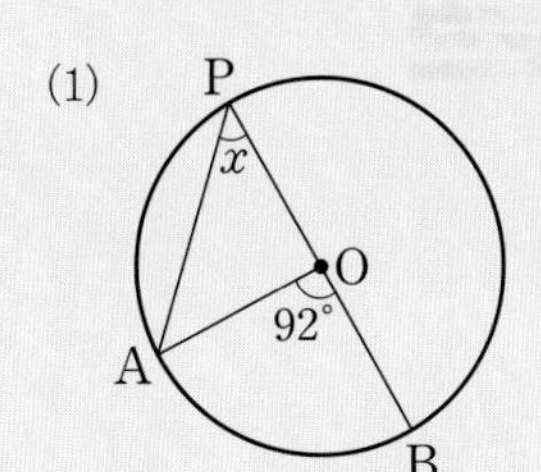


(2)

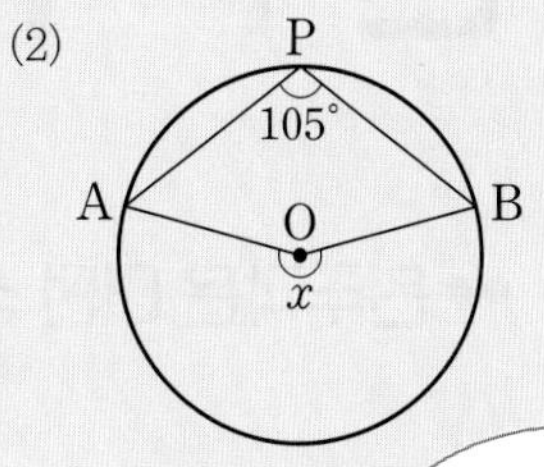


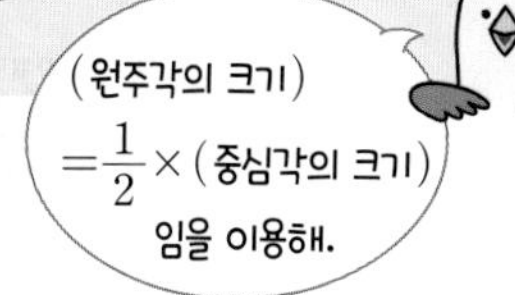


풀이 (1) $\angle x=\frac{1}{2}\angle \mathrm{AOB}=\frac{1}{2}\times 92^\circ=46^\circ$

(2) $\angle x=2\angle \mathrm{APB}=2\times 105^\circ=210^\circ$

답 (1) **46°** (2) **210°**

**1-1** 다음 그림의 원 O에서 $\angle x$의 크기를 구하시오.

(1)

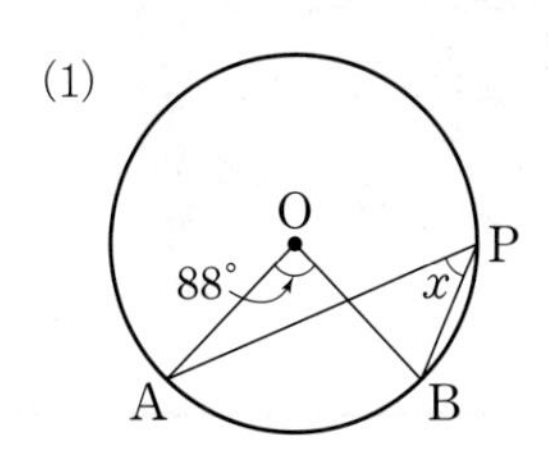


(2)

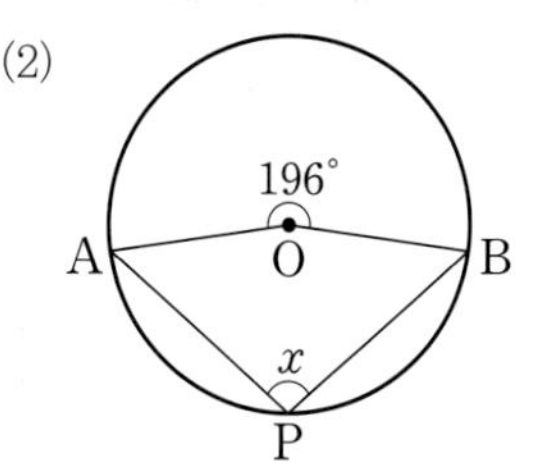


(3)

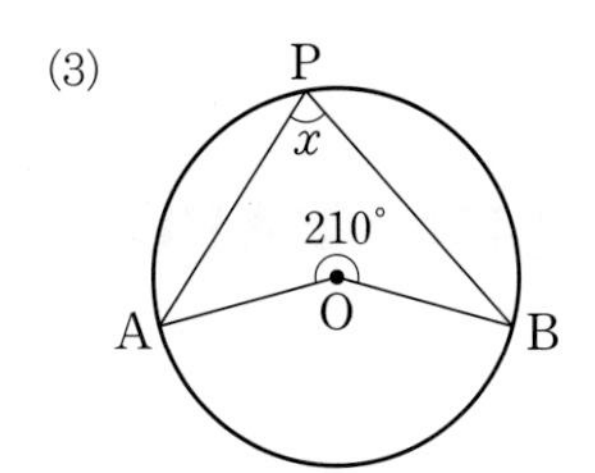


(4)

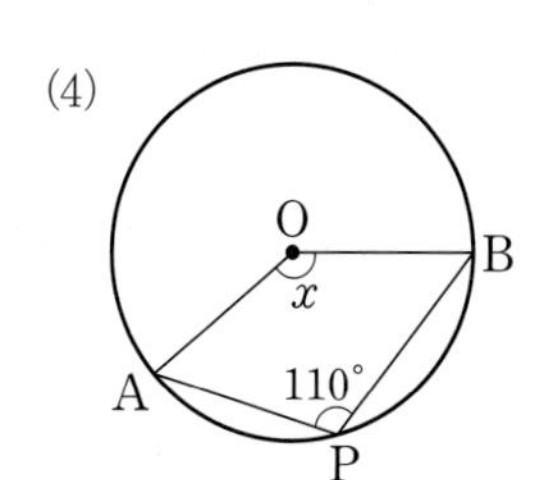

# 15 원주각의 성질

* QR코드를 스캔하여 개념 영상을 확인하세요.

## ●● 원주각은 어떤 성질이 있을까?

한 원에서 한 호에 대한 원주각의 크기는 모두 같을까?
원 O에서 호 AB에 대한 원주각 ∠APB, ∠AQB, ∠ARB의 크기를 비교해 보자.

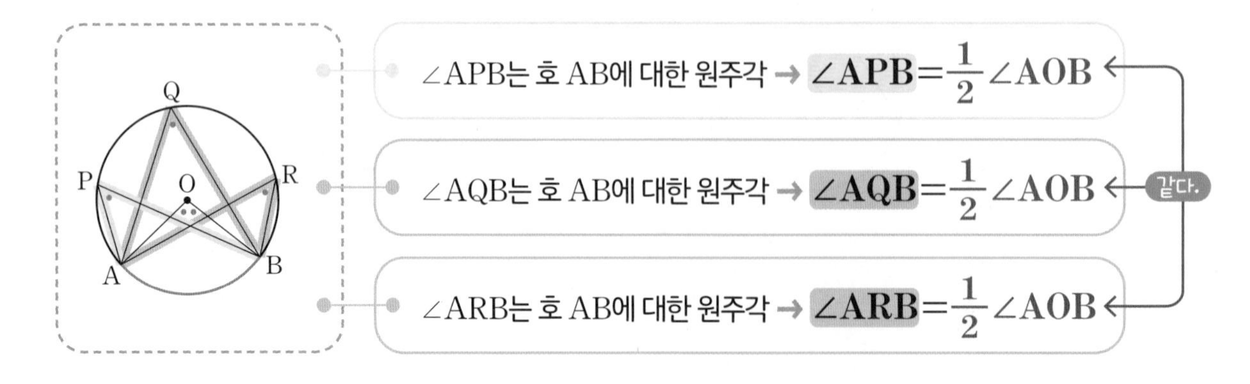

이상을 정리하면 다음과 같다.

**한 호에 대한 원주각의 크기는 모두 같다.**

**다음 그림의 원에서 $\angle x$의 크기를 구해 보자.**

(1)

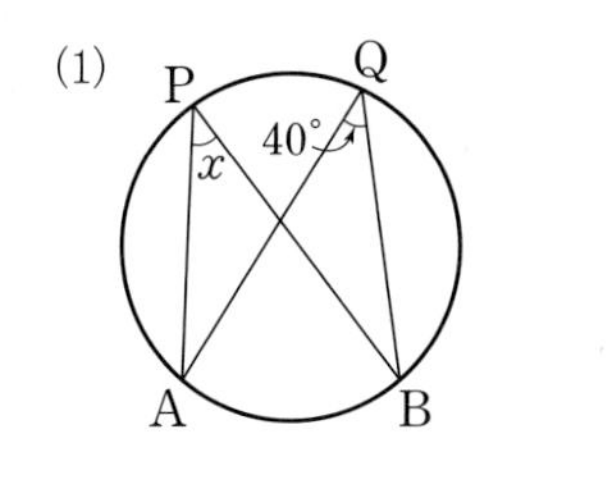


⇨ $\angle x = \angle \mathrm{AQB} = \square°$

(2)

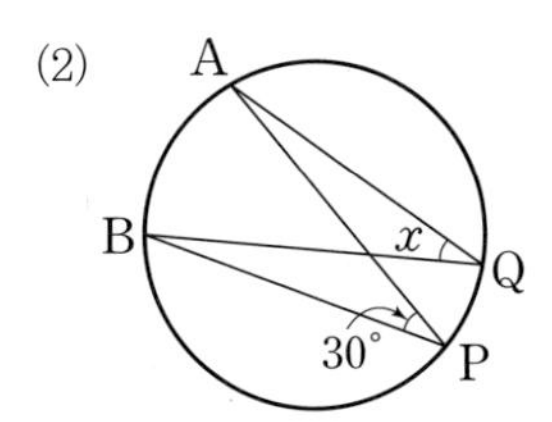


⇨ $\angle x = \angle \square = \square°$

답 (1) **40** (2) **APB, 30**

한편, 앞의 만화에서 수학자가 그린 각은 모두 직각일까?

원 O에서 호 AB가 반원일 때, 원주각 $\angle \mathrm{APB}$의 크기를 구해 보자.

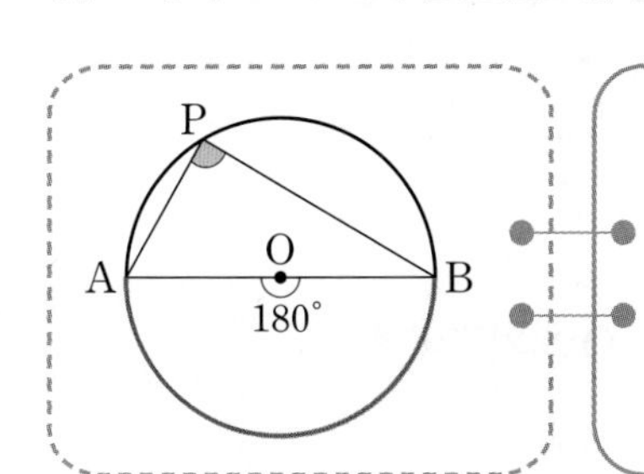


호 AB가 반원이면 중심각 $\angle \mathrm{AOB}$의 크기가 180°이므로

$$\angle \mathrm{APB} = \frac{1}{2}\angle \mathrm{AOB} = \frac{1}{2} \times 180° = 90°$$

앞의 내용을 정리하면 다음과 같다.

**반원에 대한 원주각의 크기는 90°이다.**

**오른쪽 그림에서 $\overline{AB}$가 원 O의 지름일 때, $\angle x$의 크기를 구해 보자.**

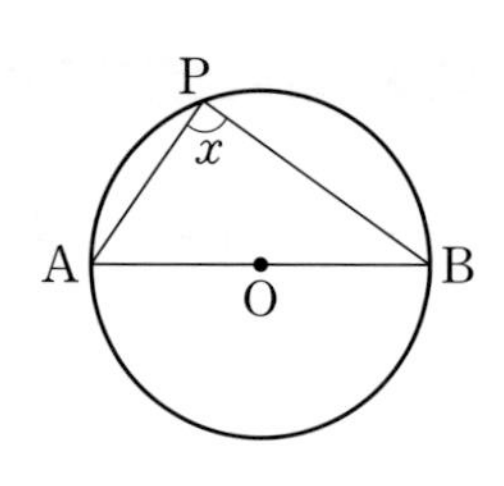


$\overline{AB}$가 원 O의 지름이면 호 AB는 반원이야.

$\overline{AB}$가 원 O의 지름이므로 $\angle AOB=\square^\circ$

$\therefore \angle x=\frac{1}{2}\angle AOB=\frac{1}{2}\times\square^\circ=\square^\circ$

답 180, 180, 90

회색 글씨를 따라 쓰면서 개념을 정리해 보자!

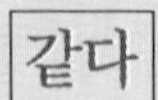

**꽉 잡아, 개념!**

**원주각의 성질**

(1) 한 호에 대한 원주각의 크기는 모두 갈다.

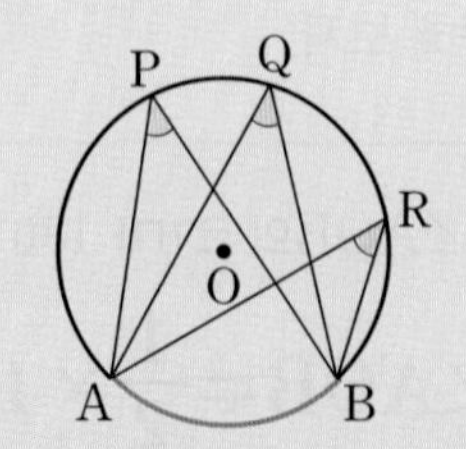


➡ $\angle APB=\angle AQB=\angle ARB$

(2) 반원에 대한 원주각의 크기는 90° 이다.

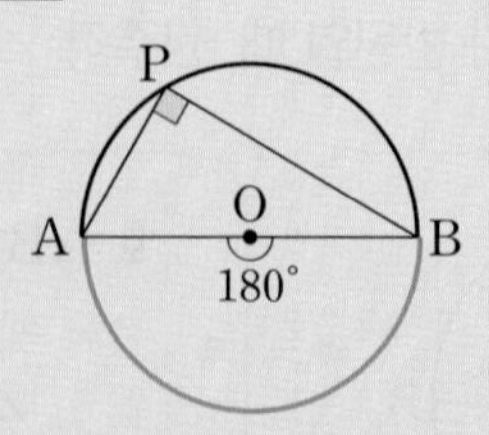


➡ $\overline{AB}$가 원 O의 지름이면 $\angle APB=90^\circ$

▶ 정답 및 풀이 14쪽

오른쪽 그림의 원 O에서 $\angle x$, $\angle y$의 크기를 각각 구하시오.

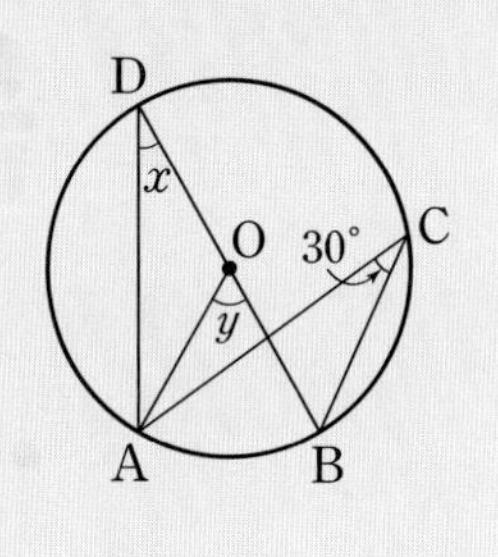


풀이 $\angle x = \angle ACB = 30°$ ($\overset{\frown}{AB}$에 대한 원주각)
$\angle y = 2\angle ACB = 2 \times 30° = 60°$

답 $\angle x = 30°$, $\angle y = 60°$

**1-1** 오른쪽 그림의 원에서 $\angle x$, $\angle y$의 크기를 각각 구하시오.

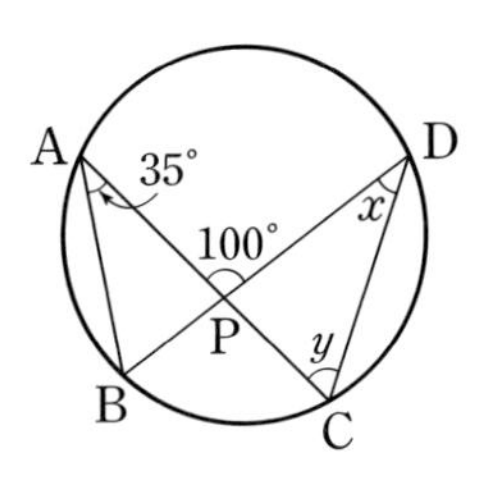


**2** 오른쪽 그림에서 $\overline{AB}$가 원 O의 지름일 때, $\angle x$의 크기를 구하시오.

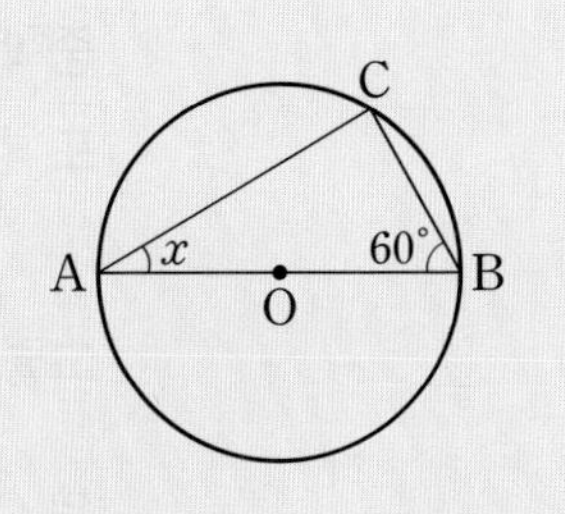


풀이 $\overline{AB}$가 원 O의 지름이므로 $\angle ACB = 90°$
$\triangle ABC$에서 $\angle x = 180° - (90° + 60°) = 30°$

답 30°

**2-1** 오른쪽 그림에서 $\overline{AB}$가 원 O의 지름일 때, $\angle x$의 크기를 구하시오.

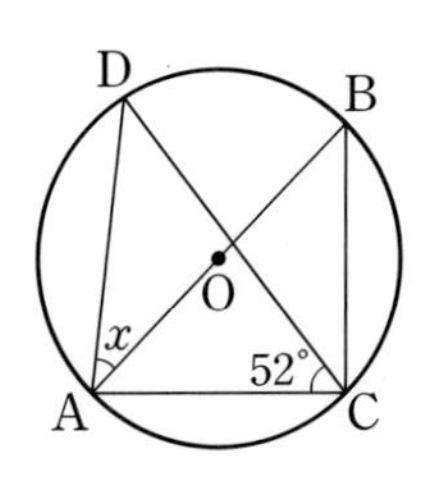

* QR코드를 스캔하여 개념 영상을 확인하세요.

# 16 원주각의 크기와 호의 길이

## ●● 원주각의 크기와 호의 길이 사이에는 어떤 관계가 있을까?

중학교 1학년 때 한 원에서 길이가 같은 호에 대한 중심각의 크기는 같음을 배웠다. 또, 한 원에서 크기가 같은 중심각에 대한 호의 길이도 같음을 배웠다.

그렇다면 한 원에서 길이가 같은 호에 대한 원주각의 크기도 같을까?

원 O에서 호의 길이가 같을 때, 그 호에 대한 원주각의 크기가 같음을 확인해 보자.

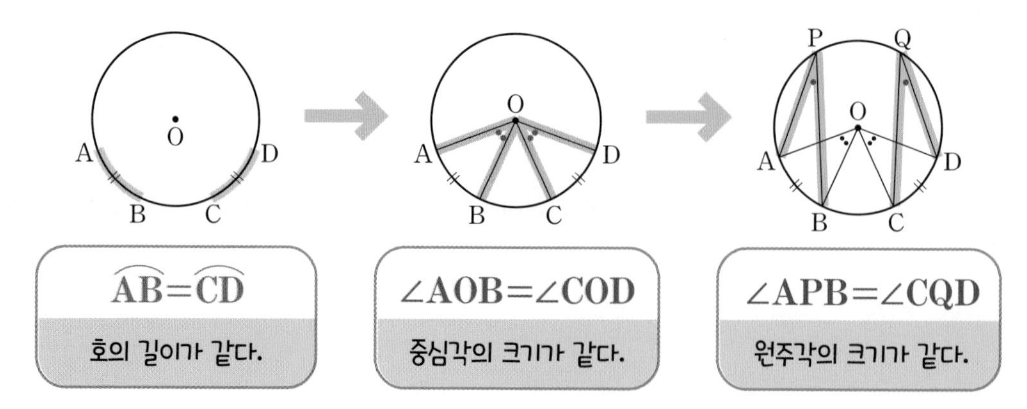

이상을 정리하면 다음과 같다.

**한 원에서 길이가 같은 호에 대한 원주각의 크기는 같다.**

이번에는 원 O에서 원주각의 크기가 같을 때, 그 원주각에 대한 호의 길이가 같음을 확인해 보자.

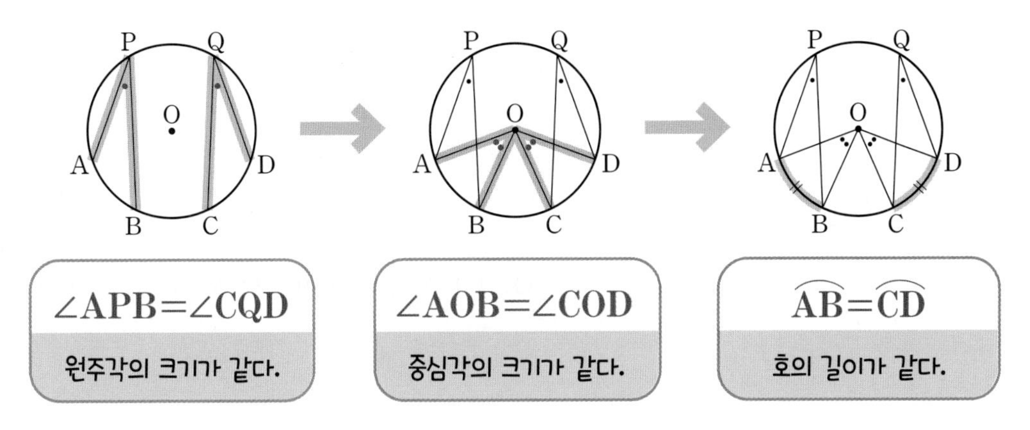


이상을 정리하면 다음과 같다.

**한 원에서 크기가 같은 원주각에 대한 호의 길이는 같다.**

한편, 한 원에서 호의 길이는 그 호에 대한 중심각의 크기에 정비례한다. 이때 원주각의 크기는 중심각의 크기의 $\frac{1}{2}$이므로

한 원에서 호의 길이는 그 호에 대한 원주각의 크기에 정비례한다.

→ $\angle APB : \angle CQD = \overset{\frown}{AB} : \overset{\frown}{CD}$

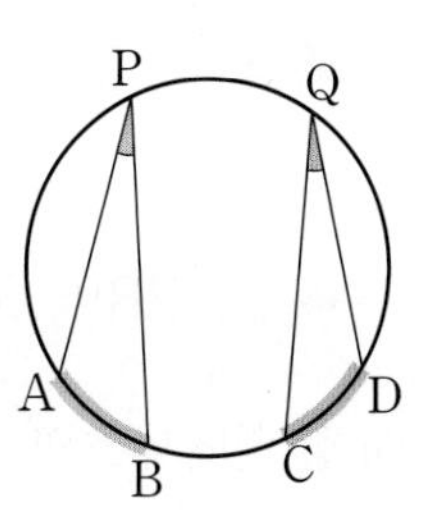

**다음 그림의 원에서 $x$의 값을 구해 보자.**

(1)

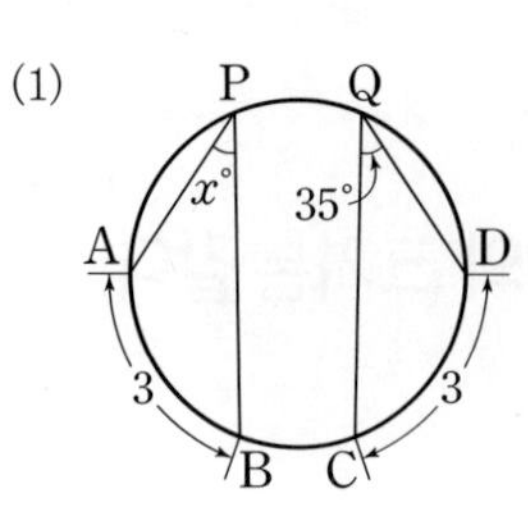


⇨ $\widehat{AB}=\widehat{\square}$이므로

$\angle APB=\angle\square$ $\therefore x=\square$

(2)

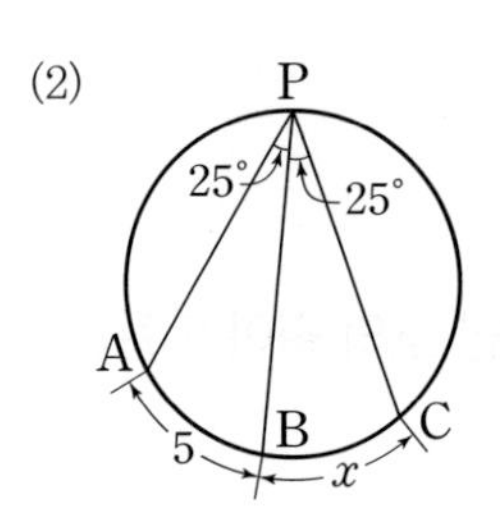


⇨ $\angle APB=\angle\square$이므로

$\widehat{AB}=\widehat{\square}$ $\therefore x=\square$

(3)

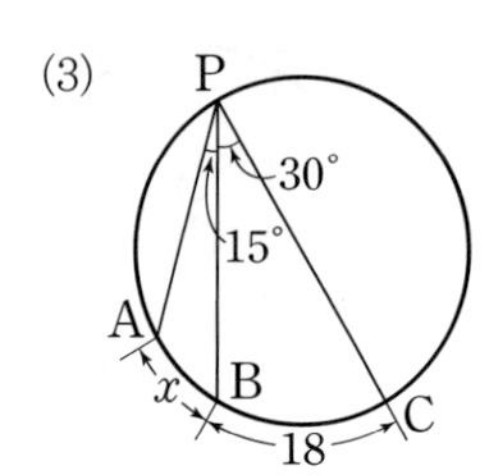


⇨ $\angle APB:\angle BPC=\widehat{AB}:\widehat{BC}$이므로

$15:\square=x:\square$에서

$1:\square=x:\square$

$\therefore x=\square$

답 (1) CD, CQD, 35 (2) BPC, BC, 5 (3) 30, 18, 2, 18, 9

회색 글씨를 따라 쓰면서 개념을 정리해 보자!

**꽉 잡아, 개념!**

**원주각의 크기와 호의 길이**

(1) 한 원에서 길이가 같은 호에 대한 원주각의 크기는 같다.

➡ $\widehat{AB}=\widehat{CD}$이면 $\angle APB=$ $\angle CQD$

(2) 한 원에서 크기가 같은 원주각에 대한 호의 길이는 같다.

➡ $\angle APB=\angle CQD$이면 $\widehat{AB}=$ $\widehat{CD}$

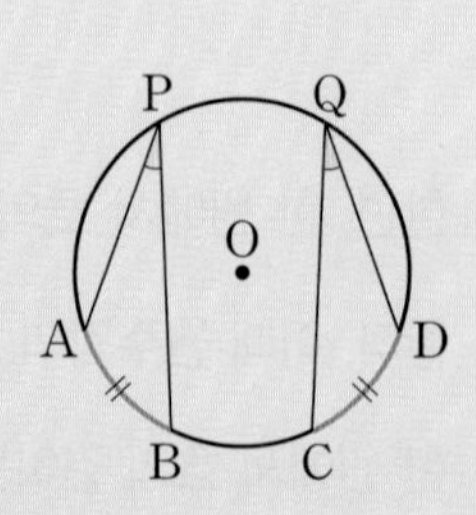


(3) 한 원에서 호의 길이는 그 호에 대한 원주각의 크기에 정비례 한다.

## 확인해 보자

▶ 정답 및 풀이 14쪽

**1** 다음 그림의 원에서 $x$의 값을 구하시오.

(1) 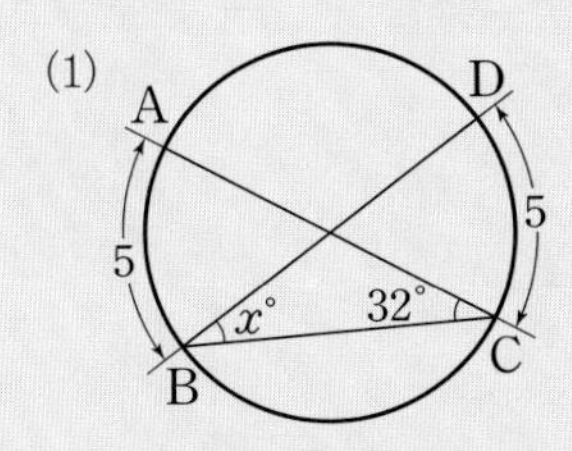


(2) 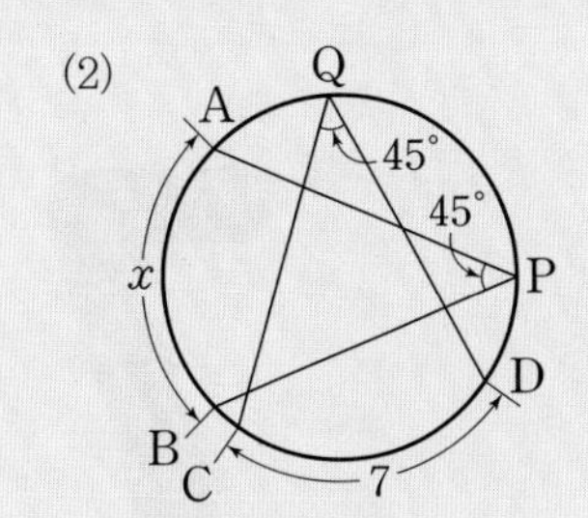


(3) 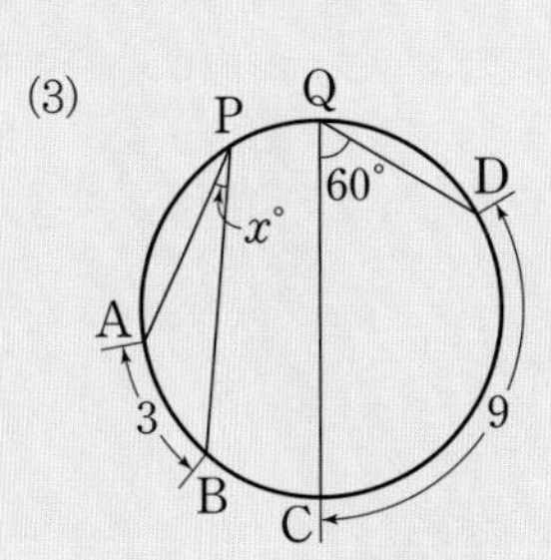


풀이 (1) $\widehat{AB}=\widehat{CD}$이므로 $\angle CBD=\angle ACB=32°$ $\quad\therefore x=32$

(2) $\angle APB=\angle CQD$이므로 $\widehat{AB}=\widehat{CD}=7$ $\quad\therefore x=7$

(3) $\angle APB:\angle CQD=\widehat{AB}:\widehat{CD}$이므로

$x:60=3:9$에서 $x:60=1:3$ $\quad\therefore x=20$

답 (1) **32** (2) **7** (3) **20**

**1-1** 다음 그림의 원에서 $x$의 값을 구하시오.

(1) 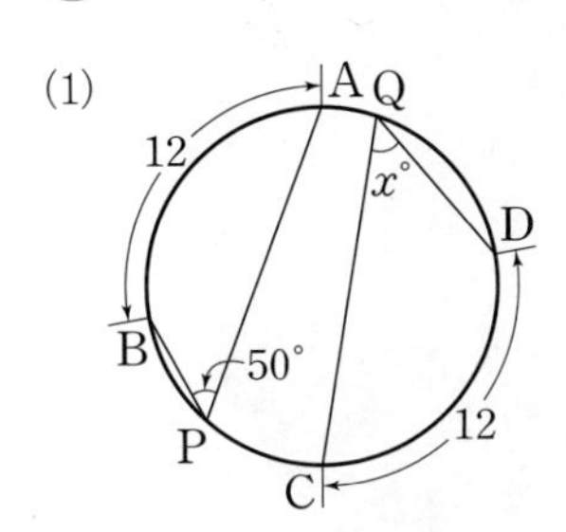


(2) 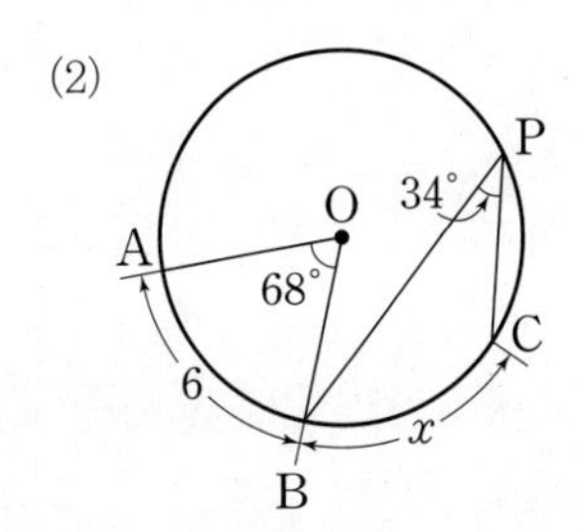


(3) 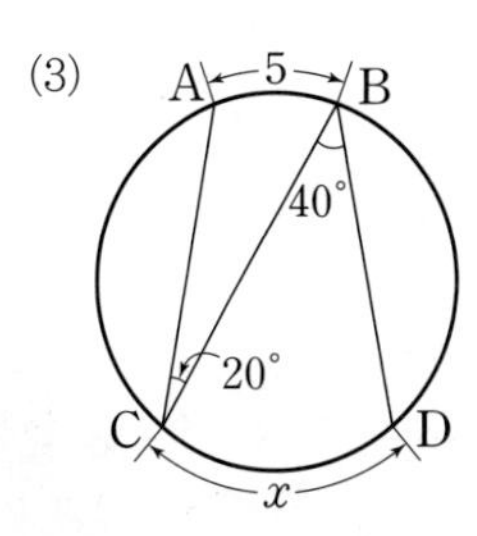


**1-2** 오른쪽 그림에서 원 O는 $\triangle ABC$의 외접원이고 $\widehat{AB}:\widehat{BC}:\widehat{CA}=4:3:2$일 때, $\angle A$, $\angle B$, $\angle C$의 크기를 각각 구하시오.

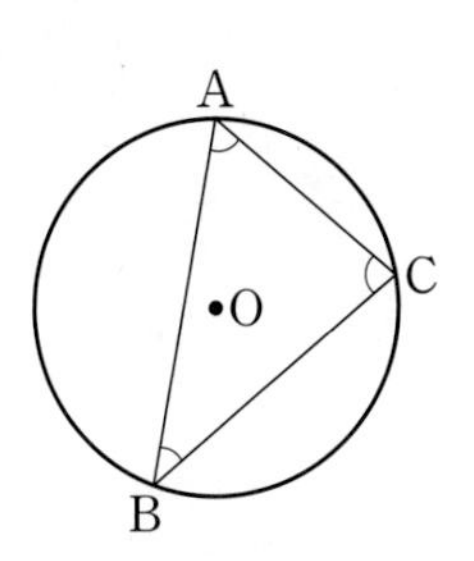

# 7
# 원주각의 활용

#네 점 #한 원 위

#원에 내접하는 사각형

#대각의 크기 #$180^{\circ}$ #외각

#접선과 현이 이루는 각

▶ 정답 및 풀이 14쪽

● 다음 그림의 원 O에서 구한 $x$의 값을 찾아 연결하여 주어진 화폐 단위를 사용하는 나라를 알아보자.

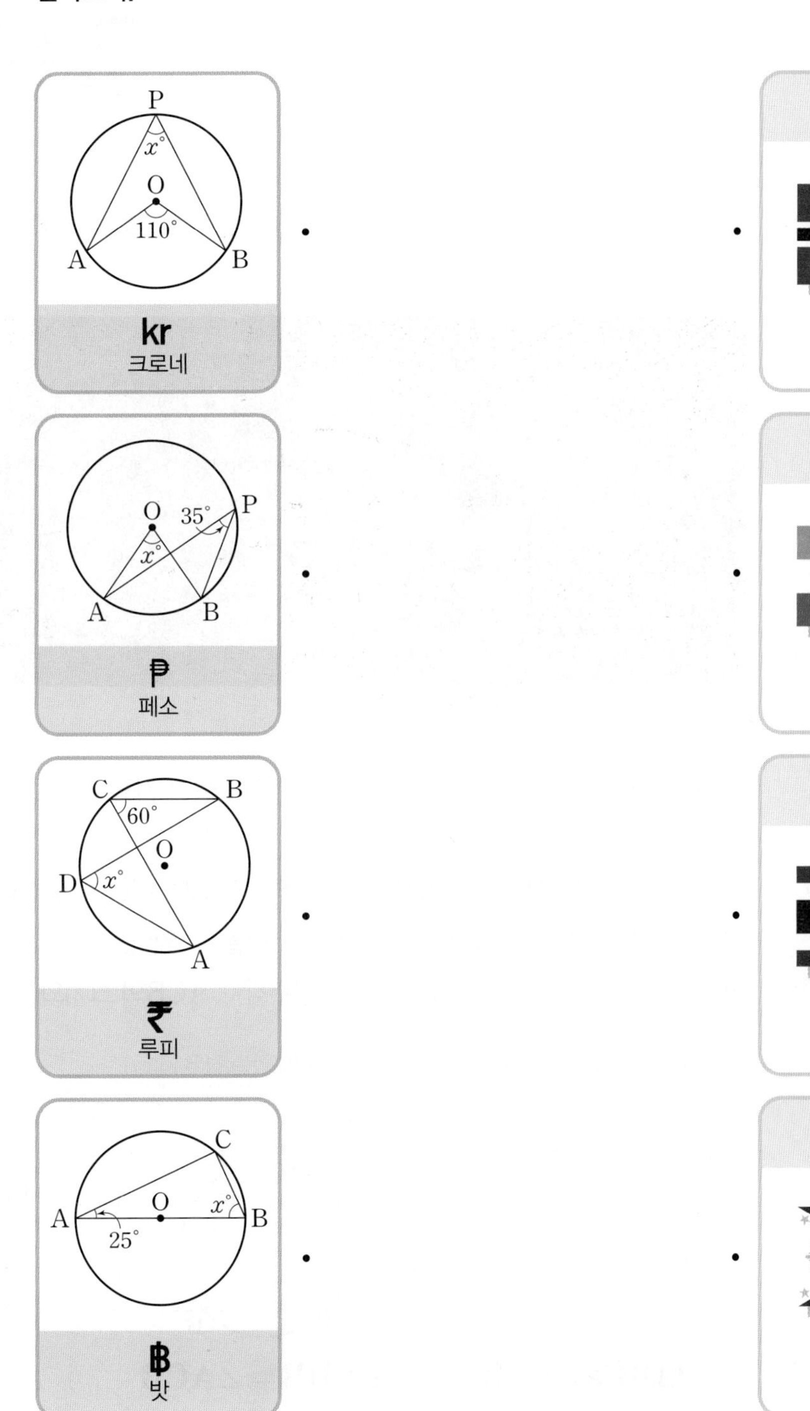

# 17

* QR코드를 스캔하여 개념 영상을 확인하세요.

# 네 점이 한 원 위에 있을 조건

## •• 네 점이 한 원 위에 있으려면 어떤 조건이 필요할까?

원주각의 성질을 이용하여 네 점이 한 원 위에 있을 조건을 알아보자.

▶ 삼각형의 세 점을 지나는 원(외접원)은 항상 존재한다.

세 점 A, B, C를 지나는 원에서 점 D가 직선 AB에 대하여 점 C와 같은 쪽에 있을 때, 점 D의 위치는 다음과 같이 세 가지 경우로 나눌 수 있다.
이때 $\angle ADB$의 크기를 호 AB에 대한 원주각 $\angle ACB$의 크기와 비교해 보자.

① 한 호에 대한 원주각의 크기는 모두 같다.
② 삼각형의 한 외각의 크기는 그와 이웃하지 않는 두 내각의 크기의 합과 같다.

**원의 내부에 있는 경우**

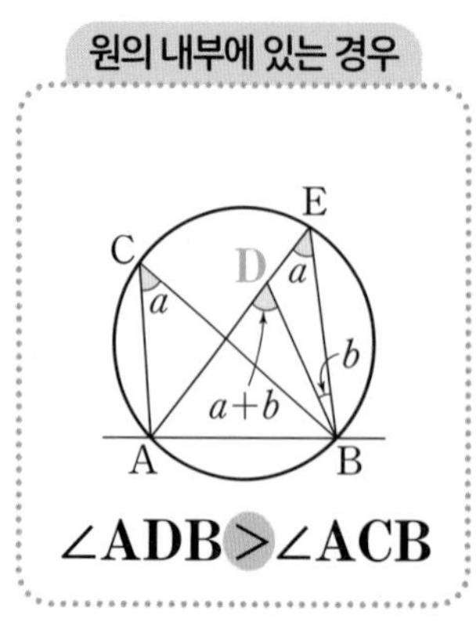


$\angle ADB > \angle ACB$

**원 위에 있는 경우**

$\angle ADB = \angle ACB$

**원의 외부에 있는 경우**

$\angle ADB < \angle ACB$

따라서 $\angle ADB = \angle ACB$인 것은 점 D가 원 위에 있는 경우뿐이다.

즉, 두 점 C, D가 직선 AB에 대하여 같은 쪽에 있을 때, $\angle ACB = \angle ADB$이면 네 점 A, B, C, D는 한 원 위에 있다.

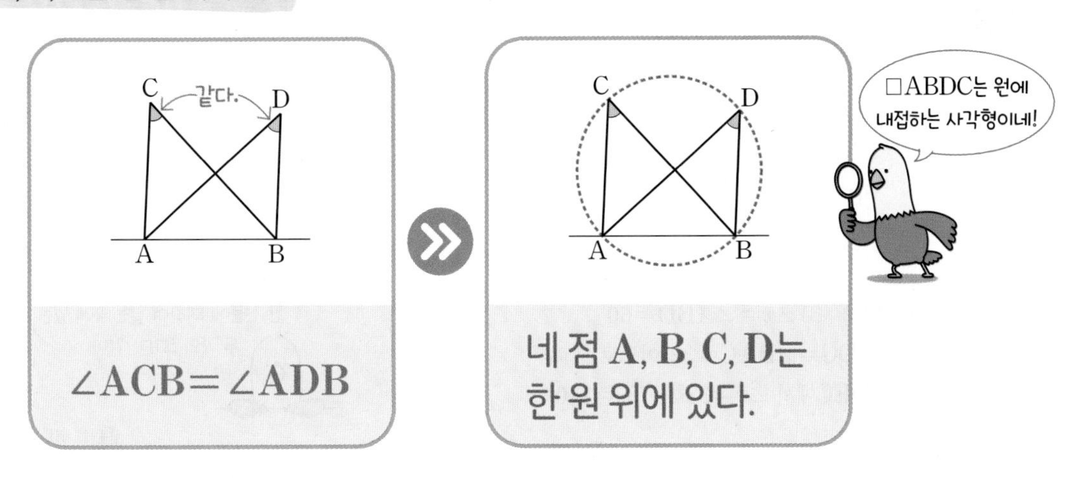


다음 그림에서 네 점 A, B, C, D가 한 원 위에 있으면 ○표, 한 원 위에 있지 않으면 ×표를 해 보자.

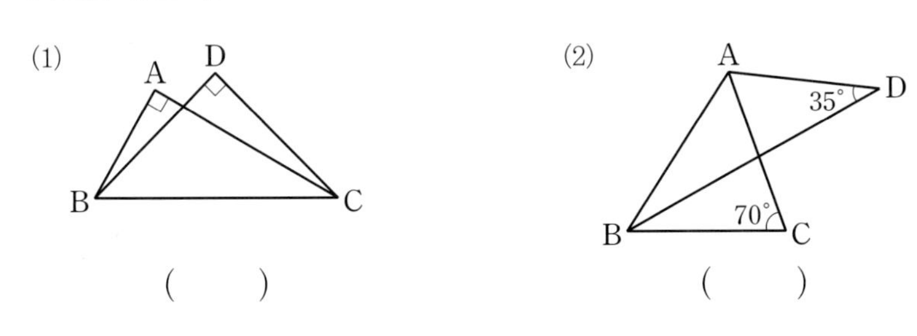


답 (1) ○ (2) ×

**꽉 잡아, 개념!**

**네 점이 한 원 위에 있을 조건**

두 점 C, D가 직선 AB에 대하여 같은 쪽에 있을 때,

$\angle ACB = \angle ADB$

이면 네 점 A, B, C, D는 한 원 위에 있다.

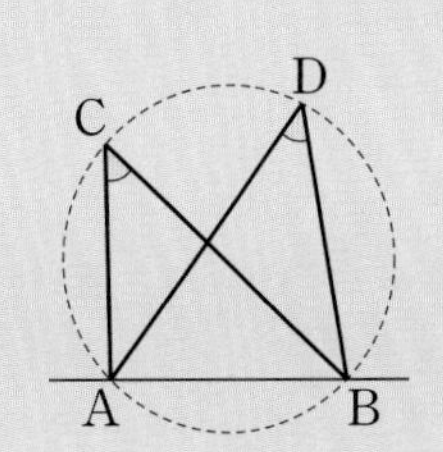

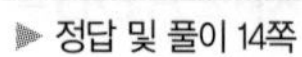

**다음 그림에서 네 점 A, B, C, D가 한 원 위에 있을 때, $\angle x$의 크기를 구하시오.**

(1)

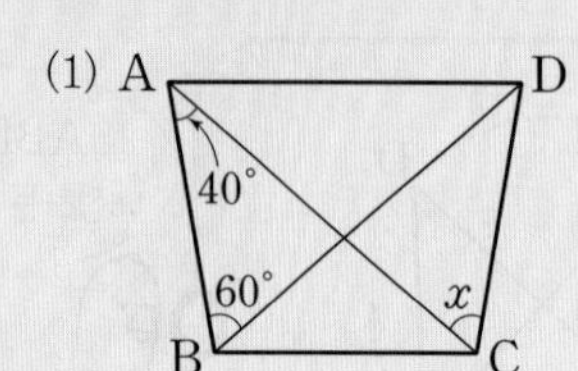


(2)

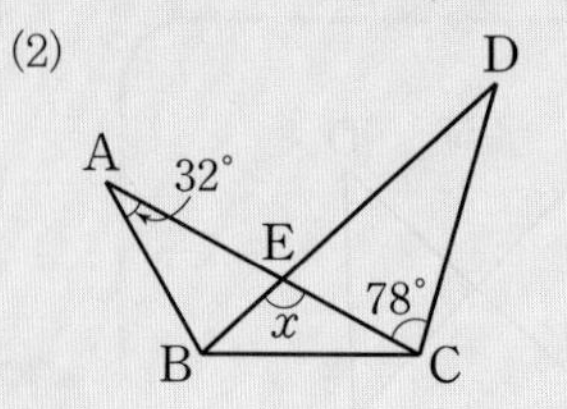


**풀이** (1) $\angle x=\angle ABD=60°$

(2) $\angle BDC=\angle BAC=32°$이므로

$\triangle DEC$에서 $\angle x=32°+78°=110°$

답 (1) **60°** (2) **110°**

**1-1** **다음 그림에서 네 점 A, B, C, D가 한 원 위에 있을 때, $\angle x$의 크기를 구하시오.**

(1)

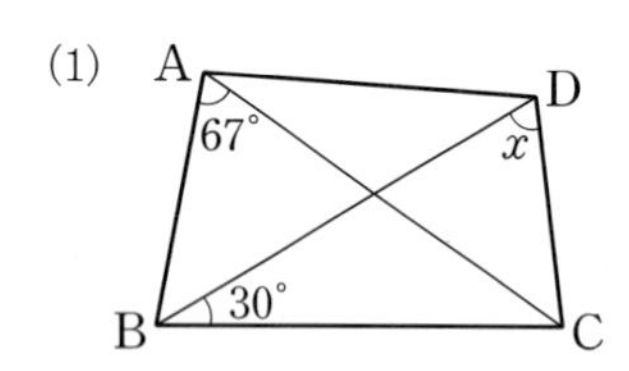


(2)

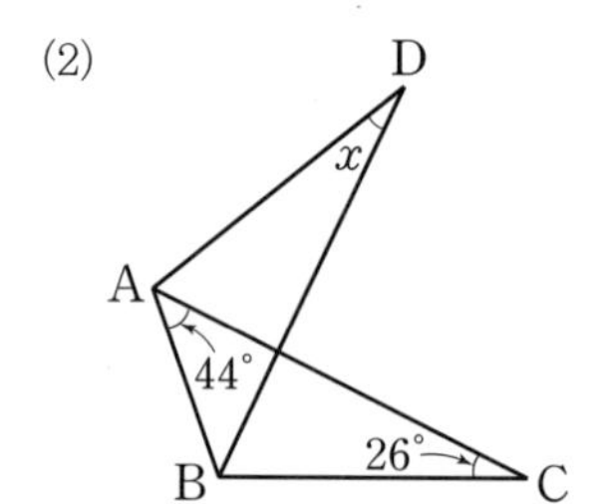


(3)

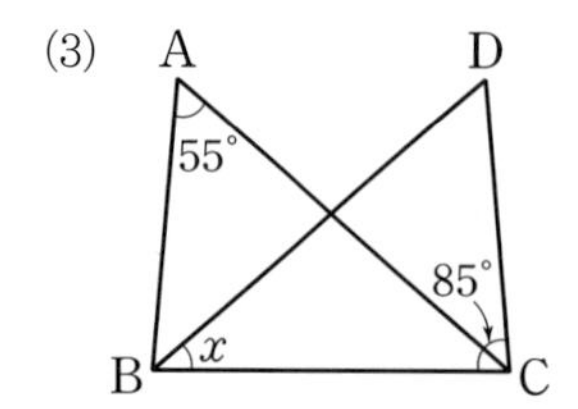


(4)

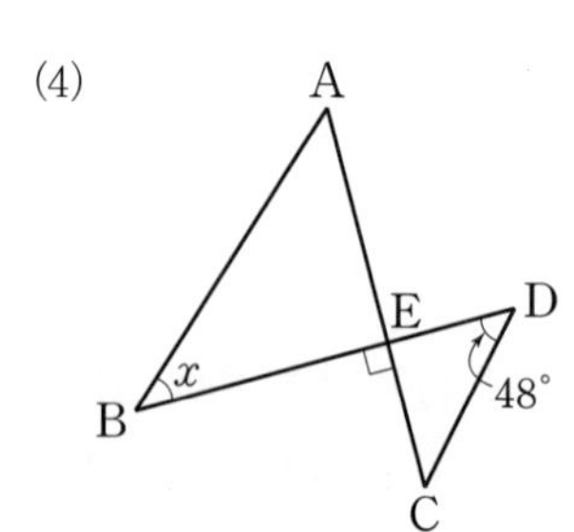

# 18 원에 내접하는 사각형의 성질

개념 영상

* QR코드를 스캔하여 개념 영상을 확인하세요.

## ●● 원에 내접하는 사각형은 어떤 성질이 있을까?

'개념 **14**'에서 배운 원주각과 중심각의 크기 사이의 관계를 이용하여 원에 내접하는 사각형의 성질을 알아보자.

아래 그림과 같이 원 O에 내접하는 □ABCD에서 호 BCD와 호 BAD에 대한 중심각을 각각 $\angle a$, $\angle c$라 할 때, $\angle A+\angle C$의 크기를 구해 보자.

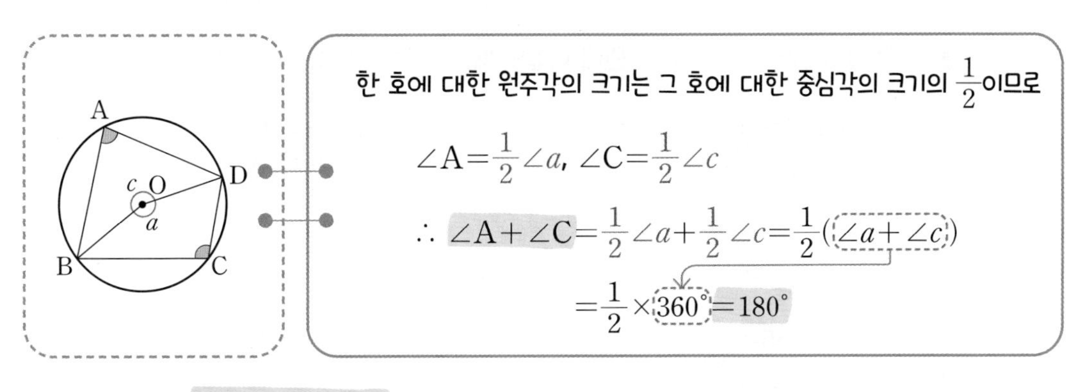


한 호에 대한 원주각의 크기는 그 호에 대한 중심각의 크기의 $\frac{1}{2}$이므로

$$\angle A=\frac{1}{2}\angle a,\ \angle C=\frac{1}{2}\angle c$$

$$\therefore\ \angle A+\angle C=\frac{1}{2}\angle a+\frac{1}{2}\angle c=\frac{1}{2}(\angle a+\angle c)$$

$$=\frac{1}{2}\times 360^\circ=180^\circ$$

같은 방법으로 $\angle B+\angle D=180^\circ$이다.

앞의 내용을 정리하면 다음과 같다.

> ▶ **대각**
> 다각형에서 서로 마주 보는 각

**원에 내접하는 사각형에서 한 쌍의 대각의 크기의 합은 $180^\circ$이다.**

대각! 대각!

한편, 원에 내접하는 사각형의 성질에는 또 무엇이 있을까?

아래 그림과 같이 □ABCD가 원에 내접할 때, 위에서 배운 원에 내접하는 사각형의 성질을 이용하여 ∠A와 ∠DCE 사이의 관계를 알아보자.

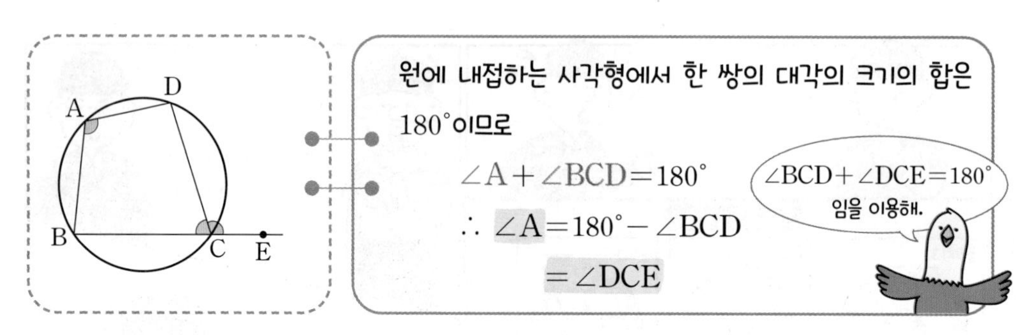


이상을 정리하면 다음과 같다.

**원에 내접하는 사각형에서 한 외각의 크기는 그 외각에 이웃한 내각에 대한 대각의 크기와 같다.**

 **다음 그림에서 □ABCD가 원에 내접할 때, $\angle x$의 크기를 구해 보자.**

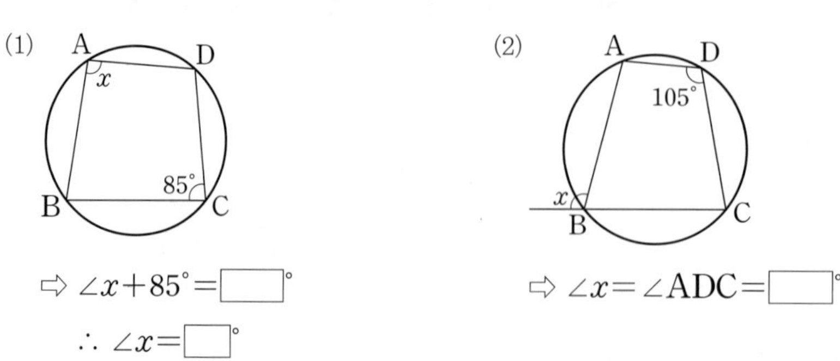


답 (1) 180, 95 (2) 105

이제 사각형이 원에 내접하기 위한 조건을 알아보자.

다음 세 가지 조건 중 어느 하나를 만족하는 사각형은 원에 내접한다.

(대각의 크기의 합) = 180°

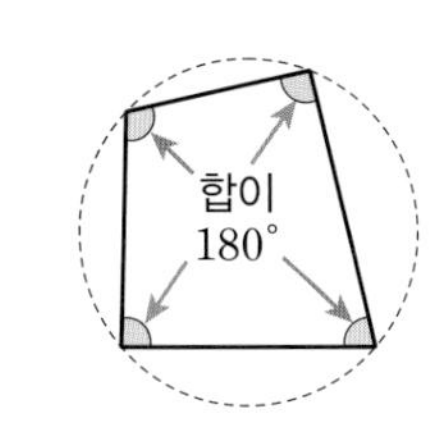


(한 외각의 크기)
= (그 내각의 대각의 크기)

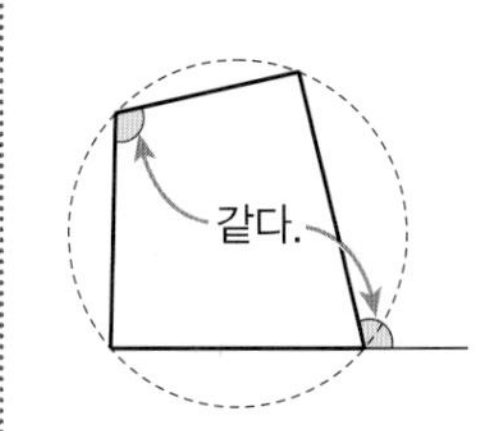


한 선분에 대하여 같은 쪽에 있는 두 각의 크기가 같을 때

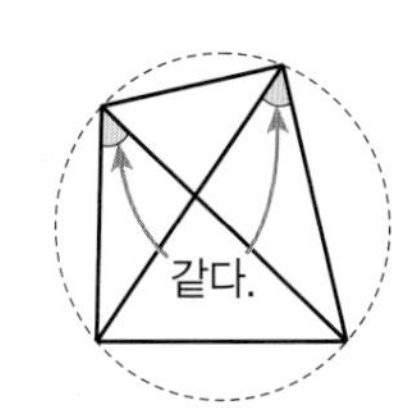


참고 직사각형, 정사각형, 등변사다리꼴은 한 쌍의 대각의 크기의 합이 180°이므로 항상 원에 내접한다.

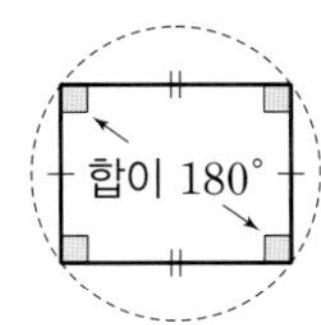


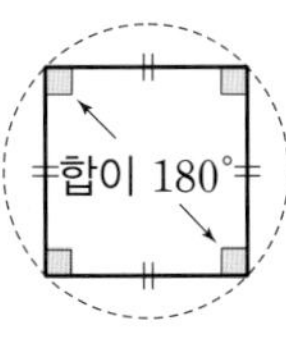


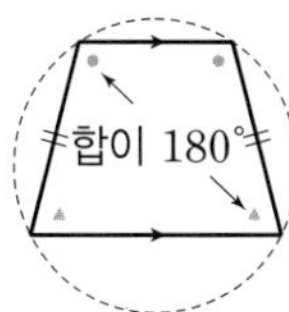


앞의 만화에서 범인은 바로 나!

## 꽉 잡아, 개념!

**(1) 원에 내접하는 사각형의 성질**

원에 내접하는 사각형에서

① 한 쌍의 대각의 크기의 합은 180°이다.

➡ $\angle A + \angle C =$ 180°,

$\angle B + \angle D =$ 180°

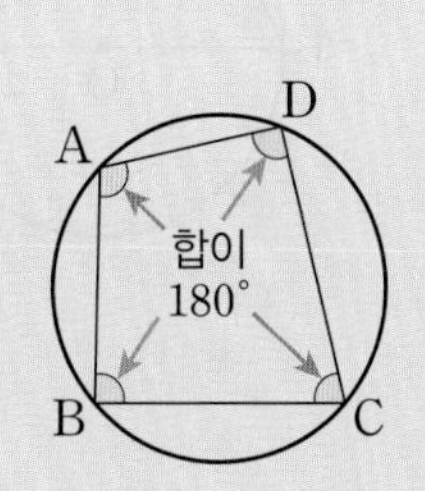


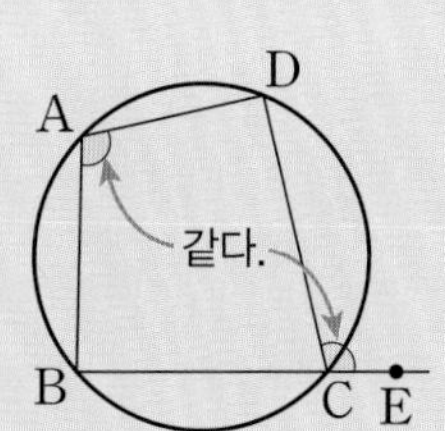


② 한 외각의 크기는 그 외각에 이웃한 내각에 대한 대각의 크기와 같다.

➡ $\angle DCE = \angle A$

**(2) 사각형이 원에 내접하기 위한 조건**

다음 세 가지 조건 중 어느 하나를 만족하는 사각형은 원에 내접한다.

① 한 쌍의 대각의 크기의 합이 180° 일 때

② 한 외각의 크기가 그 외각에 이웃한 내각에 대한 대각 의 크기와 같을 때

③ 한 선분에 대하여 같은 쪽에 있는 두 각의 크기가 같을 때

## 확인해 보자

▶ 정답 및 풀이 14쪽

**다음 그림에서 □ABCD가 원에 내접할 때, $\angle x$, $\angle y$의 크기를 각각 구하시오.**

(1)

(2)

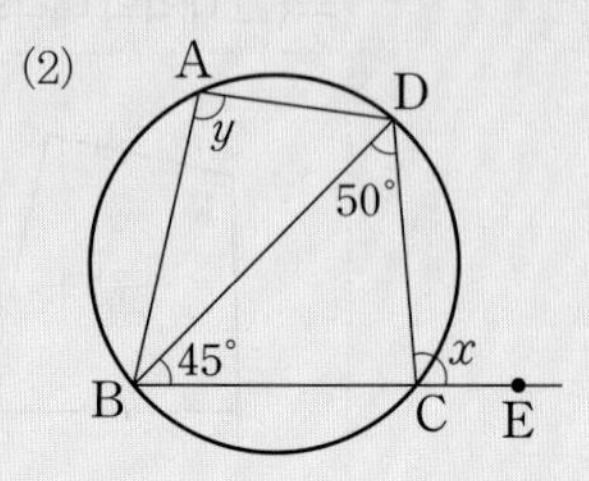


풀이 (1) △BCD에서 $\angle x=180°-(55°+65°)=60°$

이때 □ABCD가 원에 내접하므로

$60°+\angle y=180°$ $\therefore \angle y=120°$

(2) △BCD에서 $\angle x=45°+50°=95°$

이때 □ABCD가 원에 내접하므로 $\angle y=\angle x=95°$

□ABCD가 원에 내접하니까 원에 내접하는 사각형의 성질을 이용해.

답 (1) $\angle x=60°$, $\angle y=120°$ (2) $\angle x=95°$, $\angle y=95°$

**1-1 다음 그림에서 □ABCD가 원 O에 내접할 때, $\angle x$의 크기를 구하시오.**

(1)

(2)

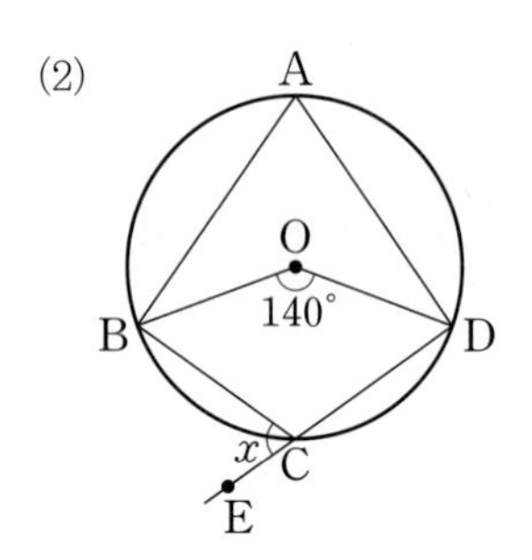


**1-2 다음 보기 중 □ABCD가 원에 내접하는 것을 모두 고르시오.**

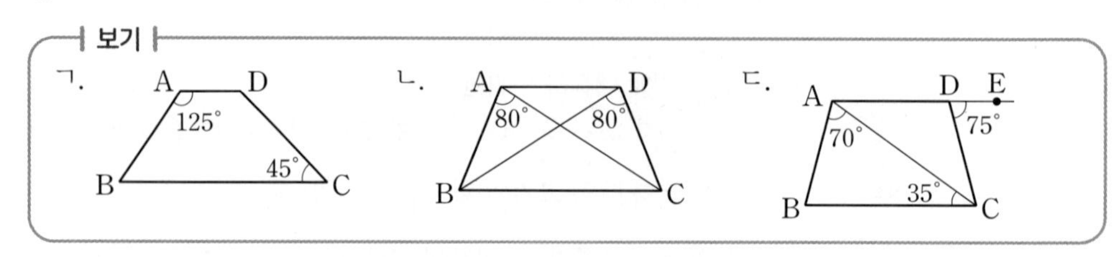

# 19 원의 접선과 현이 이루는 각

* QR코드를 스캔하여 개념 영상을 확인하세요.

## •• 원의 접선과 현이 이루는 각은 어떤 성질이 있을까?

위의 만화에서 원의 접선과 그 접점을 지나는 현이 이루는 각 $\angle \mathrm{BAT}$의 크기는 호 AB에 대한 원주각 $\angle \mathrm{BCA}$의 크기와 같음을 알 수 있다.

원주각의 성질을 이용하여 이 성질이 항상 성립함을 확인해 보자.
원 O 위의 점 A를 지나는 접선 AT와 현 AB가 이루는 각인 $\angle \mathrm{BAT}$는 그 크기에 따라 다음과 같이 세 가지 경우로 나눌 수 있다.

**1** $\angle \mathbf{BAT}$가 직각인 경우

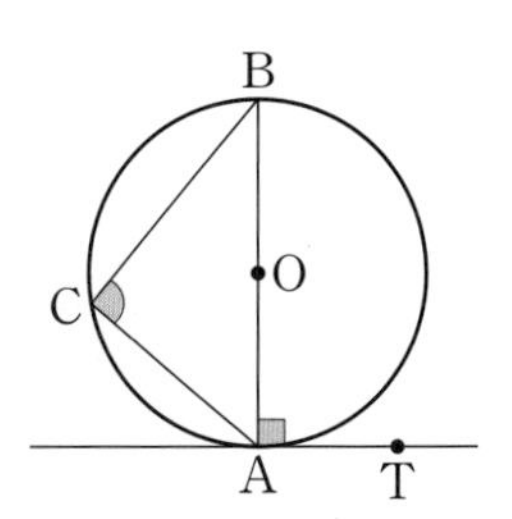


**2** $\angle \mathbf{BAT}$가 예각인 경우

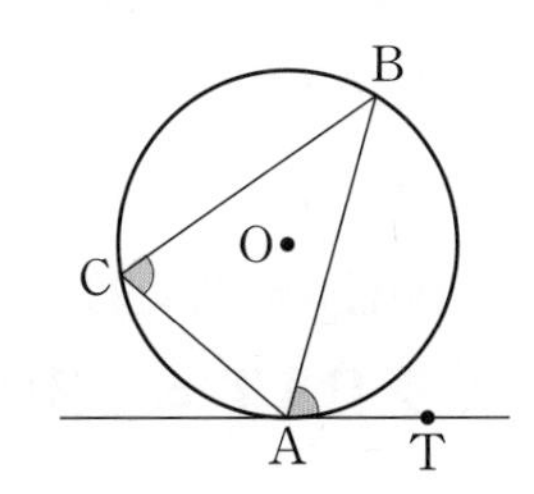


**3** $\angle \mathbf{BAT}$가 둔각인 경우

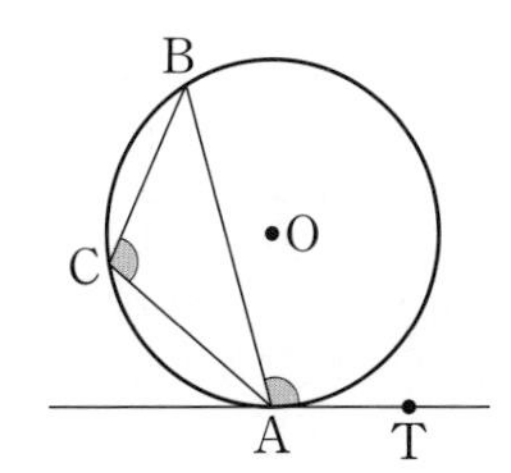

각 경우에 대하여 $\angle\mathrm{BAT}=\angle\mathrm{BCA}$임을 확인해 보자.

## 1 ∠BAT가 직각인 경우

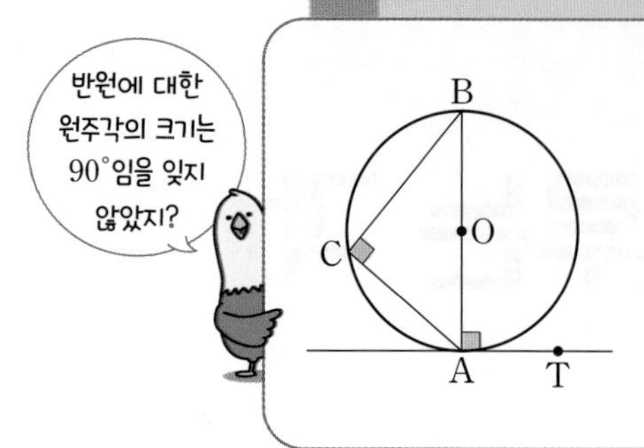


$\overline{\mathrm{AB}}$가 원 O의 지름이므로 $\angle\mathrm{BCA}$는 반원에 대한 원주각이다. 즉,

$$\angle\mathrm{BCA}=90^\circ$$

$$\therefore \angle\mathrm{BAT}=\angle\mathrm{BCA}$$

## 2 ∠BAT가 예각인 경우

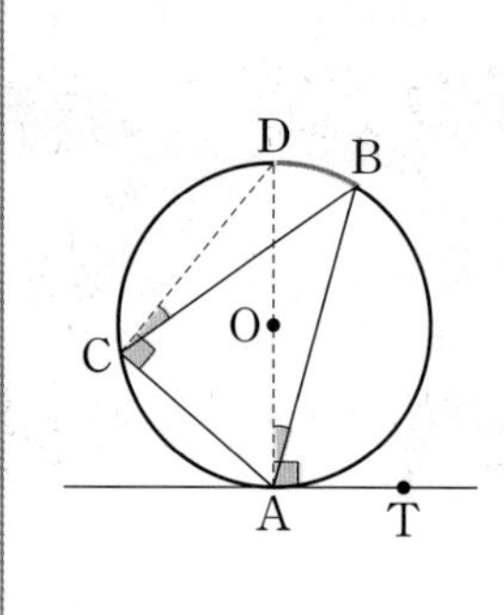


지름 AD와 선분 CD를 그으면

$$\angle\mathrm{DAT}=\angle\mathrm{DCA}=90^\circ$$

이므로

$$\angle\mathrm{BAT}=90^\circ-\angle\mathrm{BAD},$$

$$\angle\mathrm{BCA}=90^\circ-\angle\mathrm{BCD}$$

$\angle\mathrm{BAD}$와 $\angle\mathrm{BCD}$는 $\widehat{\mathrm{BD}}$에 대한 원주각이므로

$$\angle\mathrm{BAD}=\angle\mathrm{BCD}$$

$$\therefore \angle\mathrm{BAT}=\angle\mathrm{BCA}$$

▶ 한 호에 대한 원주각의 크기는 모두 같다.

## 3 ∠BAT가 둔각인 경우

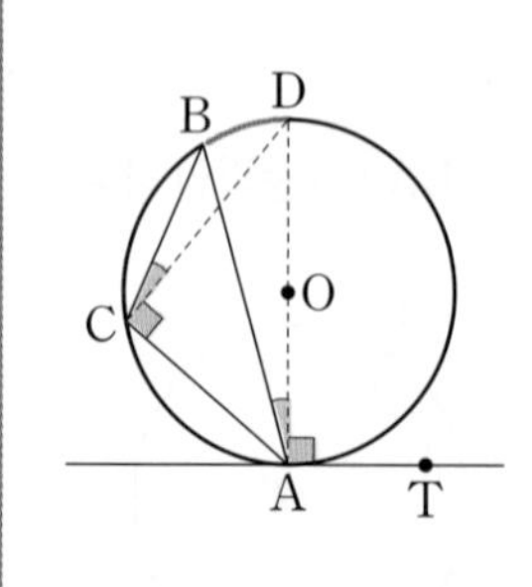


지름 AD와 선분 CD를 그으면

$$\angle\mathrm{DAT}=\angle\mathrm{DCA}=90^\circ$$

이므로

$$\angle\mathrm{BAT}=90^\circ+\angle\mathrm{BAD},$$

$$\angle\mathrm{BCA}=90^\circ+\angle\mathrm{BCD}$$

$\angle\mathrm{BAD}$와 $\angle\mathrm{BCD}$는 $\widehat{\mathrm{BD}}$에 대한 원주각이므로

$$\angle\mathrm{BAD}=\angle\mathrm{BCD}$$

$$\therefore \angle\mathrm{BAT}=\angle\mathrm{BCA}$$

따라서 원의 접선과 현이 이루는 각의 성질을 정리하면 다음과 같다.

**원의 접선과 그 접점을 지나는 현이 이루는 각의 크기는 그 각의 내부에 있는 호에 대한 원주각의 크기와 같다.**

다음 그림에서 직선 AT가 원 O의 접선이고 점 A가 접점일 때, $\angle x$의 크기를 구해 보자.

(1)

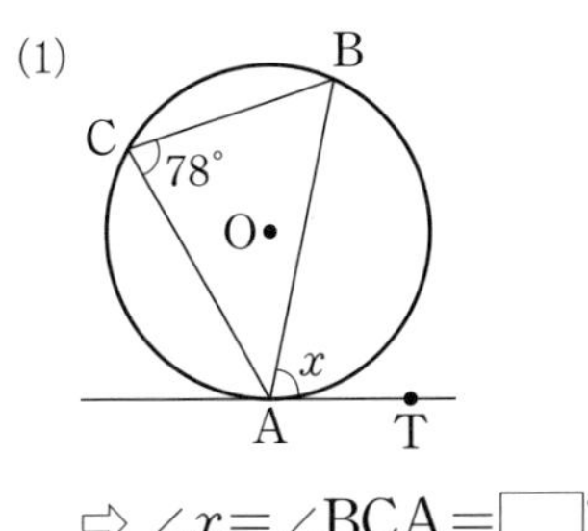


⇨ $\angle x = \angle \mathrm{BCA} = \square°$

(2)

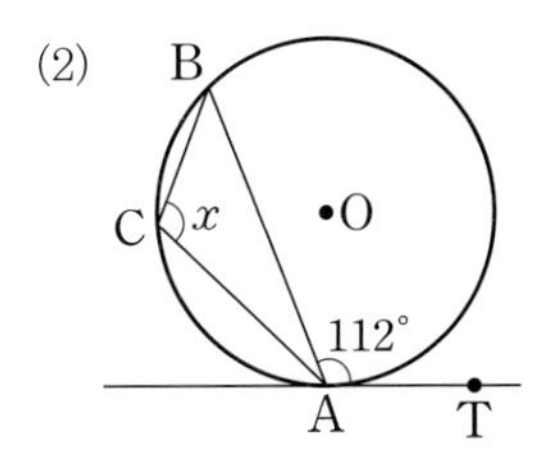


⇨ $\angle x = \angle \mathrm{BAT} = \square°$

답 (1) 78 (2) 112

**꽉 잡아, 개념!**

**원의 접선과 현이 이루는 각**

원의 접선과 그 접점을 지나는 현이 이루는 각의 크기는 그 각의 내부에 있는 호에 대한 원주각의 크기와 같다.

➡ $\angle \mathrm{BAT} = \angle \mathrm{BCA}$

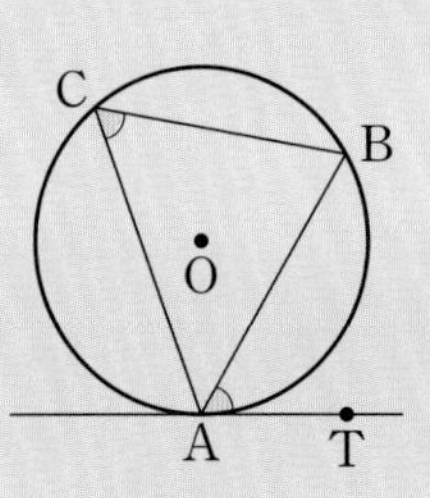

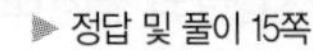

**1** 다음 그림에서 직선 AT가 원 O의 접선이고 점 A가 접점일 때, $\angle x$의 크기를 구하시오.

(1)

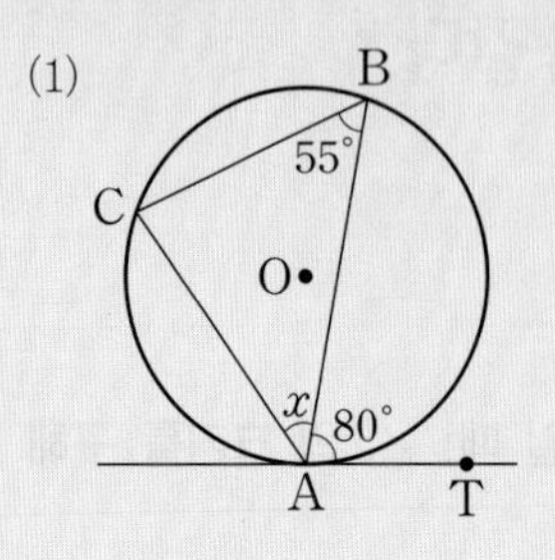


(2)

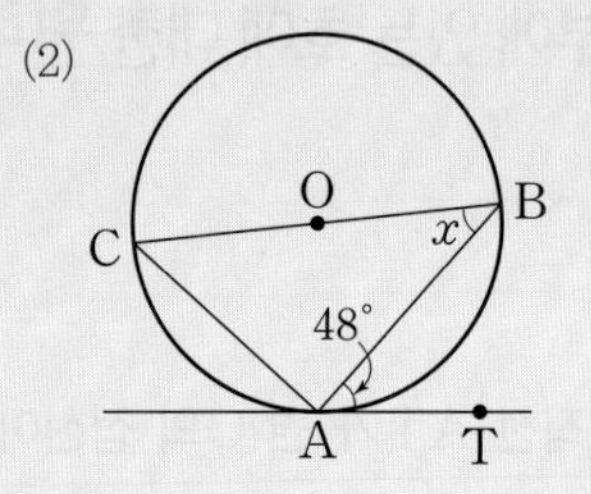


**풀이** (1) $\angle BCA=\angle BAT=80^\circ$

$\triangle ABC$에서 $\angle x=180^\circ-(80^\circ+55^\circ)=45^\circ$

(2) $\overline{BC}$가 원 O의 지름이므로 $\angle CAB=90^\circ$

$\angle BCA=\angle BAT=48^\circ$

$\triangle ABC$에서 $\angle x=180^\circ-(90^\circ+48^\circ)=42^\circ$

**답** (1) $45^\circ$ (2) $42^\circ$

**1-1** 다음 그림에서 직선 AT가 원 O의 접선이고 점 A가 접점일 때, $\angle x$의 크기를 구하시오.

(1)

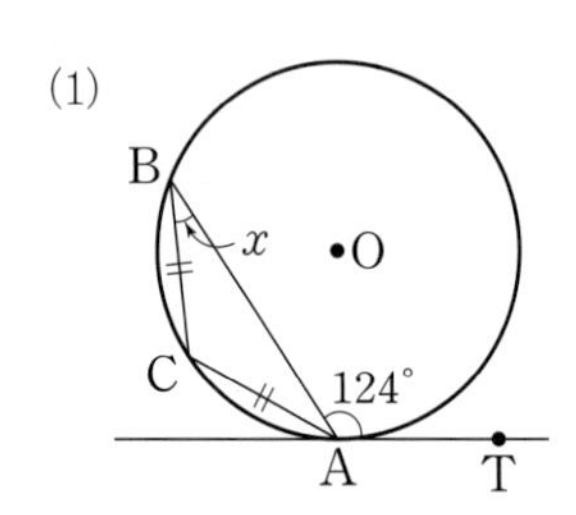


(2)

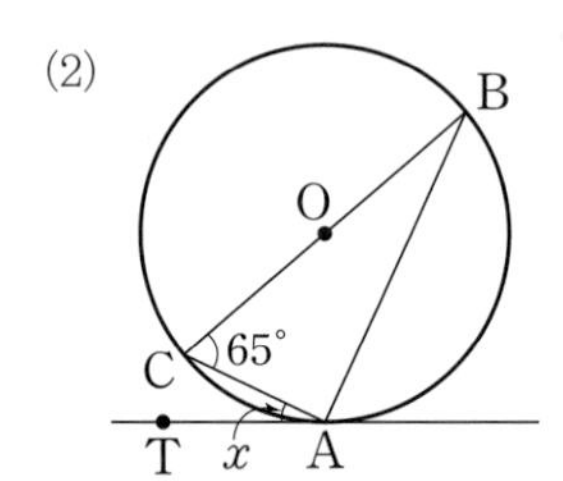


(3)

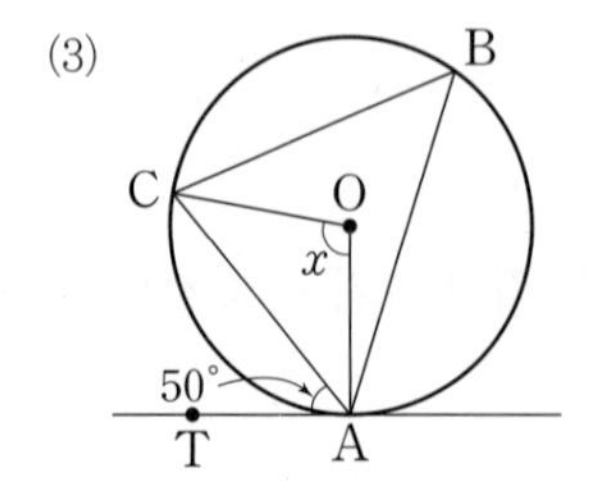


(4)

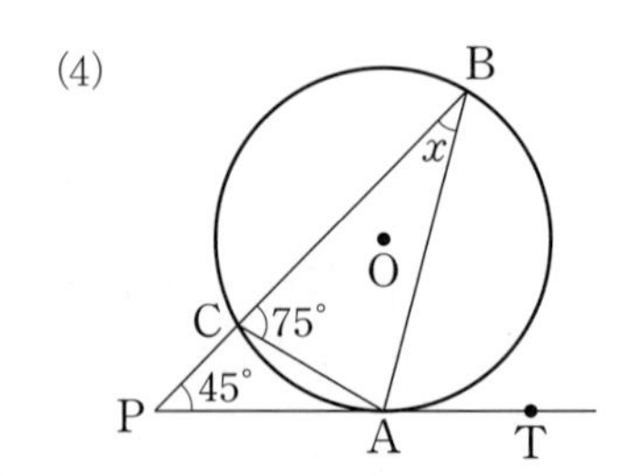

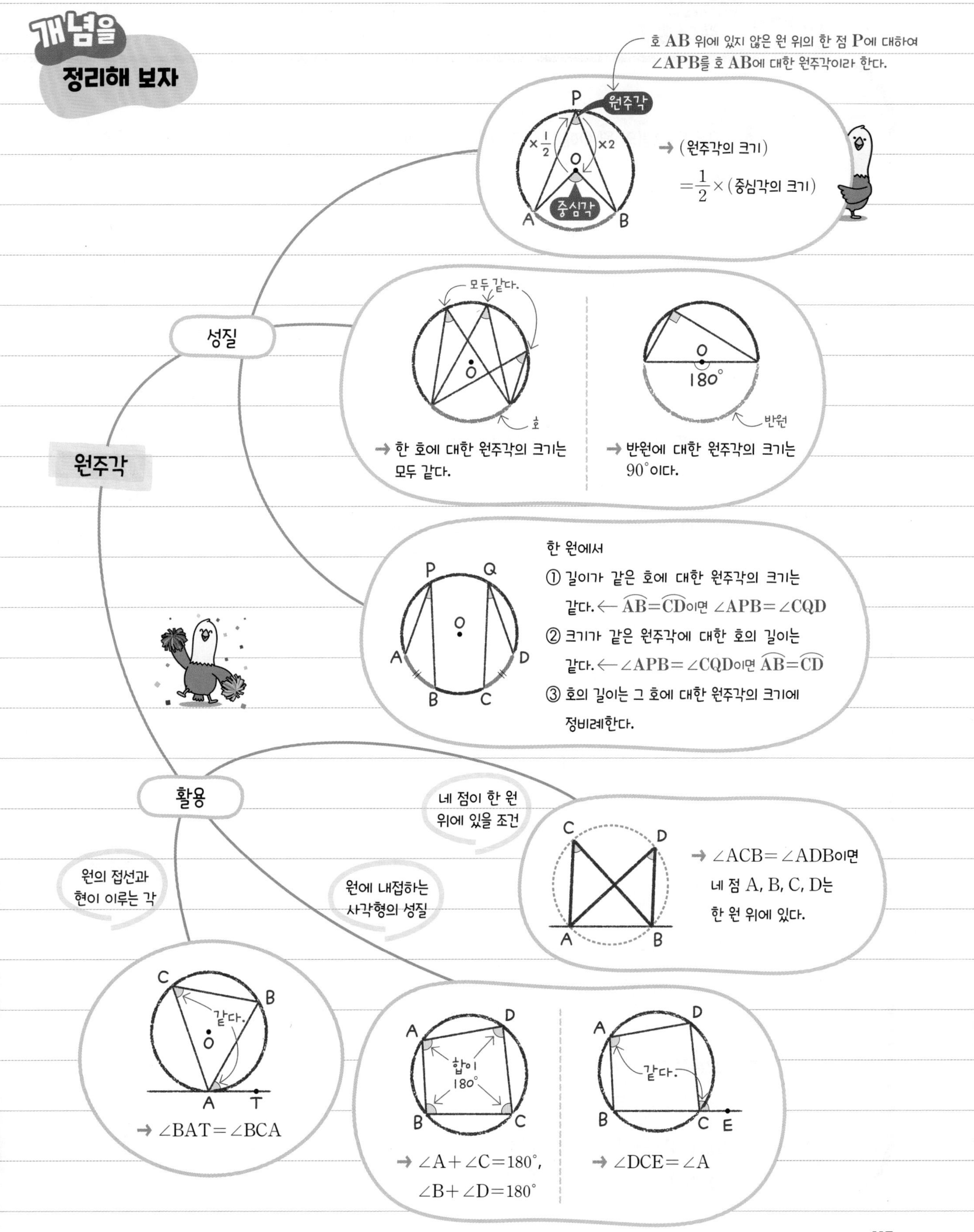
개념을 정리해 보자
호 AB 위에 있지 않은 원 위의 한 점 P에 대하여 ∠APB를 호 AB에 대한 원주각이라 한다.
P
원주각
×1/2
×2
O
중심각
A
B
→ (원주각의 크기) = 1/2 × (중심각의 크기)
원주각
성질
모두 같다.
O
호
→ 한 호에 대한 원주각의 크기는 모두 같다.
O
180°
반원
→ 반원에 대한 원주각의 크기는 90°이다.
P
Q
O
A
B
C
D
한 원에서
① 길이가 같은 호에 대한 원주각의 크기는 같다. ← AB=CD이면 ∠APB=∠CQD
② 크기가 같은 원주각에 대한 호의 길이는 같다. ← ∠APB=∠CQD이면 AB=CD
③ 호의 길이는 그 호에 대한 원주각의 크기에 정비례한다.
활용
네 점이 한 원 위에 있을 조건
C
D
A
B
→ ∠ACB=∠ADB이면 네 점 A, B, C, D는 한 원 위에 있다.
원의 접선과 현이 이루는 각
원에 내접하는 사각형의 성질
C
B
같다.
O
A
T
→ ∠BAT=∠BCA
A
D
합이 180°
B
C
→ ∠A+∠C=180°, ∠B+∠D=180°
A
D
같다.
B
C
E
→ ∠DCE=∠A

**1** 오른쪽 그림의 원 O에서 $\angle APB=45^\circ$일 때, $\angle OAB$의 크기를 구하시오.

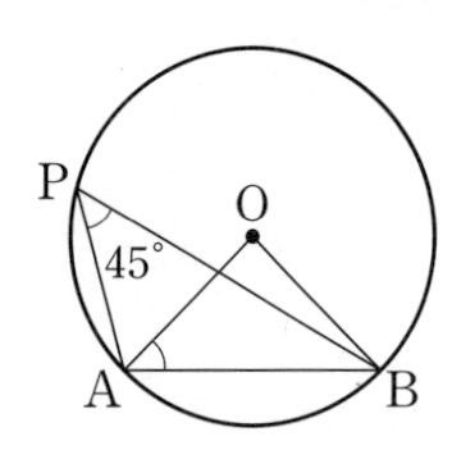


**2** 오른쪽 그림의 원 O에서 $\angle AOB=120^\circ$, $\angle OBC=60^\circ$일 때, $\angle OAC$의 크기는?

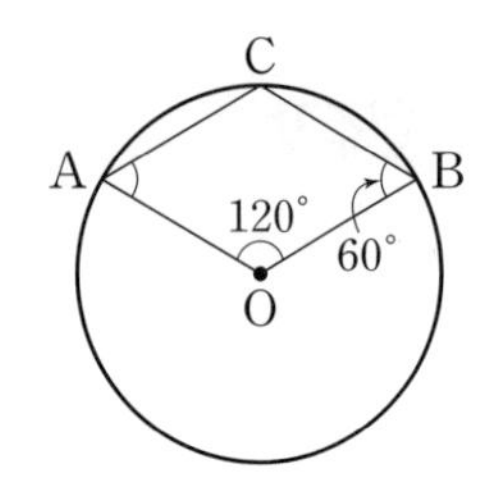

① $56^\circ$ ② $60^\circ$ ③ $64^\circ$

④ $68^\circ$ ⑤ $72^\circ$

**3** 오른쪽 그림에서 $\angle ADB=44^\circ$, $\angle APB=66^\circ$일 때, $\angle y-\angle x$의 크기를 구하시오.

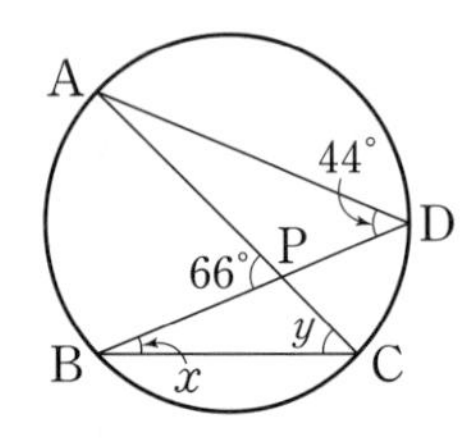


**4** 오른쪽 그림에서 $\overline{PB}$는 원 O의 지름이고 $\angle AQB=38^\circ$일 때, $\angle x+\angle y$의 크기는?

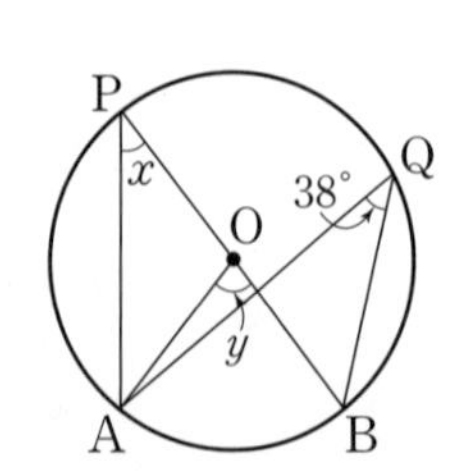


① $114^\circ$ ② $116^\circ$ ③ $118^\circ$
④ $120^\circ$ ⑤ $122^\circ$

**5** 오른쪽 그림에서 $\overline{AB}$는 원 O의 지름이고 $\angle OAP=64^\circ$일 때, $\angle x$의 크기를 구하시오.

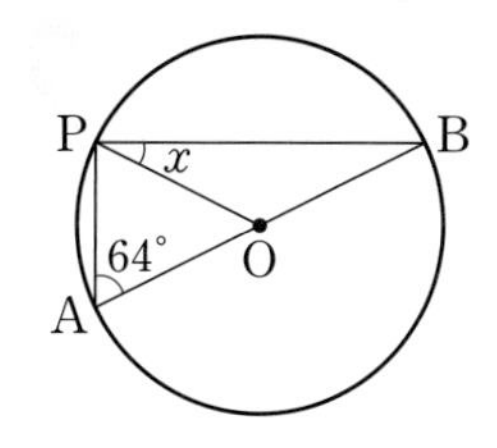


**6** 오른쪽 그림에서 $\widehat{AB}=\widehat{CD}$이고 $\angle ACB=31^\circ$일 때, $\angle DPC$의 크기는?

① $62^\circ$ ② $64^\circ$ ③ $66^\circ$
④ $68^\circ$ ⑤ $70^\circ$

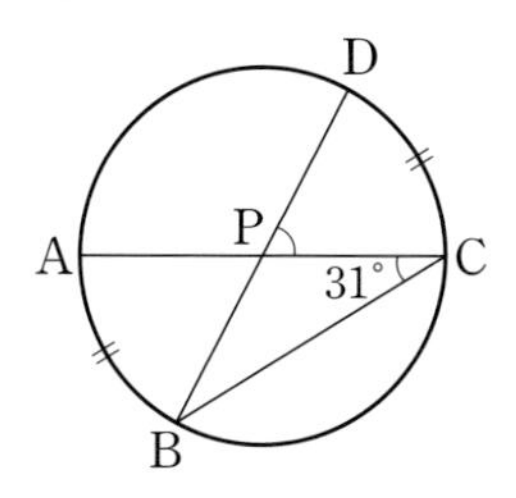


**7** 오른쪽 그림에서 $\widehat{AB}=\widehat{BC}$이고 $\angle ABD=56^\circ$, $\angle BDC=42^\circ$일 때, $\angle x$의 크기를 구하시오.

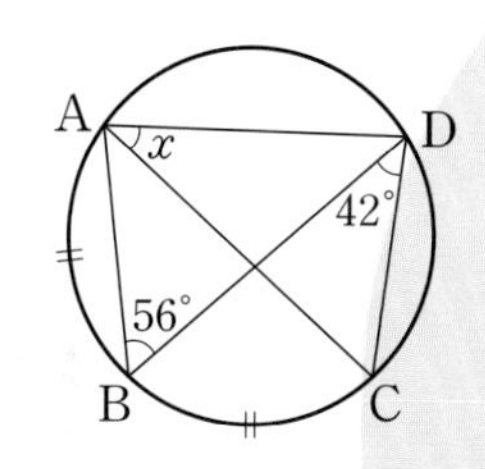


**8** 오른쪽 그림에서 $\overline{BP}$는 원 O의 지름이다. $\widehat{AP}=12\,\text{cm}$, $\widehat{BC}=4\,\text{cm}$이고 $\angle APB=18^\circ$일 때, $\angle x$의 크기는?

① $24^\circ$ ② $26^\circ$ ③ $28^\circ$
④ $30^\circ$ ⑤ $32^\circ$

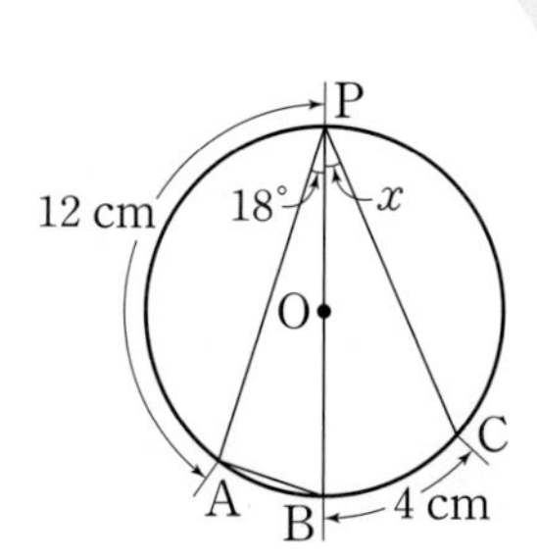

**9** 오른쪽 그림에서 $\overset{\frown}{AB} : \overset{\frown}{BC} : \overset{\frown}{CA} = 3 : 5 : 2$일 때, $\angle BAC$의 크기를 구하시오.

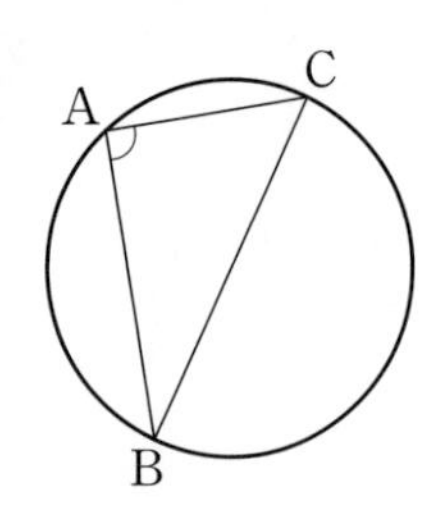


**10** 다음 중 네 점 A, B, C, D가 한 원 위에 있지 <u>않은</u> 것을 모두 고르면? (정답 2개)

① 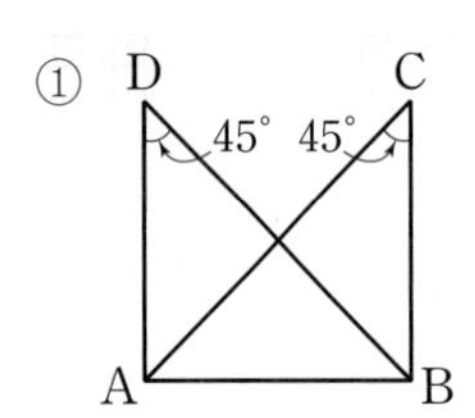


② 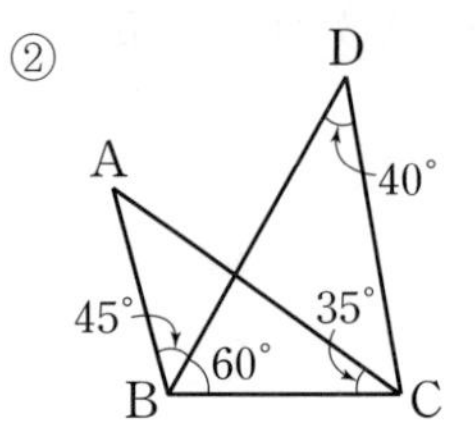


③ 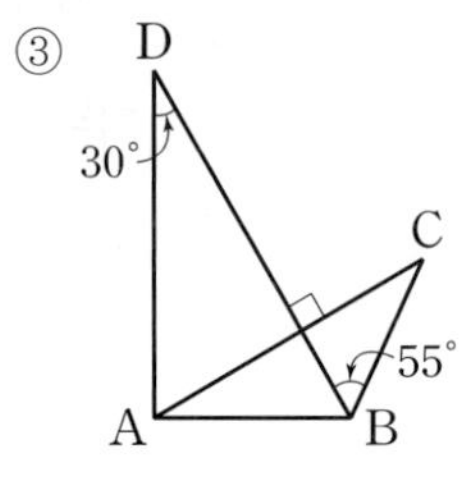


④ 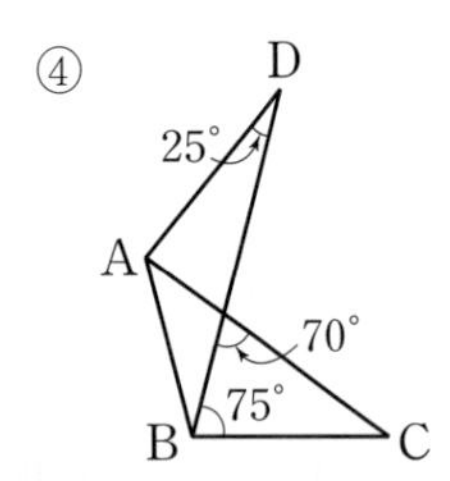


⑤ 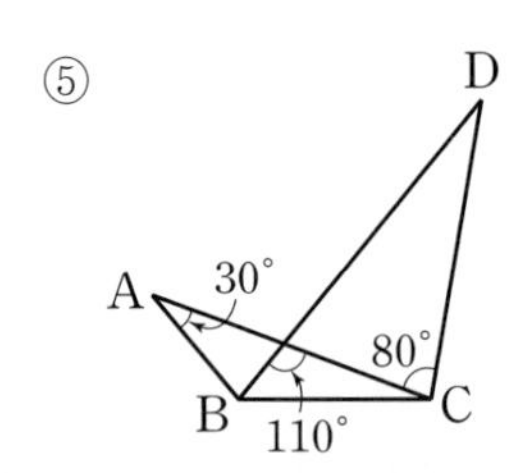


**11** 오른쪽 그림의 네 점 A, B, C, D가 한 원 위에 있을 때, $\angle x - \angle y$의 크기를 구하시오.

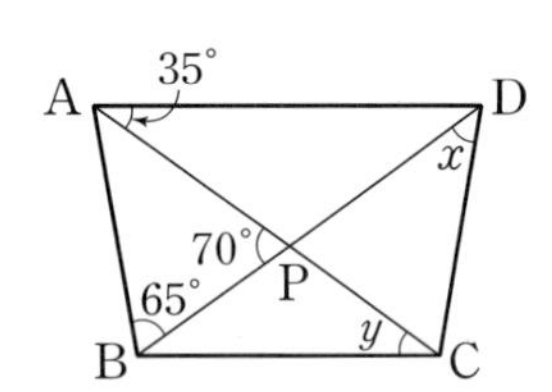


**12** 오른쪽 그림에서 □ABCD가 원에 내접하고 $\angle BDC = 52°$, $\angle CAD = 45°$일 때, $\angle x$의 크기를 구하시오.

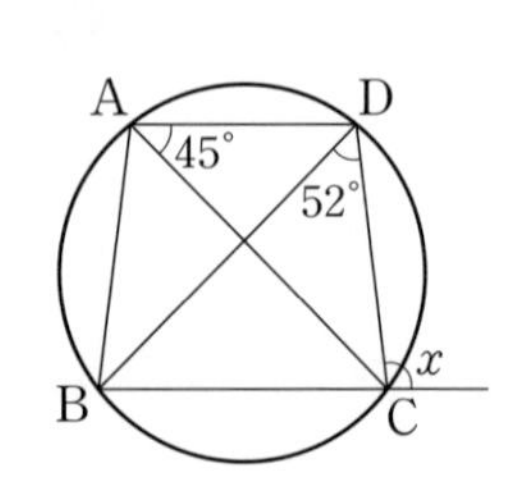

**13** 오른쪽 그림에서 □ABCD가 원에 내접하고 점 E는 $\overline{AD}$, $\overline{BC}$의 연장선의 교점이다. $\angle ABC=80°$, $\angle CED=50°$일 때, $\angle DCE$의 크기는?

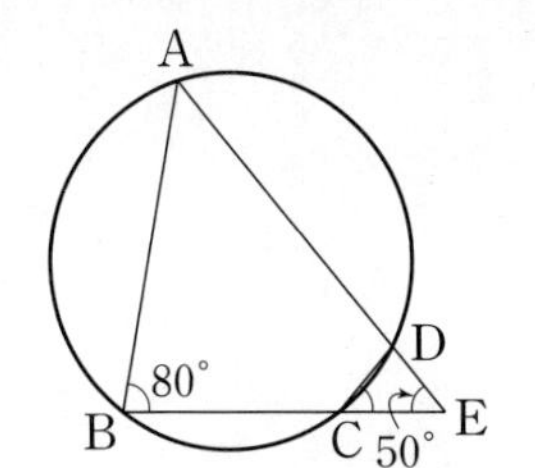


① 38° ② 42° ③ 46°
④ 50° ⑤ 54°

**14** 다음 그림에서 두 직선 AT와 A′T′은 각각 두 원 O, O′의 접선이고 두 점 A, A′은 접점일 때, $\angle x+\angle y$의 크기를 구하시오.

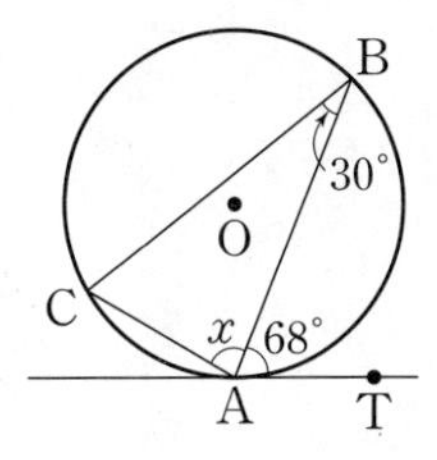


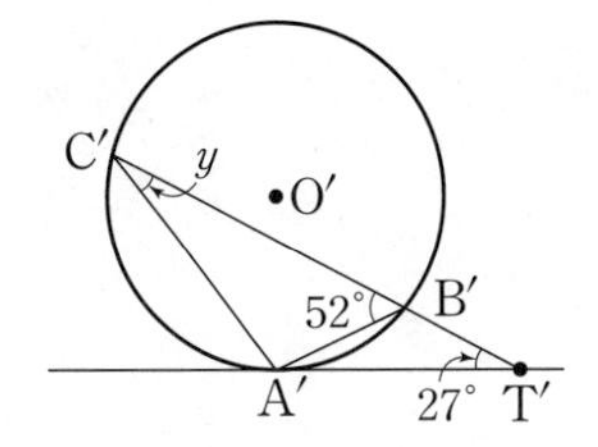


**15** 오른쪽 그림에서 □ABCD는 원에 내접하고 직선 BP는 원의 접선이다. $\angle ADC=80°$, $\angle CBP=45°$일 때, $\angle y-\angle x$의 크기를 구하시오.

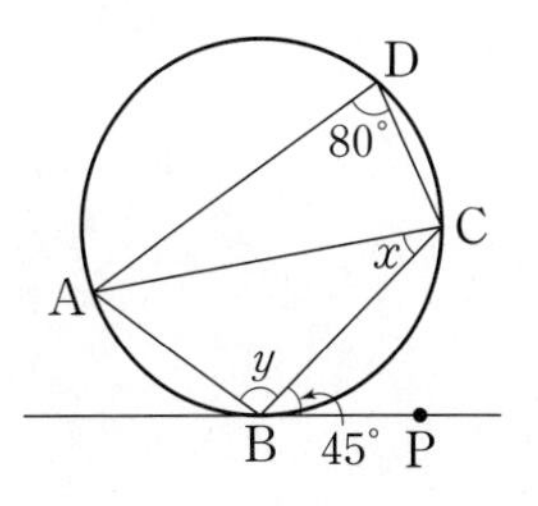


**16** 오른쪽 그림에서 직선 AT는 원 O의 접선이고 점 A는 접점이다. 직선 AT와 원 O의 지름 BC의 연장선의 교점을 P라 하자. $\angle BAT=70°$일 때, $\angle BPA$의 크기는?

B
O
C
70°
P
A
T

① 42° ② 44° ③ 46°
④ 48° ⑤ 50°

# V 통계

# 8
# 대푯값

#대푯값 #평균

#중앙값 #중앙에 위치

#변량의 개수 #홀수 #짝수

#최빈값 #가장 많이

## 준비 해 보자

▶ 정답 및 풀이 17쪽

● 독일 출신의 작곡가이자 피아니스트로 바이올린 협주곡, 헝가리 무곡이 대표작인 이 음악가는 누구일까?

아래 줄기와 잎 그림은 일주일 동안 어느 피아노 동아리 학생들의 피아노 연습 시간을 조사하여 나타낸 것이다. 다음 □ 안에 들어갈 수에 해당하는 단어를 찾아 음악가의 이름을 완성해 보자.

피아노 연습 시간 (0|1)은 1시간

| 줄기 | 잎 | | | |
|---|---|---|---|---|
| 0 | 1 | 7 | 8 | |
| 1 | 2 | 5 | 6 | 9 |
| 2 | 0 | 1 | 1 | |

(1) 피아노 동아리의 전체 학생 수는 □명이다.
(2) 연습 시간이 적은 쪽에서 5번째인 학생의 연습 시간은 □시간이다.
(3) 연습 시간이 15시간 이상인 학생 수는 □명이다.

| | | | | | |
|---|---|---|---|---|---|
| 6 | 스 | 7 | 발 | 8 | 디 |
| 10 | 브 | 11 | 베 | 12 | 비 |
| 14 | 벤 | 15 | 람 | 16 | 토 |

(1) (2) (3)

* QR코드를 스캔하여 개념 영상을 확인하세요.

# 20 대푯값; 평균과 중앙값

## ●● 평균과 중앙값이란 무엇일까?

자료의 중심적인 경향이나 특징을 대표적으로 나타내는 값을 그 자료의 **대푯값**이라 한다. 대푯값에는 여러 가지가 있지만 가장 많이 쓰이는 것은 평균이다.

▶ 변량은 자료를 수량으로 나타낸 것이다.

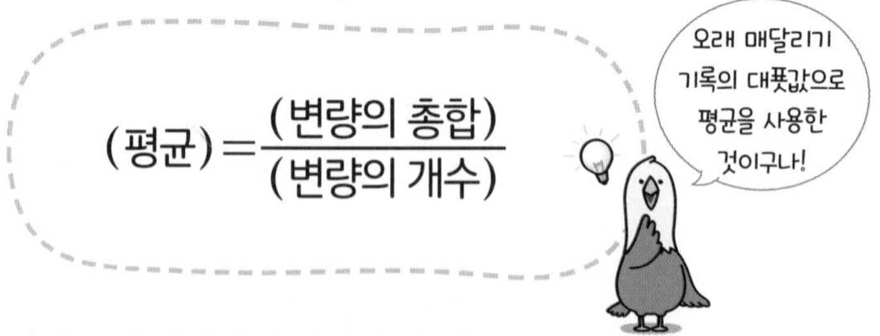


위의 만화에서 학생 5명의 오래 매달리기 기록의 평균은

$$\frac{1+4+6+9+100}{5}=\frac{120}{5}=24(\text{초})$$

이다.

이때 평균과 학생 5명의 기록을 비교해 보면 다음을 알 수 있다.

- ✔ 윤호의 기록은 평균보다 훨씬 높다.
- ✔ 나머지 학생 4명의 기록은 평균보다 낮다.

→ **평균 24초는** 이 자료의 **중심적인 경향을 잘 나타낸다고 할 수 없다.**

이처럼 자료의 변량 중에서 매우 크거나 매우 작은 값이 포함되어 있는 경우에 평균은 그 극단적인 값의 영향을 많이 받는다.
따라서 평균 이외에 다른 대푯값이 필요하다.

오래 매달리기 기록에서 100초는 매우 큰 값이야.

그렇다면 평균 이외의 다른 대푯값에는 어떤 것이 있을까?

자료의 변량을 작은 값부터 순서대로 나열할 때, 중앙에 위치하는 값을 그 자료의 **중앙값**이라 한다.

자료의 변량 중에서 매우 크거나 매우 작은 값이 포함되어 있는 경우에는 중앙값이 평균보다 그 자료의 중심적인 경향을 더 잘 나타낼 수 있다.

중앙값은 변량의 개수에 따라 다음과 같이 구한다.

자료의 변량을 작은 값부터 순서대로 나열한 후,

변량의 개수가
- 홀수이면 → 중앙에 위치하는 값
- 짝수이면 → 중앙에 위치하는 두 값의 평균

이를 이용하여 다음 자료의 중앙값을 구해 보자.

❶ 변량의 개수가 홀수인 경우

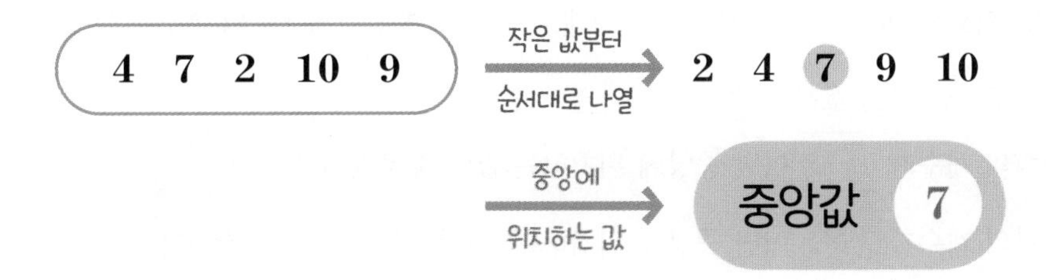

## ❷ 변량의 개수가 짝수인 경우

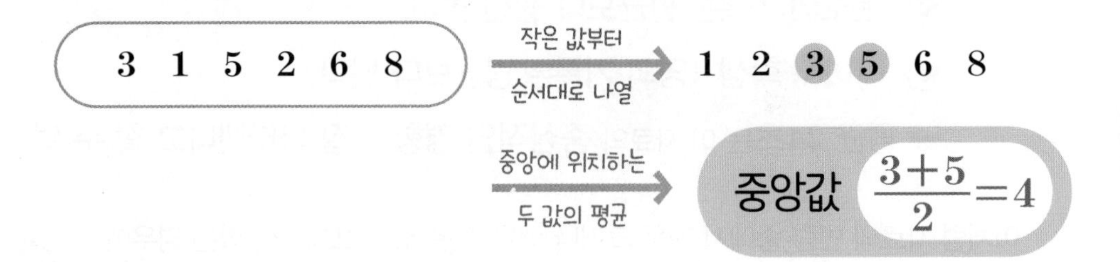


**다음 자료의 중앙값을 구해 보자.**

(1) 6 15 8 9 3

⇨ 변량을 작은 값부터 순서대로 나열하면 3, 6, □, □, 15이므로
중앙값은 □이다.

(2) 13 5 4 10 13 12

⇨ 변량을 작은 값부터 순서대로 나열하면 4, 5, □, □, 13, 13이므로
중앙값은 $\frac{\square+12}{2}=\square$이다.

답 (1) 8, 9, 8 (2) 10, 12, 10, 11

(1) **대푯값:** 자료의 중심적인 경향이나 특징을 대표적으로 나타내는 값

(2) $(\text{평균})=\frac{(\text{변량의 총합})}{(\text{변량의 개수})}$

(3) **중앙값:** 자료의 변량을 작은 값부터 순서대로 나열할 때, 중앙에 위치하는 값

(4) 자료의 변량을 작은 값부터 순서대로 나열한 후,

① 변량의 개수가 홀수이면 중앙에 위치하는 값이 중앙값이다.

② 변량의 개수가 짝수이면 중앙에 위치하는 두 값의 평균이 중앙값이다.

▶ 정답 및 풀이 17쪽

**다음 자료의 평균과 중앙값을 각각 구하시오.**

(1) 7, 13, 8, 1, 16　　　(2) 28, 5, 14, 17, 22, 9, 11, 14

중앙값을 구할 때는 변량을 작은 값부터 순서대로 나열해.

풀이 (1) $(\text{평균})=\frac{7+13+8+1+16}{5}=\frac{45}{5}=9$

변량을 작은 값부터 순서대로 나열하면 1, 7, 8, 13, 16이므로 중앙값은 8이다.

(2) $(\text{평균})=\frac{28+5+14+17+22+9+11+14}{8}=\frac{120}{8}=15$

변량을 작은 값부터 순서대로 나열하면 5, 9, 11, 14, 14, 17, 22, 28이므로

중앙값은 $\frac{14+14}{2}=14$이다.

답 (1) 평균: 9, 중앙값: 8 (2) 평균: 15, 중앙값: 14

**1-1** **오른쪽 자료는 학생 7명의 턱걸이 횟수를 조사하여 나타낸 것이다. 이 자료의 평균과 중앙값을 각각 구하시오.**

턱걸이 횟수 (단위: 회)

| 10 | 6 | 3 | 1 | 4 | 11 | 7 |
|---|---|---|---|---|---|---|

**오른쪽 자료의 평균이 15일 때, 중앙값을 구하시오.**

| 19 | 7 | $x$ | 10 | 21 |
|---|---|---|---|---|

풀이 평균이 15이므로

$\frac{19+7+x+10+21}{5}=15$, $57+x=75$ $\therefore x=18$

변량을 작은 값부터 순서대로 나열하면 7, 10, 18, 19, 21이므로 중앙값은 18이다.

답 18

**2-1** **오른쪽 자료는 학생 6명의 수면 시간을 조사하여 나타낸 것이다. 이 자료의 평균이 8시간일 때, 중앙값을 구하시오.**

수면 시간 (단위: 시간)

| 7 | 5 | 11 | 6 | $x$ | 9 |
|---|---|---|---|---|---|

* QR코드를 스캔하여 개념 영상을 확인하세요.

# 21 대푯값; 최빈값

## ●● 최빈값이란 무엇일까?

앞의 만화에서 편의점 사장님은 가장 많이 주문해야 할 우유의 용량을 정하기 위하여 판매된 우유의 용량의 평균이나 중앙값보다 가장 많이 판매된 우유의 용량을 알아보는 것이 효과적이라고 판단했음을 알 수 있다.

이와 같이 평균이나 중앙값보다 자료의 변량 중에서 가장 많이 나타나는 값을 대푯값으로 정하는 것이 유용한 경우가 있다.

이때 자료의 변량 중에서 가장 많이 나타나는 값을 그 자료의 **최빈값**이라 한다.

가장 최 자주 빈
最 頻
가장 자주라는 뜻이야.

일반적으로 최빈값은

- ✓ **변량이 중복되어 나타나는 자료**
- ✓ **숫자로 나타낼 수 없는 자료** ⟵ 선호도, 혈액형 등과 같은 경우

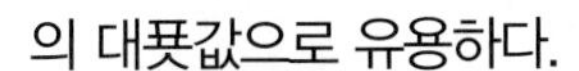

의 대푯값으로 유용하다.

한편, 값이 하나로 정해지는 평균이나 중앙값과는 달리 최빈값은 자료에 따라 두 개 이상일 수도 있다.

다음 자료의 최빈값을 구해 보자.

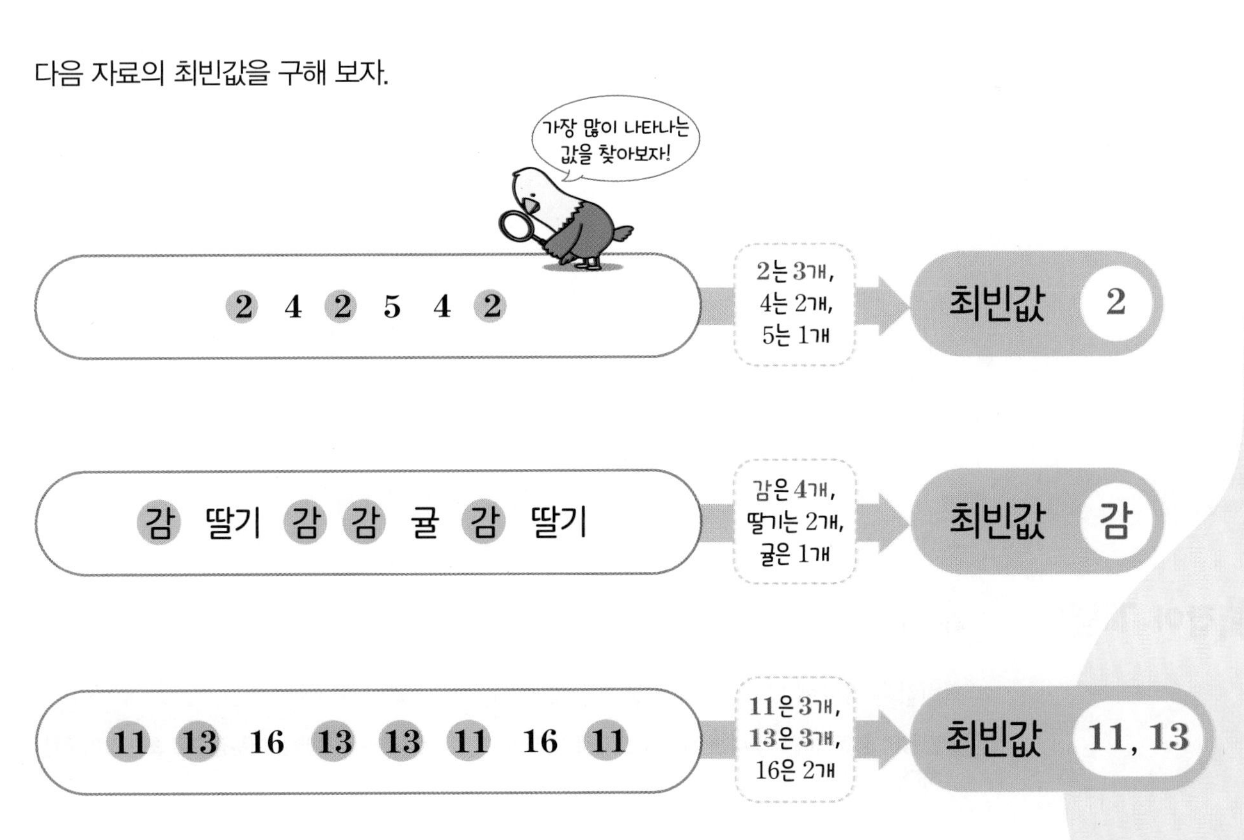

다음 자료의 최빈값을 구해 보자.

(1) 1 3 6 6 7 3 6 3

⇨ 자료의 변량 중에서 3과 ☐이 가장 많이 나타나므로 최빈값은 3, ☐이다.

(2) 파랑 빨강 노랑 파랑 노랑 빨강 노랑

⇨ 자료 중에서 ☐이 가장 많이 나타나므로 최빈값은 ☐이다.

답 (1) 6, 6 (2) 노랑, 노랑

**참고 자료의 특성에 따른 대푯값**

'개념 **20**, **21**'에서 배운 대푯값으로는 중앙값, 최빈값이 있다. 자료의 중심적인 경향을 더 잘 나타낼 수 있는 대푯값이 중앙값이거나 최빈값일 수 있으므로 자료의 특성에 따라 적절한 대푯값을 선택한다.

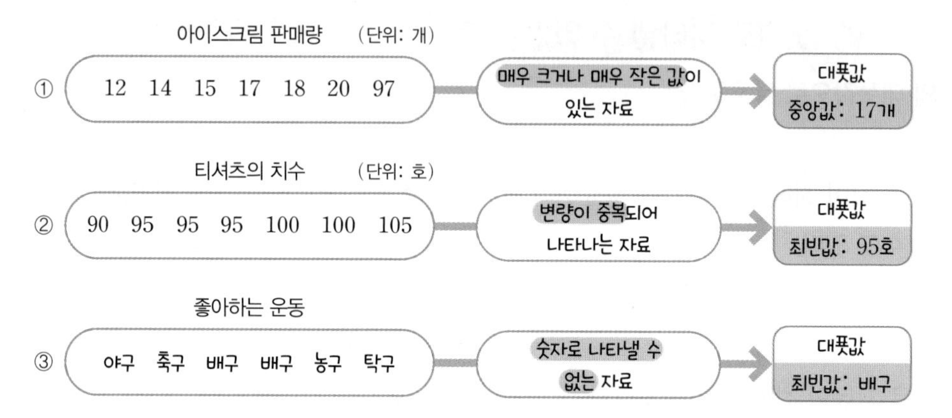

(1) **최빈값**: 자료의 변량 중에서 가장 많이 나타나는 값

(2) 최빈값은 자료에 따라 두 개 이상일 수도 있다.

참고 변량이 중복되어 나타나는 자료나 숫자로 나타낼 수 없는 자료의 경우에는 대푯값으로 최빈값이 적절하다.

## 확인해 보자

▶ 정답 및 풀이 18쪽

**다음 자료의 최빈값을 구하시오.**

(1) 10, 5, 6, 10, 9, 14

(2) 2, 4, 6, 3, 4, 7, 6, 4, 2, 6

(3) O형, A형, A형, B형, O형, A형, B형, A형

**풀이** (1) 자료의 변량 중에서 10이 가장 많이 나타나므로 최빈값은 10이다.

(2) 자료의 변량 중에서 4와 6이 가장 많이 나타나므로 최빈값은 4, 6이다.

(3) 자료 중에서 A형이 가장 많이 나타나므로 최빈값은 A형이다.

답 (1) **10** (2) **4, 6** (3) **A형**

**1-1** 다음 표는 정후네 반 학생 30명의 취미 활동을 조사하여 나타낸 것이다. 이 자료의 최빈값을 구하시오.

| 취미 활동 | 영화 감상 | 독서 | 음악 감상 | 요리 | 종이접기 |
|---|---|---|---|---|---|
| 학생 수(명) | 2 | 11 | 8 | 6 | 3 |

**1-2** 다음 자료는 어느 운동화 가게에서 하루 동안 판매된 운동화의 크기를 조사하여 나타낸 것이다. 가장 많이 주문해야 할 운동화의 크기를 정하려고 할 때, 평균, 중앙값, 최빈값 중에서 이 자료의 대푯값으로 가장 적절한 것을 말하고, 그 값을 구하시오.

운동화의 크기 (단위: mm)

| | | | | | | |
|---|---|---|---|---|---|---|
| 245 | 260 | 235 | 250 | 245 | 240 | 250 |
| 260 | 235 | 245 | 240 | 255 | 245 | 260 |

# 9
# 산포도

#산포도 #평균

#변량 #편차 #0

#분산 #표준편차

#음이 아닌 제곱근 #분포

▶ 정답 및 풀이 18쪽

● 무궁화는 우리나라를 상징하는 꽃이다.
이와 같이 각 나라마다 그 나라를 상징하는 꽃, 즉 국화(國花)가 있다.

그렇다면 유럽에 위치하며 풍차가 아름답기로 유명한 네덜란드의 국화는 무엇일까?

다음 자료의 평균을 출발점으로 하여 길을 따라가서 네덜란드의 국화가 무엇인지 알아보자.

7 10 7 9 5 7 8 3 6 8

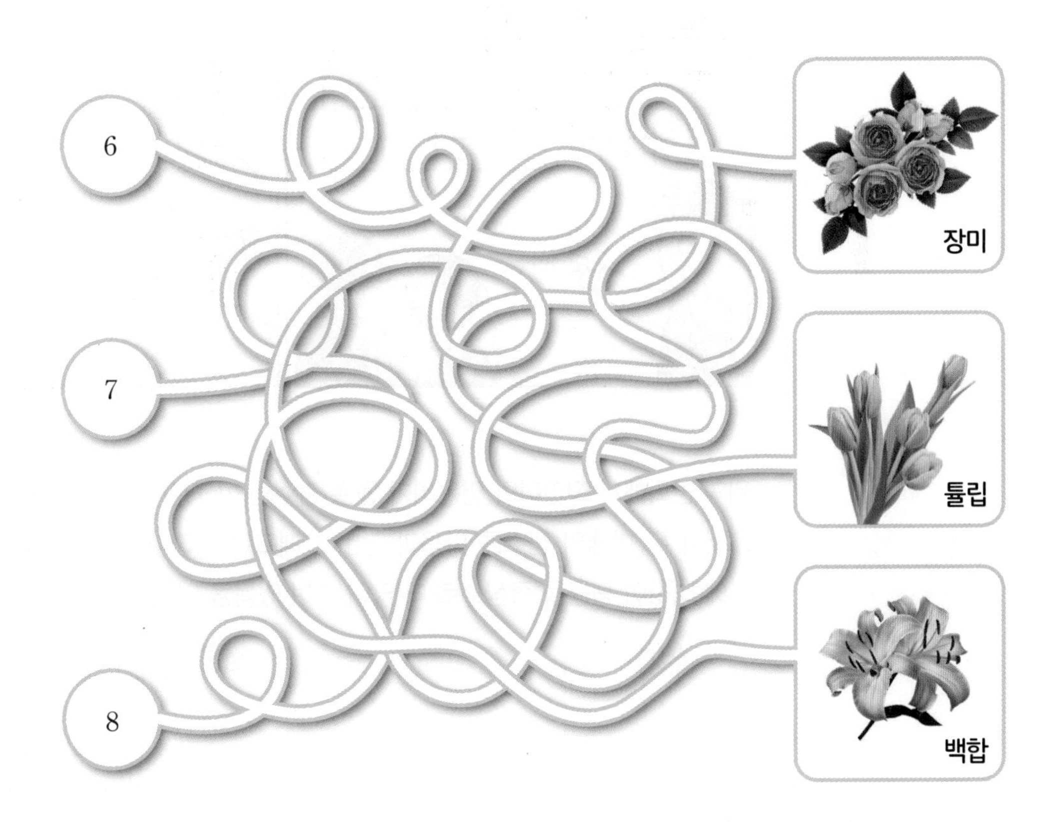


정답

# 22 산포도와 편차

* QR코드를 스캔하여 개념 영상을 확인하세요.

## ●● 산포도란 무엇일까?

| 학생 \ 회 | 1 | 2 | 3 | 4 | 5 | 총합 |
|---|---|---|---|---|---|---|
| 정민 | 3 | 4 | 2 | 3 | 3 | 15 |
| 영은 | 4 | 2 | 5 | 1 | 3 | 15 |

위의 만화에서 정민이와 영은이가 얻은 점수의 평균은 모두 3점으로 같다.

그러나 두 학생의 점수를 다음과 같이 그래프로 나타내면 정민이의 점수가 영은이의 점수에 비하여 평균을 중심으로 더 많이 모여 있음을 알 수 있다.

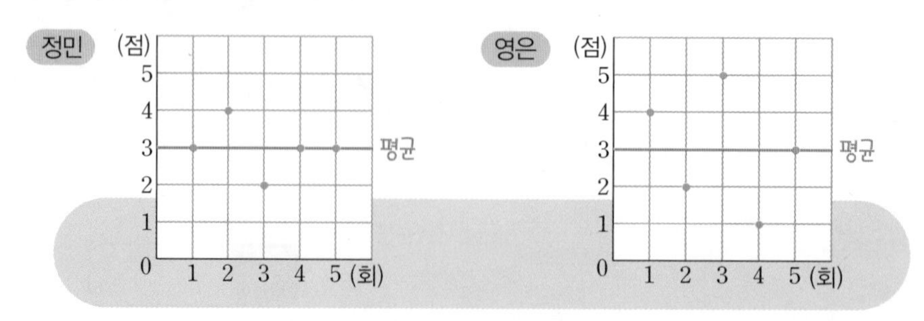

이와 같이 두 자료의 평균은 같지만 분포 상태는 다를 수 있기 때문에 자료의 분포 상태를 알아보려면 대푯값 이외에도 변량이 흩어져 있는 정도를 살펴봐야 한다.

이때 변량들이 대푯값을 중심으로 흩어져 있는 정도를 하나의 수로 나타낸 값을 그 자료의 **산포도**라 한다.

일반적으로 자료의 변량이

**대푯값에 모여 있을수록 산포도는 작아지고,**
**대푯값으로부터 흩어져 있을수록 산포도는 커진다.**

## ●● 편차란 무엇일까?

산포도에는 여러 가지가 있지만 여기에서는 평균을 대푯값으로 할 때의 산포도에 대하여 알아보자.

어떤 자료에 대하여 각 변량에서 평균을 뺀 값을 그 변량의 **편차**라 한다.

$$(\text{편차})=(\text{변량})-(\text{평균})$$

앞의 만화에서 정민이와 영은이의 점수의 편차와 그 편차의 총합을 구해 보자.

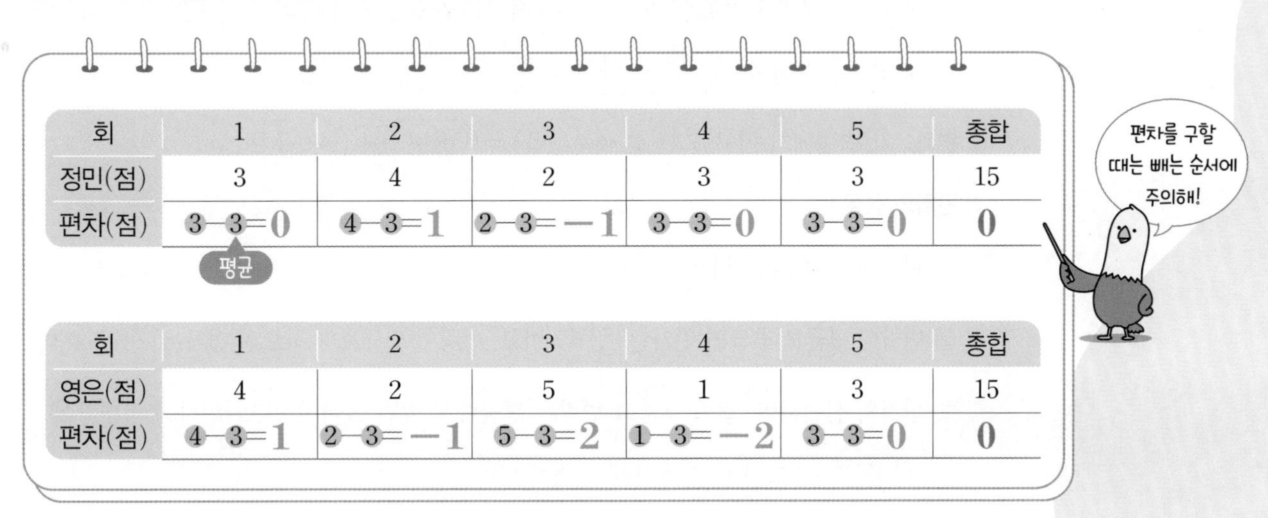

| 회 | 1 | 2 | 3 | 4 | 5 | 총합 |
|---|---|---|---|---|---|---|
| 정민(점) | 3 | 4 | 2 | 3 | 3 | 15 |
| 편차(점) | 3−3=0 | 4−3=1 | 2−3=−1 | 3−3=0 | 3−3=0 | 0 |



| 회 | 1 | 2 | 3 | 4 | 5 | 총합 |
|---|---|---|---|---|---|---|
| 영은(점) | 4 | 2 | 5 | 1 | 3 | 15 |
| 편차(점) | 4−3=1 | 2−3=−1 | 5−3=2 | 1−3=−2 | 3−3=0 | 0 |

앞에서 구한 편차를 통해 알 수 있는 **편차의 성질**!

정민이의 점수에서 알 수 있어.

(단위: 점)

| 회 | 점수 | | 평균 | 편차 |
|---|---|---|---|---|
| 1 | 3 | = | 3 | 0 |
| 2 | 4 | > | 3 | 1 |
| 3 | 2 | < | 3 | −1 |

- 편차의 총합은 항상 0이다.
- 변량이 평균보다 크면 편차는 양수이고, 변량이 평균보다 작으면 편차는 음수이다.
- 편차의 절댓값이 클수록 그 변량은 평균에서 멀리 떨어져 있고, 편차의 절댓값이 작을수록 그 변량은 평균에 가까이 있다.

▶ (편차) = 0이면 (변량) = (평균)이다.

**오른쪽 자료의 평균이 4일 때, 표를 완성해 보자.**

| 변량 | 2 | 5 | 4 | 1 | 8 |
|---|---|---|---|---|---|
| 편차 | | | | | |

답 −2, 1, 0, −3, 4

(1) **산포도**

① 산포도: 자료의 분포 상태를 알아보기 위하여 변량들이 대푯값을 중심으로 흩어져 있는 정도를 하나의 수로 나타낸 값

② 자료의 변량이 대푯값에 모여 있을수록 산포도는 [작아지고], 대푯값으로부터 흩어져 있을수록 산포도는 [커진다].

(2) **편차**: 각 변량에서 평균을 뺀 값 ➡ (편차) = ([변량]) − ([평균])

(3) **편차의 성질**

① 편차의 총합은 항상 [0]이다.

② 변량이 평균보다 크면 편차는 [양수]이고, 변량이 평균보다 작으면 편차는 [음수]이다.

③ 편차의 절댓값이 [클수록] 그 변량은 평균에서 멀리 떨어져 있고, 편차의 절댓값이 [작을수록] 그 변량은 평균에 가까이 있다.

▶ 정답 및 풀이 18쪽

**1** 오른쪽 자료의 평균을 구하고, 표를 완성하시오.

| 변량 | 7 | 11 | 9 | 10 | 13 |
|---|---|---|---|---|---|
| 편차 | | | | | |

풀이 (평균)$=\dfrac{7+11+9+10+13}{5}=\dfrac{50}{5}=10$이므로

| 변량 | 7 | 11 | 9 | 10 | 13 |
|---|---|---|---|---|---|
| 편차 | $-3$ | 1 | $-1$ | 0 | 3 |

(편차)=(변량)−(평균) 임을 이용해.

답 평균: 10, 표는 풀이 참조

**1-1** 오른쪽 자료의 각 변량의 편차를 구하시오.

4 9 15 13 7 6

**2** 오른쪽 표는 학생 4명의 키의 편차를 나타낸 것이다. 다음 물음에 답하시오.

키 (단위: cm)

| 학생 | A | B | C | D |
|---|---|---|---|---|
| 편차 | 2 | $x$ | $-1$ | 4 |

(1) $x$의 값을 구하시오.

(2) 평균이 167 cm일 때, 학생 B의 키를 구하시오.

풀이 (1) 편차의 총합은 항상 0이므로

$2+x+(-1)+4=0,\ 5+x=0 \quad \therefore x=-5$

(2) (편차)=(변량)−(평균)에서 (변량)=(편차)+(평균)이므로 학생 B의 키는

$-5+167=162$(cm)

답 (1) $-5$ (2) 162 cm

**2-1** 오른쪽 표는 학생 5명의 일주일 동안의 독서 시간의 편차를 나타낸 것이다. 평균이 4시간일 때, 학생 E의 독서 시간을 구하시오.

독서 시간 (단위: 시간)

| 학생 | A | B | C | D | E |
|---|---|---|---|---|---|
| 편차 | $-2$ | 3 | 0 | $-4$ | |

개념 영상

* QR코드를 스캔하여 개념 영상을 확인하세요.

# 23 분산과 표준편차

## ●● 분산과 표준편차란 무엇일까?

'개념 **22**'에서 편차를 이용하여 각 변량이 평균으로부터 얼마나 떨어져 있는지를 알아보았다. 이제 편차를 이용하여 변량들이 평균을 중심으로 흩어져 있는 정도를 하나의 수로 나타내어 보자.

→ 산포도

일반적으로 편차의 총합은 항상 0이므로 편차의 평균도 0이 되어 편차의 평균으로는 변량들이 흩어진 정도를 알 수 없다.

그렇다면 편차의 평균 대신 어떤 값을 사용할 수 있을까?

편차를 제곱하면 그 총합은 0 이상이므로 **편차를 제곱한 값의 평균**과 **그 음이 아닌 제곱근**을 산포도로 사용할 수 있다.

이때 편차를 제곱한 값의 평균을 **분산**이라 하고, 분산의 음이 아닌 제곱근을 **표준편차**라 한다.

▶ 분산에는 단위를 붙이지 않으며, 표준편차의 단위는 변량의 단위와 같다.

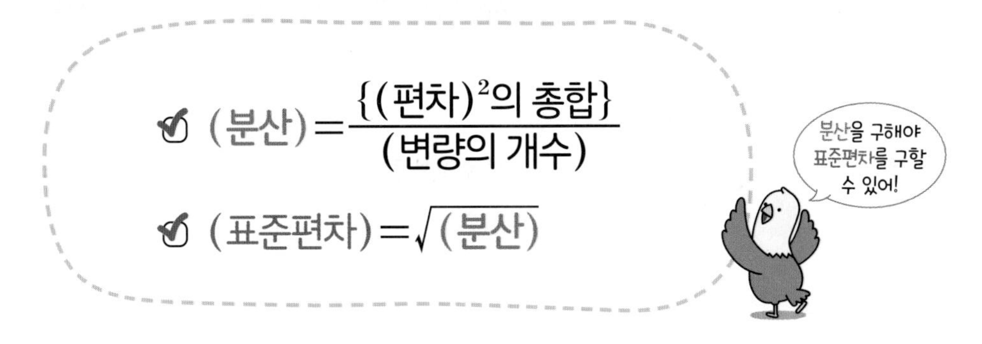


다음 표는 윤하와 재민이의 5회에 걸친 제기차기 기록을 조사하여 나타낸 것이다.

제기차기 기록 (단위: 개)

| 회 / 학생 | 1 | 2 | 3 | 4 | 5 |
|---|---|---|---|---|---|
| 윤하 | 13 | 5 | 9 | 6 | 7 |
| 재민 | 7 | 8 | 11 | 5 | 9 |

두 학생의 제기차기 기록의 분산과 표준편차를 구해 보자.

| | 윤하 | 재민 |
|---|---|---|
| 평균 | (평균)$=\frac{13+5+9+6+7}{5}=\frac{40}{5}$<br>$=8$(개) | (평균)$=\frac{7+8+11+5+9}{5}=\frac{40}{5}$<br>$=8$(개) |
| 각 변량의 편차 | $5, -3, 1, -2, -1$ | $-1, 0, 3, -3, 1$ |
| (편차)²의 총합 | $5^2+(-3)^2+1^2+(-2)^2+(-1)^2=40$ | $(-1)^2+0^2+3^2+(-3)^2+1^2=20$ |
| 분산 | (분산)$=\frac{\{(\text{편차})^2\text{의 총합}\}}{(\text{변량의 개수})}=\frac{40}{5}=\mathbf{8}$ | (분산)$=\frac{\{(\text{편차})^2\text{의 총합}\}}{(\text{변량의 개수})}=\frac{20}{5}=\mathbf{4}$ |
| 표준편차 | (표준편차)$=\sqrt{(\text{분산})}=\sqrt{8}$<br>$=\mathbf{2\sqrt{2}}$(개) | (표준편차)$=\sqrt{(\text{분산})}=\sqrt{4}$<br>$=\mathbf{2}$(개) |

일반적으로 분산 또는 표준편차의 크기에 따라 다음과 같이 자료를 분석할 수 있다.

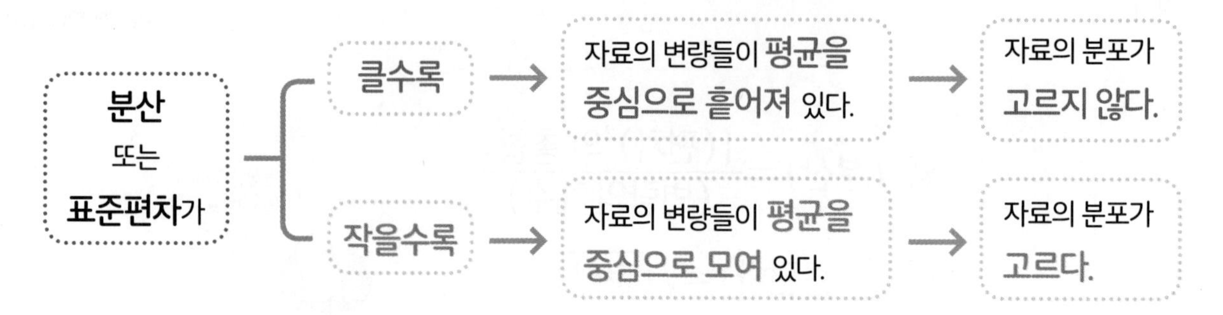


즉, 앞의 자료에서 다음을 알 수 있다.

 **오른쪽 자료의 평균이 7일 때, 다음 물음에 답해 보자.**

| 변량 | 5 | 7 | 9 | 6 | 8 |
|---|---|---|---|---|---|
| 편차 | | | | | |
| (편차)$^2$ | | | | | |

(1) 오른쪽 표를 완성해 보자.

(2) 분산을 구해 보자.

(3) 표준편차를 구해 보자.

답 (1)

| 변량 | 5 | 7 | 9 | 6 | 8 |
|---|---|---|---|---|---|
| 편차 | $-2$ | 0 | 2 | $-1$ | 1 |
| (편차)$^2$ | 4 | 0 | 4 | 1 | 1 |

(2) 2 (3) $\sqrt{2}$

**꽉 잡아, 개념!**

(1) **분산:** 편차를 제곱한 값의 평균 ➡ $(\text{분산}) = \dfrac{\{(\text{편차})^2\text{의 총합}\}}{(\text{변량의 개수})}$

(2) **표준편차:** 분산의 음이 아닌 제곱근 ➡ $(\text{표준편차}) = \sqrt{\text{분산}}$

(3) **분산, 표준편차를 이용한 자료의 분석**

① 분산 또는 표준편차가 클수록 그 자료의 변량들이 평균을 중심으로 흩어져 있다.

② 분산 또는 표준편차가 작을수록 그 자료의 변량들이 평균을 중심으로 모여 있다.

## 확인해 보자

▶ 정답 및 풀이 18쪽

**1** 어떤 자료의 편차가 오른쪽과 같을 때, 이 자료의 분산과 표준편차를 각각 구하시오.

| 1 | $-3$ | 0 | $-2$ | 7 | $-3$ |
|---|---|---|---|---|---|

$(\text{분산})=\dfrac{\{(\text{편차})^2\text{의 총합}\}}{(\text{변량의 개수})}$을 이용해.

풀이 $(\text{분산})=\dfrac{1^2+(-3)^2+0^2+(-2)^2+7^2+(-3)^2}{6}=\dfrac{72}{6}=12$

$(\text{표준편차})=\sqrt{12}=2\sqrt{3}$

답 분산: 12, 표준편차: $2\sqrt{3}$

**1-1** 오른쪽 자료의 분산과 표준편차를 각각 구하시오.

| 14 | 16 | 20 | 19 | 13 | 14 |
|---|---|---|---|---|---|

**2** 아래 표는 학생 4명의 일주일 동안 TV 시청 시간의 평균과 표준편차를 나타낸 것이다. 다음을 구하시오.

| 학생 | 진우 | 소영 | 희정 | 현성 |
|---|---|---|---|---|
| 평균(시간) | 12 | 9 | 10 | 7 |
| 표준편차(시간) | 0.3 | 1.2 | 1.8 | 0.6 |

(1) TV 시청 시간이 가장 고른 학생　　(2) TV 시청 시간이 가장 불규칙한 학생

풀이 (1) TV 시청 시간의 표준편차가 가장 작은 학생인 진우이다.

(2) TV시청 시간의 표준편차가 가장 큰 학생인 희정이다.

답 (1) 진우　(2) 희정

**2-1** 오른쪽 표는 A, B 두 반의 수학 성적의 평균과 표준편차를 나타낸 것이다. 다음 보기 중 옳은 것을 모두 고르시오.

| 반 | A | B |
|---|---|---|
| 평균(점) | 60 | 62 |
| 표준편차(점) | 1.7 | 2.3 |

보기

ㄱ. B반의 수학 성적이 A반의 수학 성적보다 더 우수하다.

ㄴ. 수학 성적이 가장 높은 학생은 B반에 있다.

ㄷ. A반의 수학 성적이 B반의 수학 성적보다 더 고르게 분포되어 있다.

# 10
# 산점도와 상관관계

#순서쌍 #산점도

#양의 상관관계

#음의 상관관계

#상관관계가 없다

## 준비 해 보자

▶ 정답 및 풀이 19쪽

- '소방의 날'은 국민들에게 화재에 대한 경각심과 이해를 높이고 화재를 사전에 예방하게 하여 국민의 재산과 생명을 화재로부터 보호하기 위해 정한 날로 11월 □일에 해당한다.

다음 순서쌍 $(x, y)$를 좌표평면 위에 점으로 나타내고, 그 점들을 순서대로 선분으로 연결하여 소방의 날이 11월 며칠인지 알아보자.

$(2, 1) \to (-2, 1) \to (-2, 4) \to (2, 4) \to (2, -3) \to (-2, -3)$

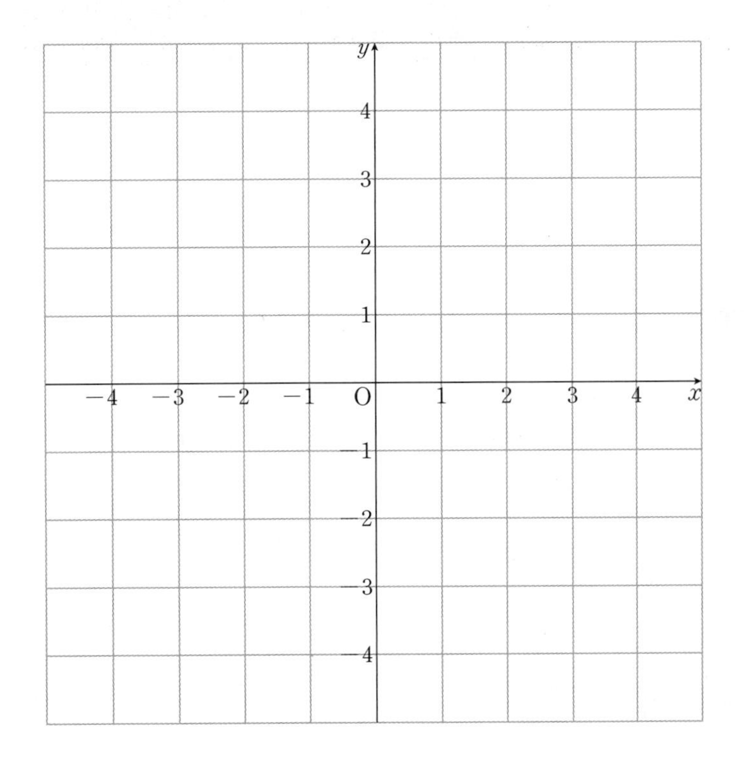

정답

# 24 산점도

* QR코드를 스캔하여 개념 영상을 확인하세요.

## ●● 산점도란 무엇일까?

다음 표는 학생 15명의 독서량과 국어 점수를 조사하여 나타낸 것이다.

독서량과 국어 점수

| 독서량(권) | 1 | 3 | 6 | 2 | 5 | 2 | 3 | 2 | 1 | 5 | 3 | 6 | 4 | 4 | 5 |
|---|---|---|---|---|---|---|---|---|---|---|---|---|---|---|---|
| 국어 점수(점) | 50 | 80 | 90 | 60 | 100 | 50 | 60 | 70 | 60 | 80 | 90 | 100 | 70 | 80 | 70 |

위의 자료를 이용하여 독서량과 국어 점수 사이의 관계를 그래프로 나타내 보자.
독서량을 $x$권, 국어 점수를 $y$점이라 할 때, 두 변량 $x$, $y$의 순서쌍 $(x, y)$를 좌표평면 위에 점으로 나타내면 다음과 같다.

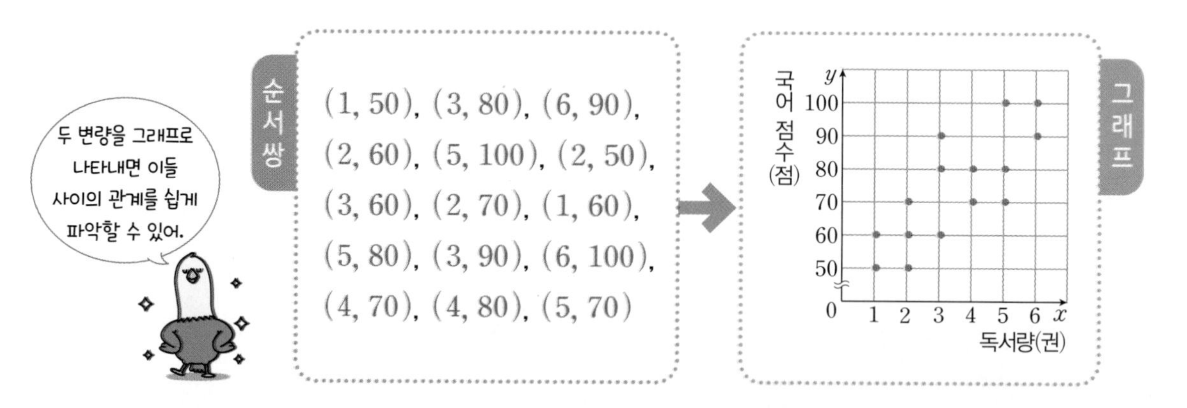

이와 같이 어떤 자료에서 두 변량 $x$와 $y$에 대하여 순서쌍 $(x, y)$를 좌표평면 위에 점으로 나타낸 그래프를 $x$와 $y$의 **산점도**라 한다.

▶ 산점도에서 두 변량 $x$, $y$에 대한 조건이 주어지면 다음 그림과 같이 기준선을 그어서 생각한다.

① '이상' 또는 '이하'에 대한 조건이 주어질 때

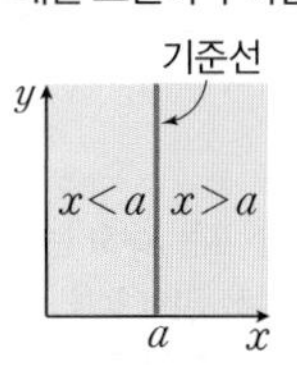


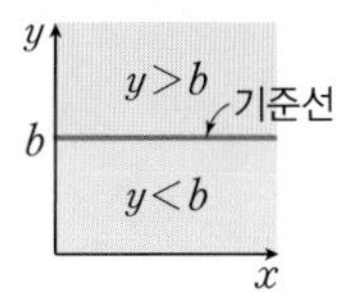


② '같은', '높은', '낮은'과 같이 두 변량을 비교하는 조건이 주어질 때

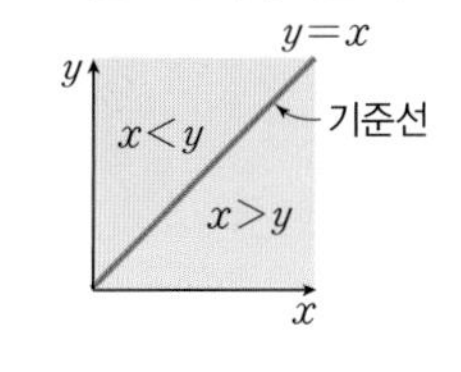


**다음 표는 학생 6명의 수학 점수와 영어 점수를 조사하여 나타낸 것이다. 수학 점수를 $x$점, 영어 점수를 $y$점이라 할 때, 순서쌍 $(x, y)$로 나타내고 $x$와 $y$의 산점도를 아래 좌표평면 위에 그려 보자.**

수학 점수와 영어 점수 (단위: 점)

| 수학 | 80 | 85 | 70 | 100 | 95 | 75 |
|---|---|---|---|---|---|---|
| 영어 | 70 | 80 | 75 | 95 | 90 | 85 |

⇨ 순서쌍 $(x, y)$를 구하면

$(80, 70)$, $(85, \square)$, $(70, 75)$,
$(\square, 95)$, $(95, 90)$, $(\square, 85)$

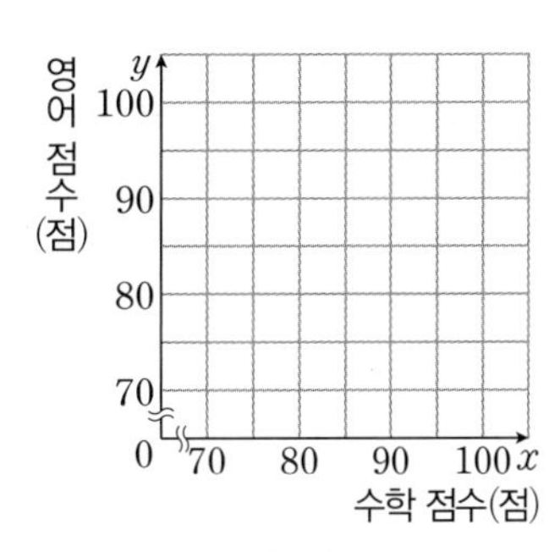


답 80, 100, 75,

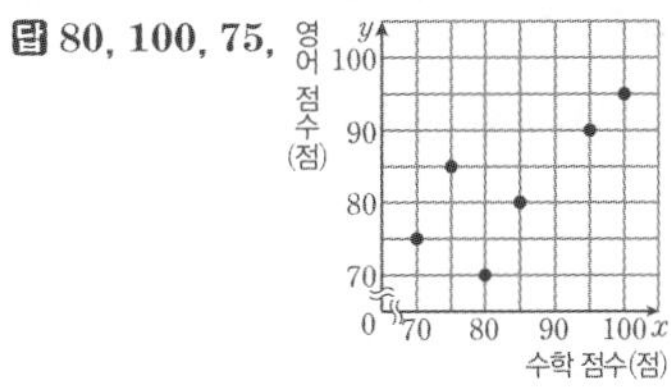


회색 글씨를 따라 쓰면서 개념을 정리해 보자!

**꽉 잡아, 개념!**

**산점도:** 어떤 자료에서 두 변량 $x$와 $y$에 대하여 순서쌍 $(x, y)$를 좌표평면 위에 점으로 나타낸 그래프를 $x$와 $y$의 산점도라 한다.

참고 산점도에서 두 변량 $x$, $y$에 대하여 '이상', '이하', '같은', '높은', '낮은' 등의 조건이 주어지면 기준선을 그어서 생각한다.

▶ 정답 및 풀이 19쪽

**오른쪽 산점도는 학생 12명의 1차, 2차 윗몸 일으키기 횟수를 조사하여 나타낸 것이다. 다음을 구하시오.**

(1) 1차 횟수가 14회 이상인 학생 수

(2) 1차 횟수와 2차 횟수가 같은 학생 수

'이상' 또는 '이하'는 기준선 위의 점을 포함해.

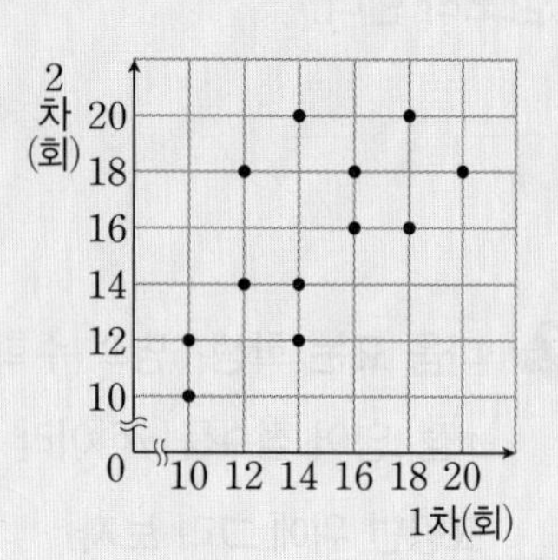


풀이 산점도에서 두 변량에 대한 조건이 주어졌으므로 기준선을 그어서 생각한다.

(1) 1차 횟수가 14회 이상인 학생 수는 오른쪽 산점도에서 색칠한 부분에 속하는 점의 개수와 직선 $l$ 위의 점의 개수의 합과 같으므로 8명이다.

(2) 1차 횟수와 2차 횟수가 같은 학생 수는 오른쪽 산점도에서 대각선 위의 점의 개수와 같으므로 3명이다.

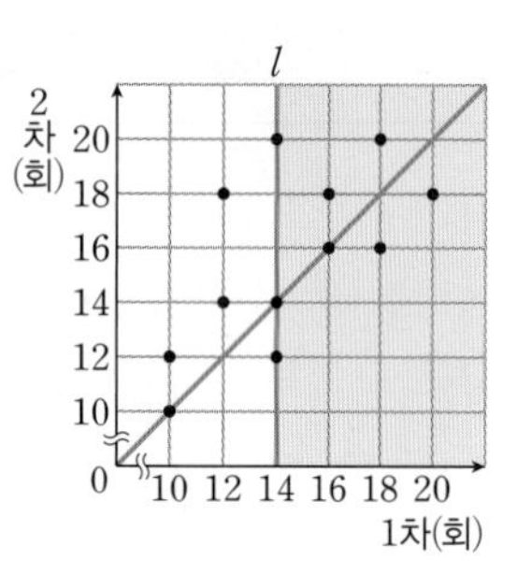


답 (1) 8명 (2) 3명

**1-1 오른쪽 산점도는 학생 15명의 작년과 올해 관람한 연극 편수를 조사하여 나타낸 것이다. 다음을 구하시오.**

(1) 올해 관람한 연극이 3편 이하인 학생 수

(2) 작년에 비해 올해 관람한 연극 편수가 더 많은 학생 수

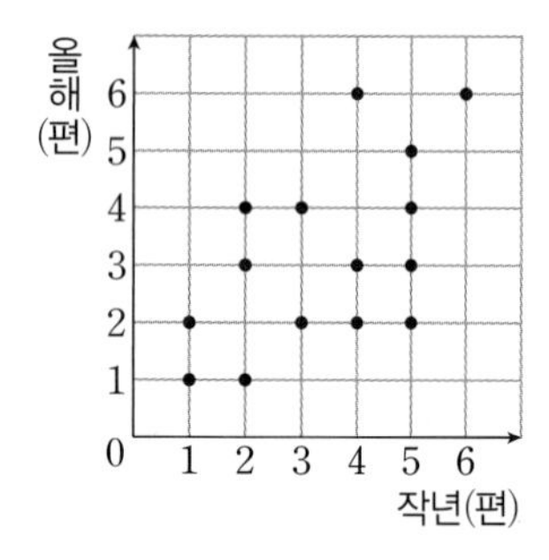


**1-2 오른쪽 산점도는 학생 10명의 달리기 점수와 던지기 점수를 조사하여 나타낸 것이다. 다음을 구하시오.**

(1) 달리기 점수와 던지기 점수가 같은 학생 수

(2) 던지기 점수가 8점보다 높은 학생들의 달리기 점수의 평균

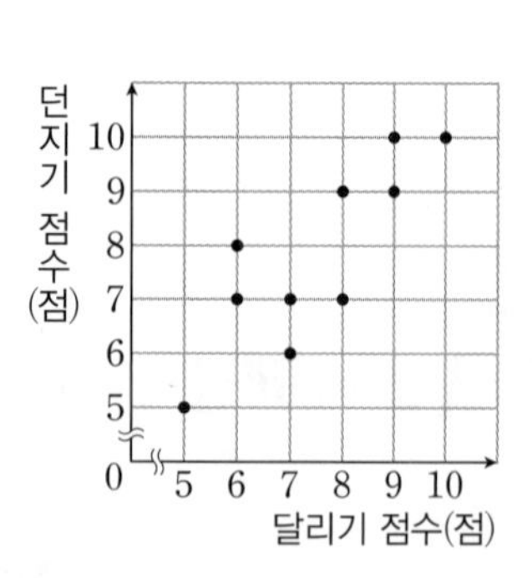

# 25 상관관계

* QR코드를 스캔하여 개념 영상을 확인하세요.

## ●● 상관관계란 무엇일까?

오른쪽 산점도는 하루 최고 기온과 어느 편의점에서 그날 판매된 아이스크림의 개수를 조사하여 나타낸 것이다.

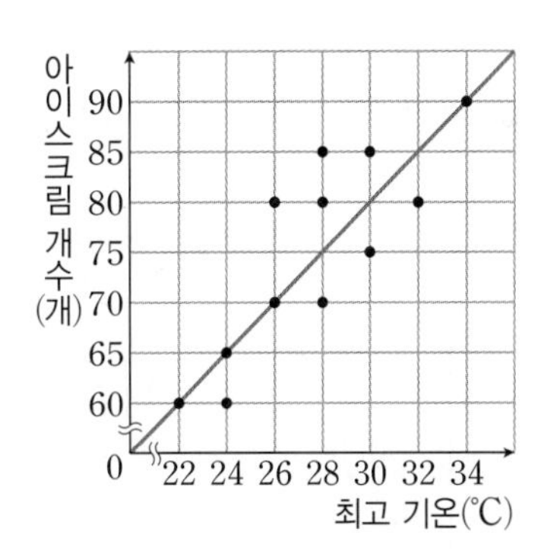


이 산점도를 자세히 살펴보자.

이 산점도에서 점들은 흩어져 있지만 대체로 오른쪽 위로 향하는 한 직선을 중심으로 그 주위에 가까이 분포되어 있다고 볼 수 있다.

따라서 위의 산점도에서 다음과 같은 사실을 알 수 있다.

- 하루 최고 기온이 올라갈수록 그날 판매된 아이스크림의 개수가 대체로 많아진다.
- 하루 최고 기온이 내려갈수록 그날 판매된 아이스크림의 개수가 대체로 적어진다.

하루 최고 기온과 그날 판매된 아이스크림의 개수 사이에 어떤 관계가 있는 것 같군.

이와 같이 두 변량 $x$와 $y$ 사이에 어떤 관계가 있을 때, 이 관계를 **상관관계**라 하고, 두 변량 $x$와 $y$ 사이에 상관관계가 있다고 한다.

어떤 자료에서 두 변량 $x$와 $y$에 대하여

**$x$의 값이 커짐에 따라 $y$의 값도 대체로 커지는 관계**

가 있을 때, 두 변량 사이에는 **양의 상관관계**가 있다고 한다.

이와 반대로 두 변량 $x$와 $y$에 대하여

**$x$의 값이 커짐에 따라 $y$의 값이 대체로 작아지는 관계**

가 있을 때, 두 변량 사이에는 **음의 상관관계**가 있다고 한다.

▶ 양 또는 음의 상관관계가 있을 때, 이를 통틀어 상관관계가 있다고 한다.

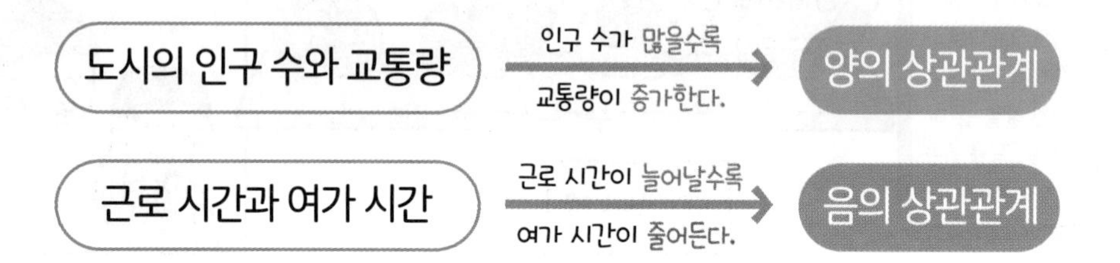


양 또는 음의 상관관계가 있는 산점도에서 점들이 한 직선에 가까이 분포되어 있을수록 '상관관계가 강하다'고 하고, 흩어져 있을수록 '상관관계가 약하다'고 한다.

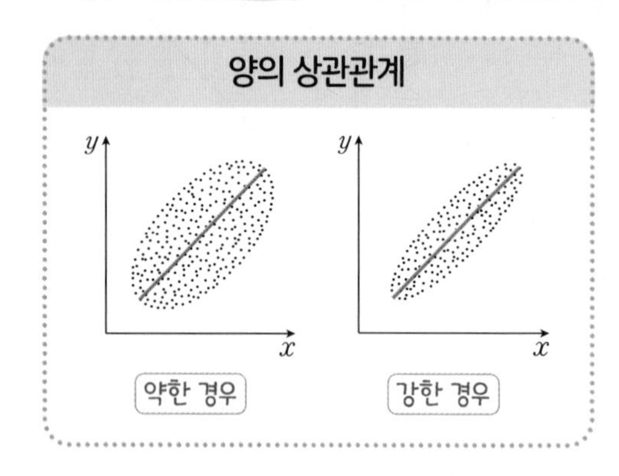


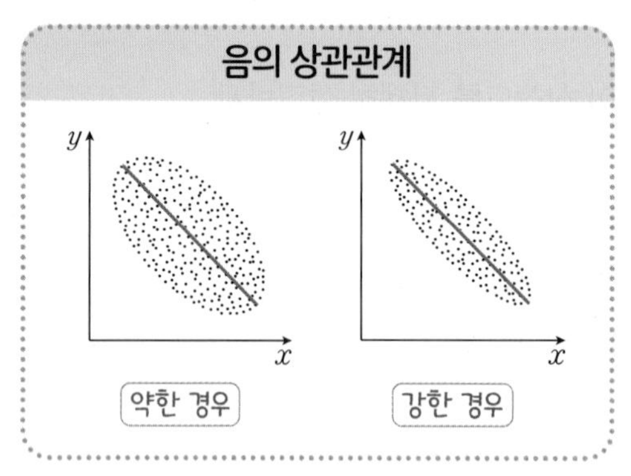


한편, 어떤 자료에서 두 변량 $x$와 $y$에 대하여

**$x$의 값이 커짐에 따라**

**$y$의 값이 커지는지 또는 작아지는지 그 관계가 분명하지 않은 경우**

에 두 변량 사이에는 **상관관계가 없다**고 한다.

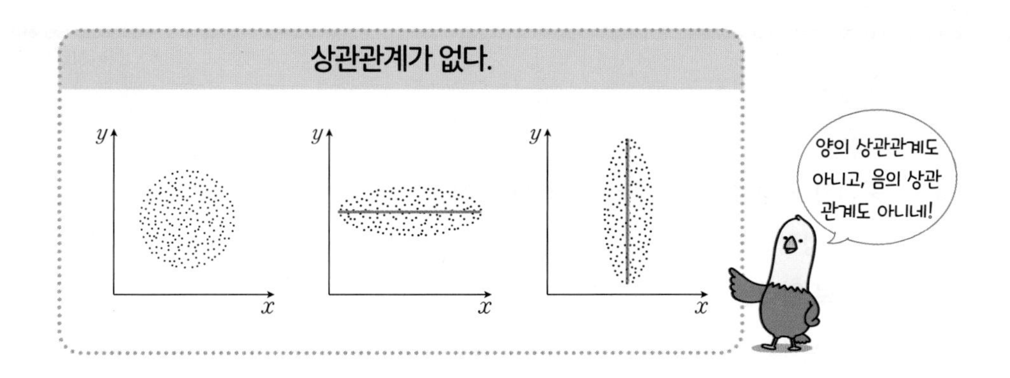


아래 보기 중 다음 조건을 만족하는 산점도를 골라 보자.

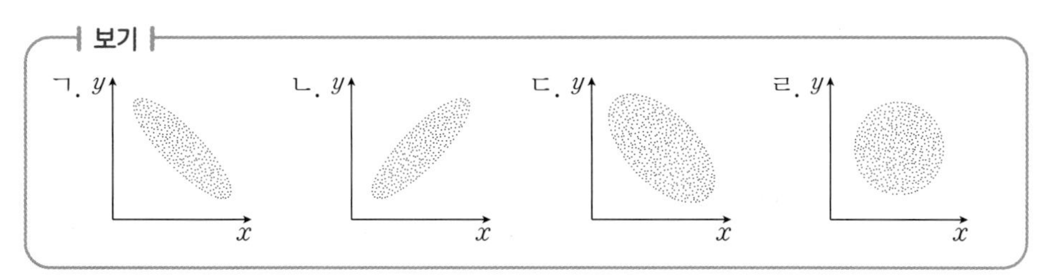


(1) 양의 상관관계가 있는 것

(2) 상관관계가 없는 것

(3) 가장 강한 음의 상관관계가 있는 것

답 (1) ㄴ (2) ㄹ (3) ㄱ

**꽉 잡아, 개념!**

(1) **상관관계:** 두 변량 $x$와 $y$ 사이에 어떤 관계가 있을 때, 이 관계를 상관관계라 하고, 두 변량 $x$와 $y$ 사이에 상관관계가 있다고 한다.

(2) **상관관계의 종류**

두 변량 $x$와 $y$에 대하여

① 양의 상관관계: $x$의 값이 커짐에 따라 $y$의 값도 대체로 커지는 관계

② 음의 상관관계: $x$의 값이 커짐에 따라 $y$의 값이 대체로 작아지는 관계

③ 상관관계가 없다: $x$의 값이 커짐에 따라 $y$의 값이 커지는지 또는 작아지는지 그 관계가 분명하지 않은 경우

▶ 정답 및 풀이 19쪽

중간고사 성적이 높을수록 기말고사 성적이 높다고 한다. 중간고사 성적을 $x$점, 기말고사 성적을 $y$점이라 할 때, 다음 보기 중 두 변량 $x$, $y$ 사이의 상관관계를 나타낸 산점도로 알맞은 것을 고르시오.

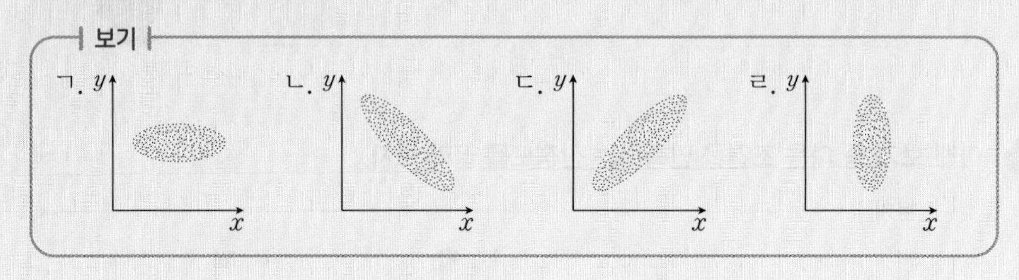

풀이 중간고사 성적이 높을수록 기말고사 성적이 높으므로 중간고사 성적과 기말고사 성적 사이에는 양의 상관관계가 있다.
따라서 산점도로 알맞은 것은 ㄷ이다.

답 ㄷ

**1-1** 다음 중 두 변량 사이의 산점도가 대체로 오른쪽 그림과 같은 모양이 되는 것을 모두 고르면? (정답 2개)

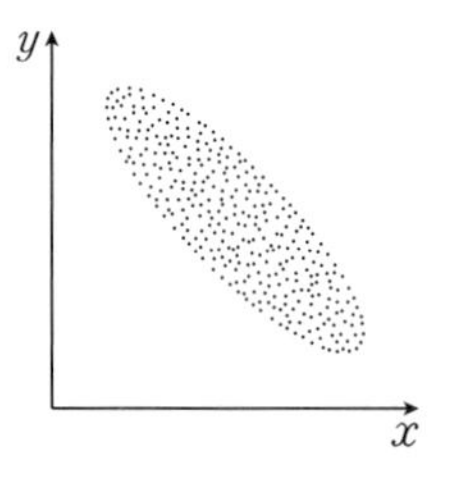


① 청력과 시력　② 산의 높이와 산소량
③ 나이와 근육량　④ 물건의 판매량과 매출액
⑤ 머리카락의 길이와 수학 성적

**1-2** 오른쪽 산점도는 어느 학교 학생들의 키와 발 크기를 조사하여 나타낸 것이다. 다음 물음에 답하시오.

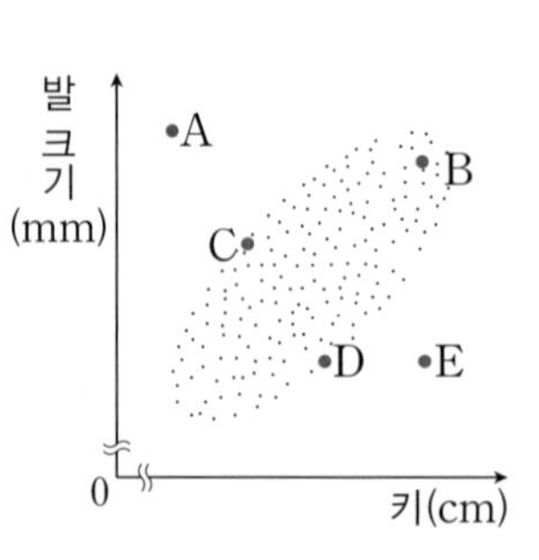


(1) 키와 발 크기 사이에 어떤 상관관계가 있는지 말하시오.
(2) 학생 A~E 중 키에 비하여 발 크기가 가장 큰 학생을 말하시오.

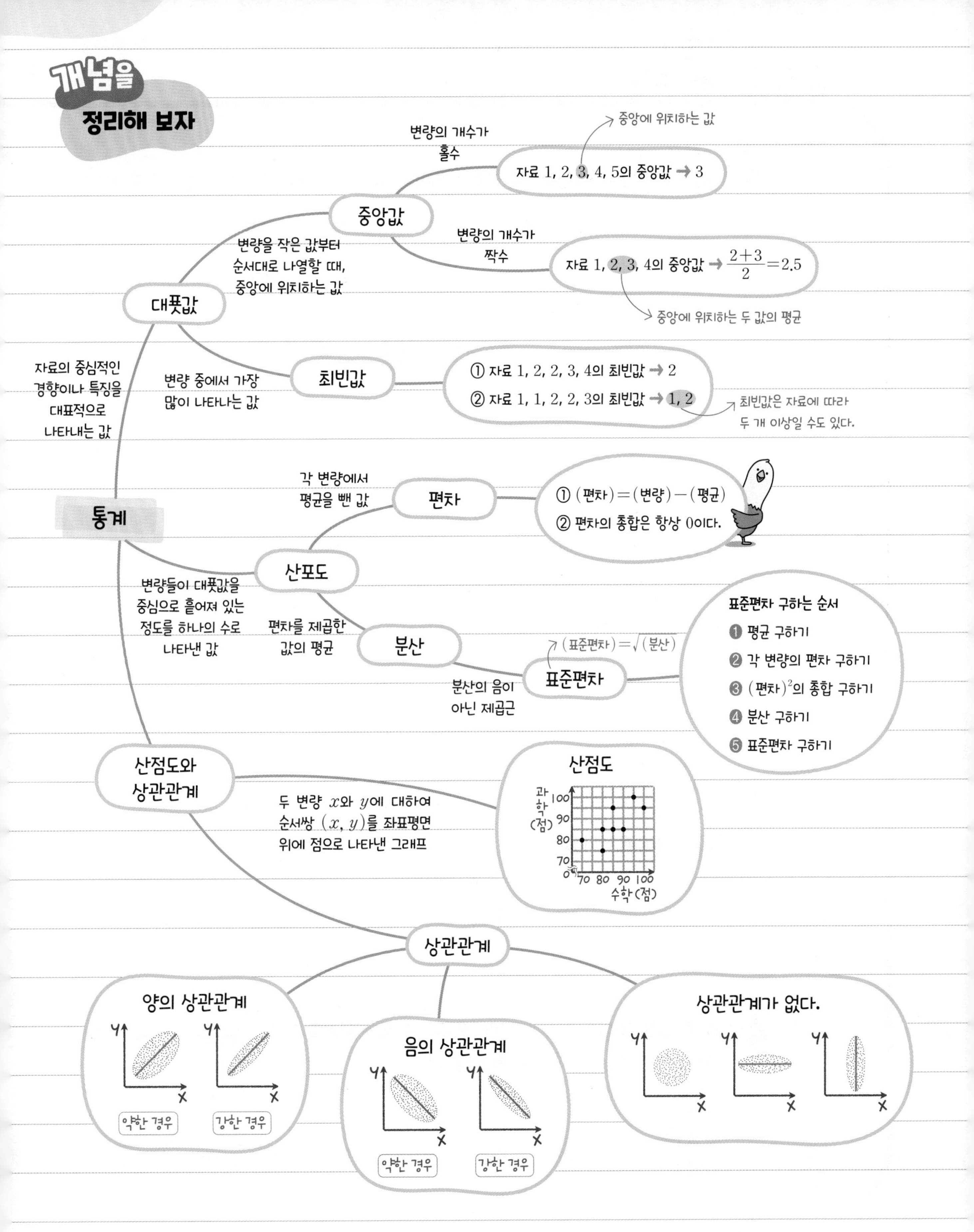
개념을
정리해 보자
통계
자료의 중심적인 경향이나 특징을 대표적으로 나타내는 값
대푯값
변량을 작은 값부터 순서대로 나열할 때, 중앙에 위치하는 값
중앙값
변량의 개수가 홀수
자료 1, 2, 3, 4, 5의 중앙값 → 3
중앙에 위치하는 값
변량의 개수가 짝수
자료 1, 2, 3, 4의 중앙값 → $\frac{2+3}{2}=2.5$
중앙에 위치하는 두 값의 평균
변량 중에서 가장 많이 나타나는 값
최빈값
① 자료 1, 2, 2, 3, 4의 최빈값 → 2
② 자료 1, 1, 2, 2, 3의 최빈값 → 1, 2
최빈값은 자료에 따라 두 개 이상일 수도 있다.
변량들이 대푯값을 중심으로 흩어져 있는 정도를 하나의 수로 나타낸 값
산포도
각 변량에서 평균을 뺀 값
편차
① (편차) = (변량) − (평균)
② 편차의 총합은 항상 0이다.
편차를 제곱한 값의 평균
분산
분산의 음이 아닌 제곱근
표준편차
(표준편차) = $\sqrt{(\text{분산})}$
표준편차 구하는 순서
❶ 평균 구하기
❷ 각 변량의 편차 구하기
❸ (편차)$^2$의 총합 구하기
❹ 분산 구하기
❺ 표준편차 구하기
산점도와 상관관계
두 변량 $x$와 $y$에 대하여 순서쌍 $(x, y)$를 좌표평면 위에 점으로 나타낸 그래프
산점도
과학(점)
100
90
80
70
0
70 80 90 100
수학(점)
상관관계
양의 상관관계
y
x
약한 경우
강한 경우
음의 상관관계
약한 경우
강한 경우
상관관계가 없다.

## Go Go! 문제를 풀어 보자

**1** 다음은 어느 반 학생 7명의 바둑 급수를 조사하여 나타낸 것이다. 이 자료의 중앙값을 구하시오.

**2** 오른쪽 줄기와 잎 그림은 어느 요리 동아리 회원 12명의 한 달 동안의 블로그 방문 횟수를 조사하여 나타낸 것이다. 이 자료의 평균을 $a$회, 중앙값을 $b$회라 할 때, $b-a$의 값은?

블로그 방문 횟수 (0|6은 6회)

| 줄기 | 잎 | | | | | |
|---|---|---|---|---|---|---|
| 0 | 6 | 8 | 8 | | | |
| 1 | 2 | 5 | 5 | 5 | 7 | 9 |
| 2 | 0 | 1 | 4 | | | |

① 0 ② 1 ③ 2
④ 3 ⑤ 4

**3** 어떤 자료의 변량을 작은 값부터 순서대로 나열하면 '52, 58, 68, $x$'이다. 이 자료의 평균과 중앙값이 같을 때, $x$의 값은?

① 68 ② 70 ③ 72
④ 74 ⑤ 76

**4** 오른쪽 표는 유라네 반 학생 20명이 연주할 수 있는 악기를 조사하여 나타낸 것이다. 이 자료의 최빈값은?

| 악기 | 학생 수(명) |
|---|---|
| 피아노 | 4 |
| 바이올린 | 7 |
| 플루트 | 6 |
| 기타 | 2 |
| 첼로 | 1 |

① 피아노 ② 바이올린
③ 플루트 ④ 기타
⑤ 첼로

▶ 정답 및 풀이 20쪽

**5** 다음은 학생 8명의 일주일 동안의 운동 시간을 조사하여 나타낸 것이다. 이 자료의 평균이 7시간일 때, 중앙값과 최빈값의 합은?

운동 시간 (단위: 시간)

4, 7, 13, $x$, 1, 4, 13, 10

① 8.5시간 ② 9시간 ③ 9.5시간
④ 10시간 ⑤ 10.5시간

**6** 보미네 반 학생들의 키의 평균은 165 cm이다. 보미의 키의 편차가 $-5$ cm일 때, 보미의 키를 구하시오.

**7** 다음은 학생 6명의 한 달 동안의 도서관 방문 횟수에 대한 편차를 조사하여 나타낸 것이다. 학생 D의 방문 횟수가 16회일 때, 학생 6명의 도서관 방문 횟수의 평균을 구하시오.

도서관 방문 횟수 (단위: 회)

| 학생 | A | B | C | D | E | F |
|---|---|---|---|---|---|---|
| 편차 | 0 | 3 | 1 | $x$ | $-7$ | 2 |

**8** 다음 자료는 어느 농장에서 기르는 송아지 6마리의 몸무게에 대한 편차를 조사하여 나타낸 것이다. 송아지의 몸무게의 표준편차는?

송아지의 몸무게 (단위: kg)

$-6$, 4, $-3$, $-2$, 1, 6

① 4 kg ② $\sqrt{17}$ kg ③ $3\sqrt{2}$ kg
④ $\sqrt{19}$ kg ⑤ $2\sqrt{5}$ kg

**9** 자료 '$15-x$, $15$, $15+x$'의 표준편차가 $4\sqrt{6}$일 때, 양수 $x$의 값을 구하시오.

**10** 다음은 A, B 두 학생의 10회에 걸친 탁구 경기 득점을 조사하여 나타낸 것이다. 두 학생 중에서 득점이 고른 학생을 교내 탁구 대회 선수로 선발하려고 할 때, A, B 두 학생 중 누구를 선발해야 하고 그 학생의 표준편차는?

탁구 경기 득점 (단위: 점)

| 회 | 1 | 2 | 3 | 4 | 5 | 6 | 7 | 8 | 9 | 10 |
|---|---|---|---|---|---|---|---|---|---|---|
| A | 9 | 10 | 8 | 9 | 9 | 9 | 8 | 9 | 10 | 9 |
| B | 10 | 10 | 9 | 8 | 9 | 10 | 9 | 7 | 9 | 9 |

① A 학생, $\sqrt{0.4}$점 ② B 학생, $\sqrt{0.4}$점 ③ A 학생, $\sqrt{0.5}$점
④ B 학생, $\sqrt{0.5}$점 ⑤ A 학생, $\sqrt{0.6}$점

**11** 오른쪽 산점도는 지난 여름 15일 동안의 최고 기온과 습도를 조사하여 나타낸 것이다. 최고 기온이 36°C 이상인 날들의 습도의 평균은?

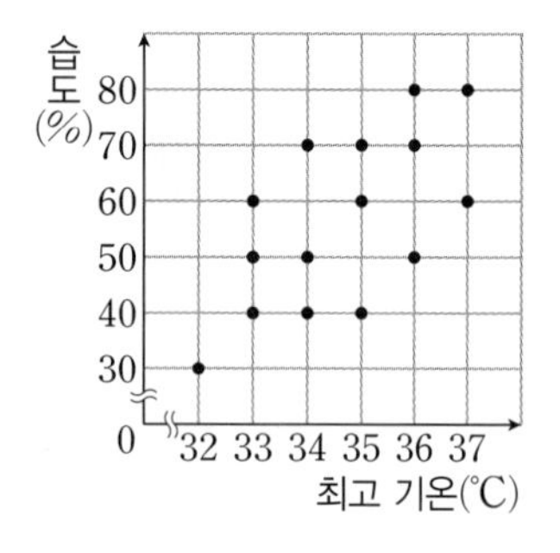

① 64 % ② 66 %
③ 68 % ④ 70 %

⑤ 72 %

**12** 오른쪽 산점도는 12개의 스마트폰의 사용 시간과 남은 배터리 양을 조사하여 나타낸 것이다. 스마트폰 사용 시간이 5시간 이상이고 남은 배터리 양이 40% 미만인 스마트폰의 비율을 구하면?

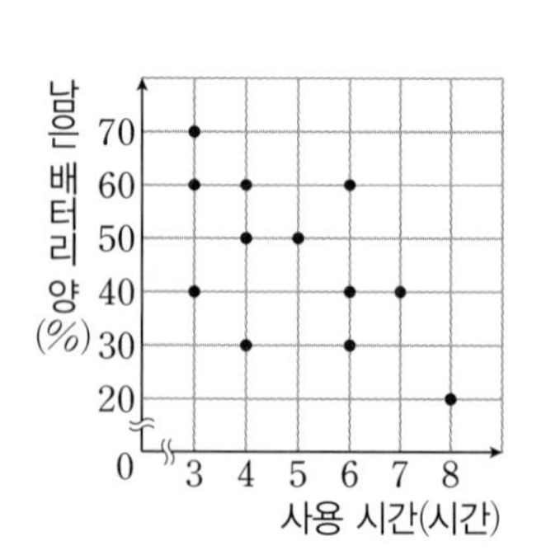


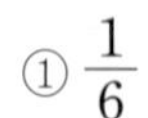
① $\frac{1}{6}$ ② $\frac{1}{4}$
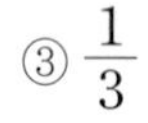
③ $\frac{1}{3}$ ④ $\frac{5}{12}$
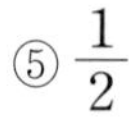
⑤ $\frac{1}{2}$

## 13

오른쪽 산점도는 어느 반 학생들의 중간고사와 기말고사의 과학 성적을 조사하여 나타낸 것이다. 중간고사 성적이 기말고사 성적보다 우수한 학생 수를 $a$명, 기말고사 성적이 중간고사 성적보다 우수한 학생 수를 $b$명이라 할 때, $a:b$를 가장 간단한 자연수의 비로 나타낸 것은? (단, 중복되는 점은 없다.)

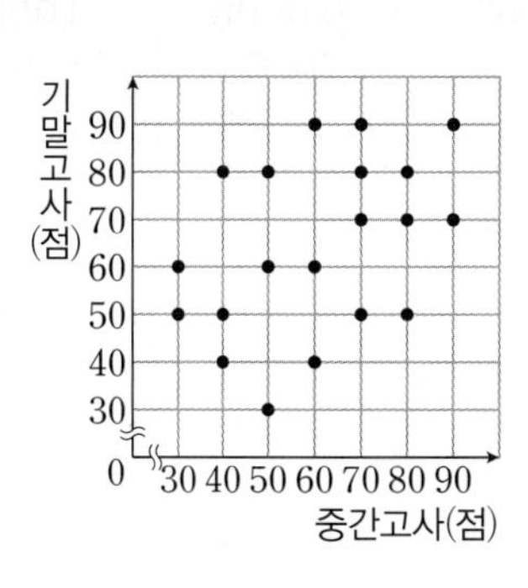


① 2 : 3 ② 7 : 8 ③ 1 : 1
④ 3 : 2 ⑤ 8 : 7

## 14

다음 중 상관관계가 없는 것은?

① 결석일수와 학습량
② 어머니의 나이와 아들의 몸무게
③ 체내 근육량과 높이뛰기 기록
④ 겨울철 기온과 난방비
⑤ 휴대폰 통화 시간과 휴대폰 요금

## 15

다음 중 두 변량 $x$, $y$ 사이에 오른쪽 산점도와 같은 상관관계가 있다고 할 수 있는 것을 모두 고르면? (정답 2개)

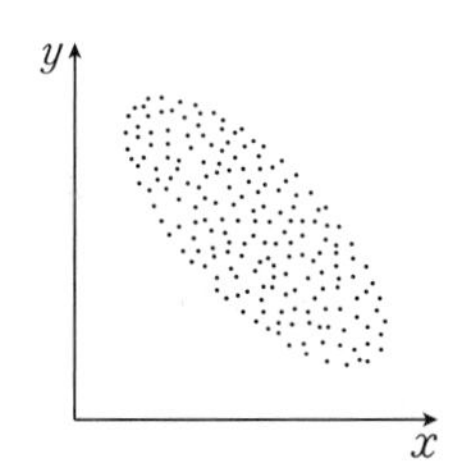


① $x$: 통학 거리, $y$: 통학 시간
② $x$: 쌀 생산량, $y$: 쌀 수출량
③ $x$: 운동량, $y$: 비만도
④ $x$: 산의 높이, $y$: 산꼭대기에서의 기온
⑤ $x$: 어머니의 키, $y$: 딸의 나이

## 16

오른쪽 산점도는 어느 학급 학생들의 학습 시간과 성적을 조사하여 나타낸 것이다. 다음 중 옳지 않은 것은?

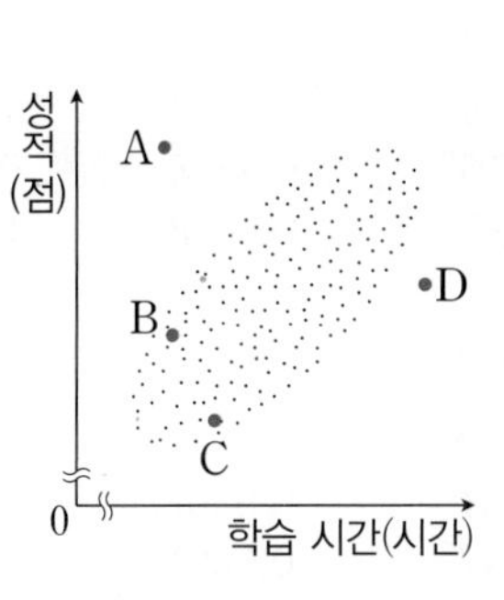


① 학습 시간이 긴 학생이 대체로 성적이 우수한 편이다.
② 학생 C는 학습 시간이 적고 성적도 낮다.
③ 학생 A는 학습 시간에 비해 성적이 우수한 편이다.
④ 학생 D는 학생 A에 비해 성적이 높다.
⑤ 학습 시간에 비해 학생 C의 성적은 학생 B의 성적보다 낮다.

## 삼각비의 표

| 각도 | 사인(sin) | 코사인(cos) | 탄젠트(tan) |
|---|---|---|---|
| **0°** | 0.0000 | 1.0000 | 0.0000 |
| **1°** | 0.0175 | 0.9998 | 0.0175 |
| **2°** | 0.0349 | 0.9994 | 0.0349 |
| **3°** | 0.0523 | 0.9986 | 0.0524 |
| **4°** | 0.0698 | 0.9976 | 0.0699 |
| **5°** | 0.0872 | 0.9962 | 0.0875 |
| **6°** | 0.1045 | 0.9945 | 0.1051 |
| **7°** | 0.1219 | 0.9925 | 0.1228 |
| **8°** | 0.1392 | 0.9903 | 0.1405 |
| **9°** | 0.1564 | 0.9877 | 0.1584 |
| **10°** | 0.1736 | 0.9848 | 0.1763 |
| **11°** | 0.1908 | 0.9816 | 0.1944 |
| **12°** | 0.2079 | 0.9781 | 0.2126 |
| **13°** | 0.2250 | 0.9744 | 0.2309 |
| **14°** | 0.2419 | 0.9703 | 0.2493 |
| **15°** | 0.2588 | 0.9659 | 0.2679 |
| **16°** | 0.2756 | 0.9613 | 0.2867 |
| **17°** | 0.2924 | 0.9563 | 0.3057 |
| **18°** | 0.3090 | 0.9511 | 0.3249 |
| **19°** | 0.3256 | 0.9455 | 0.3443 |
| **20°** | 0.3420 | 0.9397 | 0.3640 |
| **21°** | 0.3584 | 0.9336 | 0.3839 |
| **22°** | 0.3746 | 0.9272 | 0.4040 |
| **23°** | 0.3907 | 0.9205 | 0.4245 |
| **24°** | 0.4067 | 0.9135 | 0.4452 |
| **25°** | 0.4226 | 0.9063 | 0.4663 |
| **26°** | 0.4384 | 0.8988 | 0.4877 |
| **27°** | 0.4540 | 0.8910 | 0.5095 |
| **28°** | 0.4695 | 0.8829 | 0.5317 |
| **29°** | 0.4848 | 0.8746 | 0.5543 |
| **30°** | 0.5000 | 0.8660 | 0.5774 |
| **31°** | 0.5150 | 0.8572 | 0.6009 |
| **32°** | 0.5299 | 0.8480 | 0.6249 |
| **33°** | 0.5446 | 0.8387 | 0.6494 |
| **34°** | 0.5592 | 0.8290 | 0.6745 |
| **35°** | 0.5736 | 0.8192 | 0.7002 |
| **36°** | 0.5878 | 0.8090 | 0.7265 |
| **37°** | 0.6018 | 0.7986 | 0.7536 |
| **38°** | 0.6157 | 0.7880 | 0.7813 |
| **39°** | 0.6293 | 0.7771 | 0.8098 |
| **40°** | 0.6428 | 0.7660 | 0.8391 |
| **41°** | 0.6561 | 0.7547 | 0.8693 |
| **42°** | 0.6691 | 0.7431 | 0.9004 |
| **43°** | 0.6820 | 0.7314 | 0.9325 |
| **44°** | 0.6947 | 0.7193 | 0.9657 |
| **45°** | 0.7071 | 0.7071 | 1.0000 |

| 각도 | 사인(sin) | 코사인(cos) | 탄젠트(tan) |
|---|---|---|---|
| **45°** | 0.7071 | 0.7071 | 1.0000 |
| **46°** | 0.7193 | 0.6947 | 1.0355 |
| **47°** | 0.7314 | 0.6820 | 1.0724 |
| **48°** | 0.7431 | 0.6691 | 1.1106 |
| **49°** | 0.7547 | 0.6561 | 1.1504 |
| **50°** | 0.7660 | 0.6428 | 1.1918 |
| **51°** | 0.7771 | 0.6293 | 1.2349 |
| **52°** | 0.7880 | 0.6157 | 1.2799 |
| **53°** | 0.7986 | 0.6018 | 1.3270 |
| **54°** | 0.8090 | 0.5878 | 1.3764 |
| **55°** | 0.8192 | 0.5736 | 1.4281 |
| **56°** | 0.8290 | 0.5592 | 1.4826 |
| **57°** | 0.8387 | 0.5446 | 1.5399 |
| **58°** | 0.8480 | 0.5299 | 1.6003 |
| **59°** | 0.8572 | 0.5150 | 1.6643 |
| **60°** | 0.8660 | 0.5000 | 1.7321 |
| **61°** | 0.8746 | 0.4848 | 1.8040 |
| **62°** | 0.8829 | 0.4695 | 1.8807 |
| **63°** | 0.8910 | 0.4540 | 1.9626 |
| **64°** | 0.8988 | 0.4384 | 2.0503 |
| **65°** | 0.9063 | 0.4226 | 2.1445 |
| **66°** | 0.9135 | 0.4067 | 2.2460 |
| **67°** | 0.9205 | 0.3907 | 2.3559 |
| **68°** | 0.9272 | 0.3746 | 2.4751 |
| **69°** | 0.9336 | 0.3584 | 2.6051 |
| **70°** | 0.9397 | 0.3420 | 2.7475 |
| **71°** | 0.9455 | 0.3256 | 2.9042 |
| **72°** | 0.9511 | 0.3090 | 3.0777 |
| **73°** | 0.9563 | 0.2924 | 3.2709 |
| **74°** | 0.9613 | 0.2756 | 3.4874 |
| **75°** | 0.9659 | 0.2588 | 3.7321 |
| **76°** | 0.9703 | 0.2419 | 4.0108 |
| **77°** | 0.9744 | 0.2250 | 4.3315 |
| **78°** | 0.9781 | 0.2079 | 4.7046 |
| **79°** | 0.9816 | 0.1908 | 5.1446 |
| **80°** | 0.9848 | 0.1736 | 5.6713 |
| **81°** | 0.9877 | 0.1564 | 6.3138 |
| **82°** | 0.9903 | 0.1392 | 7.1154 |
| **83°** | 0.9925 | 0.1219 | 8.1443 |
| **84°** | 0.9945 | 0.1045 | 9.5144 |
| **85°** | 0.9962 | 0.0872 | 11.4301 |
| **86°** | 0.9976 | 0.0698 | 14.3007 |
| **87°** | 0.9986 | 0.0523 | 19.0811 |
| **88°** | 0.9994 | 0.0349 | 28.6363 |
| **89°** | 0.9998 | 0.0175 | 57.2900 |
| **90°** | 1.0000 | 0.0000 | |

MEMO

MEMO

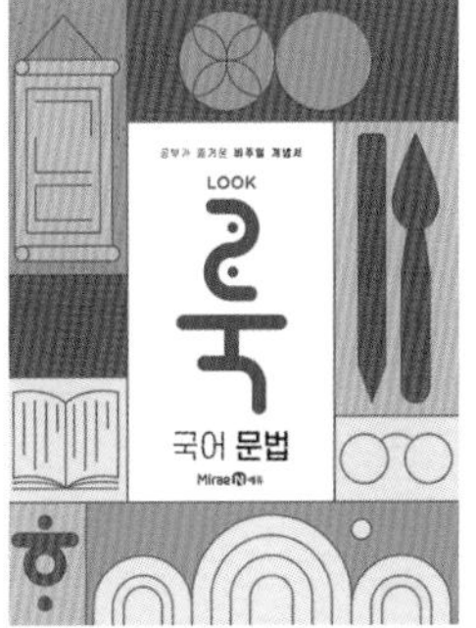


고등학교 개념 학습을 처음으로 시작한다면?

## 고등학교 룩 시리즈

**국어** 문학, 문법, 독서
**영어** 비교문법, 분석독해
**수학** 고등 수학(상), 고등 수학(하)
**사회** 통합사회, 한국사
**과학** 통합과학

# 중등 도서안내

비주얼 개념서

## 룩

이미지 연상으로 필수 개념을 쉽게 익히는 비주얼 개념서

국어 문학, 독서, 문법
영어 품사, 문법, 구문
수학 1(상), 1(하), 2(상), 2(하), 3(상), 3(하)
사회 ①, ②
역사 ①, ②
과학 1, 2, 3

필수 개념서

## 올리드

자세하고 쉬운 개념,
시험을 대비하는 특별한 비법이 한가득!

국어 1-1, 1-2, 2-1, 2-2, 3-1, 3-2
영어 1-1, 1-2, 2-1, 2-2, 3-1, 3-2
수학 1(상), 1(하), 2(상), 2(하), 3(상), 3(하)
사회 ①-1, ①-2, ②-1, ②-2
역사 ①-1, ①-2, ②-1, ②-2
과학 1-1, 1-2, 2-1, 2-2, 3-1, 3-2

* 국어, 영어는 미래엔 교과서 관련 도서입니다.

국어 독해·어휘 훈련서

## 깨독
깨우자 독해력

수능 국어 독해의 자신감을 깨우는 단계별 훈련서

독해 0_준비편, 1_기본편, 2_실력편, 3_수능편
어휘 1_종합편, 2_수능편

영문법 기본서

## GRAMMAR BITE

중학교 핵심 필수 문법 공략, 내신·서술형·수능까지 한 번에!

문법 PREP
Grade 1, Grade 2, Grade 3
SUM

영어 독해 기본서

## READING BITE

끊어 읽으며 직독직해하는 중학 독해의 자신감!

독해 PREP
Grade 1, Grade 2, Grade 3
PLUS 수능

영어 어휘 필독서

## word BITE

중학교 전 학년 영어 교과서 분석, 빈출 핵심 어휘 단계별 집중!

어휘 핵심동사 561
중등필수 1500
중등심화 1200

# 정답 및 풀이

# 6

## 중등 수학 3 (하)

Mirae N 에듀

술술 읽으며 개념 잡는

# 개념 수다 6

## 중등 수학 3 (하)

# 정답 및 풀이

# Ⅰ. 삼각비

## ❶ 삼각비의 뜻과 값

### 준비 해 보자 9쪽

(1) $\triangle ABC$와 $\triangle DBE$에서

$\angle B$는 공통, $\angle ACB=\angle DEB$이므로

$\triangle ABC$와 $\triangle DBE$는 AA 닮음이다.

(2) $\overline{AB}$의 대응변은 $\overline{DB}$이므로 $\triangle ABC$와 $\triangle DBE$의 닮음비는

$\overline{AB}:\overline{DB}=(4+8):8=3:2$이다.

(3) $\overline{AC}:\overline{DE}=3:2$이므로

$\overline{AC}:4=3:2 \qquad \therefore \overline{AC}=6\,(\text{cm})$

즉, $\overline{AC}$의 길이는 6 cm이다.

따라서 (1)~(3)의 □ 안에 들어갈 알맞은 것을 출발점으로 하여 사다리 타기를 하면 다음 그림과 같으므로 구조의 이름은 '프랙털'이다.

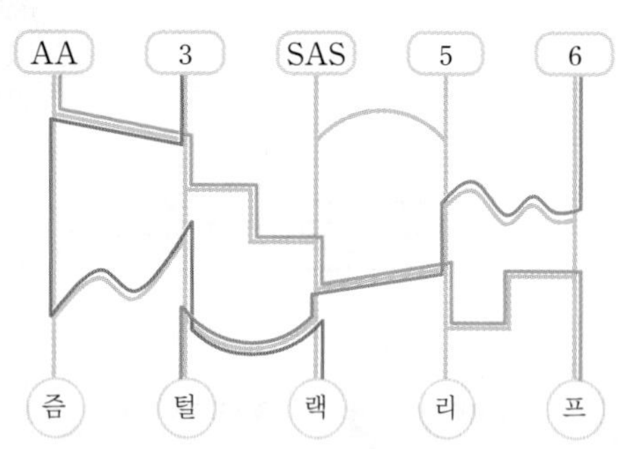


답 프랙털

## 01 삼각비의 뜻 12~13쪽

**1-1** 답 (1) $\sin B=\frac{15}{17}$, $\cos B=\frac{8}{17}$, $\tan B=\frac{15}{8}$

(2) $\sin B=\frac{3}{4}$, $\cos B=\frac{\sqrt{7}}{4}$, $\tan B=\frac{3\sqrt{7}}{7}$

(1) 피타고라스 정리에 의하여

$\overline{AB}=\sqrt{15^2+8^2}=\sqrt{289}=17$

$\therefore \sin B=\frac{\overline{AC}}{\overline{AB}}=\frac{15}{17}$

$\cos B=\frac{\overline{BC}}{\overline{AB}}=\frac{8}{17}$

$\tan B=\frac{\overline{AC}}{\overline{BC}}=\frac{15}{8}$

(2) 피타고라스 정리에 의하여

$\overline{AB}=\sqrt{4^2-3^2}=\sqrt{7}$

$\therefore \sin B=\frac{\overline{AC}}{\overline{BC}}=\frac{3}{4}$

$\cos B=\frac{\overline{AB}}{\overline{BC}}=\frac{\sqrt{7}}{4}$

$\tan B=\frac{\overline{AC}}{\overline{AB}}=\frac{3}{\sqrt{7}}=\frac{3\sqrt{7}}{7}$

**2-1** 답 (1) $\frac{12}{13}$ (2) $\frac{5}{12}$

$\sin A=\frac{5}{13}$이므로 오른쪽 그림과 같이 $\angle C=90^\circ$, $\overline{AB}=13$, $\overline{BC}=5$인 직각삼각형 ABC를 생각할 수 있다.

이때 피타고라스 정리에 의하여

$\overline{AC}=\sqrt{13^2-5^2}=\sqrt{144}=12$

(1) $\cos A=\frac{\overline{AC}}{\overline{AB}}=\frac{12}{13}$

(2) $\tan A=\frac{\overline{BC}}{\overline{AC}}=\frac{5}{12}$

**3-1** 답 10

$\tan A=\frac{6}{\overline{AC}}$이므로

$\frac{6}{\overline{AC}}=\frac{3}{4} \qquad \therefore \overline{AC}=8$

피타고라스 정리에 의하여

$\overline{AB}=\sqrt{8^2+6^2}=\sqrt{100}=10$

**3-2** 답 (1) 풀이 참조 (2) 2 (3) $\frac{\sqrt{3}}{2}$

(1) $\triangle ABC$와 $\triangle DBA$에서

$\angle B$는 공통, $\angle BAC=\angle BDA$이므로

$\triangle ABC \backsim \triangle DBA$ (AA 닮음)

(2) 직각삼각형 ABC에서 피타고라스 정리에 의하여

$\overline{BC}=\sqrt{1^2+(\sqrt{3})^2}=\sqrt{4}=2$

(3) $\triangle ABC \backsim \triangle DBA$이므로

$\angle ACB=\angle DAB=x^\circ$

$\therefore \cos x^\circ=\cos C=\frac{\overline{AC}}{\overline{BC}}=\frac{\sqrt{3}}{2}$

## 02 30°, 45°, 60°의 삼각비의 값 16쪽

**1-1** 답 (1) $\sqrt{3}$ (2) $-\frac{1}{2}$

(1) $\cos 30^\circ \times \tan 45^\circ + \sin 60^\circ$

$= \frac{\sqrt{3}}{2} \times 1 + \frac{\sqrt{3}}{2} = \sqrt{3}$

(2) $(\sin 30^\circ - \cos 30^\circ) \times (\cos 60^\circ + \sin 60^\circ)$

$= \left(\frac{1}{2} - \frac{\sqrt{3}}{2}\right) \times \left(\frac{1}{2} + \frac{\sqrt{3}}{2}\right)$

$= \left(\frac{1}{2}\right)^2 - \left(\frac{\sqrt{3}}{2}\right)^2 = -\frac{1}{2}$

**2-1** 답 (1) $x=2\sqrt{2}$, $y=2\sqrt{2}$ (2) $x=6$, $y=3\sqrt{3}$

(1) $\cos 45^\circ = \frac{x}{4}$이므로

$\frac{\sqrt{2}}{2} = \frac{x}{4}$ $\quad \therefore x = 2\sqrt{2}$

$\sin 45^\circ = \frac{y}{4}$이므로

$\frac{\sqrt{2}}{2} = \frac{y}{4}$ $\quad \therefore y = 2\sqrt{2}$

(2) $\cos 60^\circ = \frac{3}{x}$이므로

$\frac{1}{2} = \frac{3}{x}$ $\quad \therefore x = 6$

$\tan 60^\circ = \frac{y}{3}$이므로

$\sqrt{3} = \frac{y}{3}$ $\quad \therefore y = 3\sqrt{3}$

## 03 예각의 삼각비의 값 ..................... 20쪽

**1-1** 답 (1) 1.28 (2) 0.79

(1) $\tan 52^\circ = \frac{\overline{AD}}{\overline{OA}} = \frac{\overline{AD}}{1} = \overline{AD} = 1.28$

(2) $\cos 38^\circ = \frac{\overline{BC}}{\overline{OB}} = \frac{\overline{BC}}{1} = \overline{BC} = 0.79$

**1-2** 답 ㄱ, ㄷ, ㅁ

ㄱ. $\sin x^\circ = \frac{\overline{BC}}{\overline{OB}} = \frac{\overline{BC}}{1} = \overline{BC}$

ㄴ. $\cos x^\circ = \frac{\overline{OC}}{\overline{OB}} = \frac{\overline{OC}}{1} = \overline{OC}$

ㄷ. $\sin y^\circ = \frac{\overline{OC}}{\overline{OB}} = \frac{\overline{OC}}{1} = \overline{OC}$

ㄹ. $\tan y^\circ = \tan z^\circ = \frac{\overline{OA}}{\overline{AD}} = \frac{1}{\overline{AD}}$

ㅁ. $\cos z^\circ = \cos y^\circ = \frac{\overline{BC}}{\overline{OB}} = \frac{\overline{BC}}{1} = \overline{BC}$

이상에서 옳은 것은 ㄱ, ㄷ, ㅁ이다.

## 04 0°, 90°의 삼각비의 값 ..................... 24쪽

**1-1** 답 (1) 0 (2) $\sqrt{3}$

(1) $\sin 0^\circ + \cos 90^\circ - \tan 0^\circ$

$= 0 + 0 - 0 = 0$

(2) $\sin 90^\circ \times \tan 60^\circ - \cos 90^\circ \div \tan 45^\circ$

$= 1 \times \sqrt{3} - 0 \div 1 = \sqrt{3}$

**2-1** 답 (1) 26 (2) 28 (3) 25

(1) $\sin 26^\circ = 0.4384$이므로 $x = 26$

(2) $\cos 28^\circ = 0.8829$이므로 $x = 28$

(3) $\tan 25^\circ = 0.4663$이므로 $x = 25$

## GoGo! 문제를 풀어 보자 26~29쪽

| | | | |
|---|---|---|---|
| 1 ⑤ | 2 ④ | 3 ④ | 4 ⑤ |
| 5 ② | 6 ② | 7 ④ | 8 ④ |
| 9 ④ | 10 ①, ④ | 11 ③ | 12 ④ |
| 13 ② | 14 ④ | 15 ③ | |

**1** $\overline{AB} = \sqrt{10^2 - 8^2} = \sqrt{36} = 6$이므로

$\sin C = \frac{\overline{AB}}{\overline{BC}} = \frac{6}{10} = \frac{3}{5}$,

$\cos B = \frac{\overline{AB}}{\overline{BC}} = \frac{6}{10} = \frac{3}{5}$

$\therefore \sin C + \cos B = \frac{3}{5} + \frac{3}{5} = \frac{6}{5}$

**2** $\overline{AB} = \sqrt{5^2 + (\sqrt{11})^2} = \sqrt{36} = 6$

④ $\sin B = \frac{\overline{AC}}{\overline{AB}} = \frac{\sqrt{11}}{6}$

**3** △ABC는 ∠BAC=90°인 직각삼각형이고

$\overline{BC} = 5 + 5 = 10$이므로

$\overline{AC} = \sqrt{10^2 - 9^2} = \sqrt{19}$

△ABO에서 $\overline{OA} = \overline{OB}$이므로

∠OBA=∠OAB=$x^\circ$

△ABC에서

$\sin x^\circ = \frac{\overline{AC}}{\overline{BC}} = \frac{\sqrt{19}}{10}$

**4** $\tan A=\frac{\overline{BC}}{\overline{AB}}=\frac{\overline{BC}}{12}=\frac{3}{4}$이므로

$\overline{BC}=9$

$\therefore \overline{AC}=\sqrt{9^2+12^2}=\sqrt{225}=15$

$\therefore \sin C=\frac{\overline{AB}}{\overline{AC}}=\frac{12}{15}=\frac{4}{5}$

**5** $\triangle ABC \backsim \triangle DBA$

(AA닮음)이므로

$\angle C=\angle BAD=x^\circ$

$\triangle ABC$에서

$\tan x^\circ=\tan C=\frac{\overline{AB}}{\overline{AC}}=\frac{5}{\overline{AC}}=\frac{5}{12}$이므로

$\overline{AC}=12$

$\therefore \overline{BC}=\sqrt{5^2+12^2}=\sqrt{169}=13$

**6** $\tan 45^\circ \times \sin 45^\circ+\cos 30^\circ \times \tan 30^\circ$

$=1\times\frac{\sqrt{2}}{2}+\frac{\sqrt{3}}{2}\times\frac{\sqrt{3}}{3}$

$=\frac{\sqrt{2}}{2}+\frac{1}{2}$

$=\frac{1+\sqrt{2}}{2}$

**7** ㄱ. $\sin 45^\circ+\cos 45^\circ=\frac{\sqrt{2}}{2}+\frac{\sqrt{2}}{2}$

$=\sqrt{2}$

ㄴ. $\cos 60^\circ\times\tan 45^\circ=\frac{1}{2}\times 1$

$=\frac{1}{2}$,

$\sin 30^\circ=\frac{1}{2}$

$\therefore \cos 60^\circ\times\tan 45^\circ=\sin 30^\circ$

ㄷ. $\cos 30^\circ+\cos 60^\circ=\frac{\sqrt{3}}{2}+\frac{1}{2}$,

$\cos 45^\circ=\frac{\sqrt{2}}{2}$

$\therefore \cos 30^\circ+\cos 60^\circ\neq\cos 45^\circ$

ㄹ. $\tan 30^\circ=\frac{1}{\sqrt{3}}$, $\tan 60^\circ=\sqrt{3}$이므로

$\tan 30^\circ=\frac{1}{\tan 60^\circ}$

이상에서 옳은 것은 ㄱ, ㄴ, ㄹ이다.

**8** $\triangle DBC$에서

$\tan 60^\circ=\frac{\overline{BC}}{\overline{CD}}=\frac{\overline{BC}}{\sqrt{3}}=\sqrt{3}$

$\therefore \overline{BC}=3$

$\triangle ABC$에서

$\tan 45^\circ=\frac{\overline{BC}}{\overline{AB}}=\frac{3}{\overline{AB}}=1$

$\therefore \overline{AB}=3$

**9** ① $\sin 55^\circ=\overline{AB}=0.8192$

② $\cos 55^\circ=\overline{OB}=0.5736$

③ $\tan 55^\circ=\overline{CD}=1.4281$

④ $\sin 35^\circ=\overline{OB}=0.5736$

⑤ $\cos 35^\circ=\overline{AB}=0.8192$

**10** ① $\triangle COD$에서

$\tan x^\circ=\frac{\overline{CD}}{\overline{OD}}=\frac{\overline{CD}}{1}=\overline{CD}$

② $\angle OAB=\angle OCD=y^\circ$(동위각)이므로 $\triangle AOB$에서

$\cos y^\circ=\frac{\overline{AB}}{\overline{OA}}=\frac{\overline{AB}}{1}=\overline{AB}$

③ $\triangle AOB$에서

$\sin y^\circ=\frac{\overline{OB}}{\overline{OA}}=\frac{\overline{OB}}{1}=\overline{OB}$

④ $\triangle COD$에서

$\cos x^\circ=\frac{\overline{OD}}{\overline{OC}}=\frac{1}{\overline{OC}}$

$\therefore \overline{OC}=\frac{1}{\cos x^\circ}$

⑤ $\triangle AOB$에서

$\cos x^\circ=\frac{\overline{OB}}{\overline{OA}}=\overline{OB}$,

$\cos y^\circ=\frac{\overline{AB}}{\overline{OA}}=\overline{AB}$

$\therefore \cos^2 x^\circ+\cos^2 y^\circ=\overline{OB}^2+\overline{AB}^2$

$=\overline{OA}^2=1$

따라서 옳은 것은 ①, ④이다.

**11** ① $\sin 60^\circ\times\cos 30^\circ-\sin 30^\circ$

$=\frac{\sqrt{3}}{2}\times\frac{\sqrt{3}}{2}-\frac{1}{2}=\frac{1}{4}$

② $\sin 0^\circ\times\cos 90^\circ+\sin 90^\circ\times\cos 0^\circ$

$=0\times 0+1\times 1=1$

③ $\sin 45° \div \cos 45° - \cos 60°$

$= \frac{\sqrt{2}}{2} \div \frac{\sqrt{2}}{2} - \frac{1}{2} = \frac{1}{2}$

④ $\cos 45° \times \cos 60° + \tan 45° \times \tan 60°$

$= \frac{\sqrt{2}}{2} \times \frac{1}{2} + 1 \times \sqrt{3}$

$= \frac{\sqrt{2}}{4} + \sqrt{3}$

⑤ $\sin 60° \times \tan 30° - \sin 45° \times \cos 45°$

$= \frac{\sqrt{3}}{2} \times \frac{\sqrt{3}}{3} - \frac{\sqrt{2}}{2} \times \frac{\sqrt{2}}{2}$

$= \frac{1}{2} - \frac{1}{2} = 0$

따라서 옳지 않은 것은 ③이다.

**12** ① $\sin 45° = \frac{\sqrt{2}}{2}$

② $\cos 90° = 0$

③ $\cos 45° < \cos 20° < \cos 0°$이므로

$\frac{\sqrt{2}}{2} < \cos 20° < 1$

④ $\tan 50° > \tan 45°$이므로

$\tan 50° > 1$

⑤ $\sin 0° < \sin 30° < \sin 45°$이므로

$0 < \sin 30° < \frac{\sqrt{2}}{2}$

$\therefore \tan 50° > \cos 20° > \sin 45° > \sin 30° > \cos 90°$

따라서 가장 큰 것은 ④이다.

**13** $\tan 79° - \cos 79° = 5.1446 - 0.1908$

$= 4.9538$

**14** $\sin 82° = 0.9903$이므로 $x = 82$

$\cos 84° = 0.1045$이므로 $y = 84$

$\therefore x + y = 82 + 84 = 166$

**15** ① $\cos 33° = 0.8387$

② $\tan 32° = 0.6249$

③ $\sin 32° = 0.5299$이므로 $x = 32$

④ $\cos 33° = 0.8387$이므로 $x = 33$

⑤ $\tan 31° = 0.6009$이므로 $x = 31$

따라서 삼각비의 표를 이용하여 구한 값으로 옳은 것은 ③이다.

# Ⅱ. 삼각비의 활용

## ❷ 길이 구하기

### 준비 해 보자 33쪽

(1) $x = \sqrt{17^2 - 8^2} = \sqrt{225}$

$= 15$

(2) $x = \sqrt{13^2 - 5^2} = \sqrt{144}$

$= 12$

(3) $x = \sqrt{6^2 + 8^2} = \sqrt{100}$

$= 10$

따라서 15, 12, 10에 해당하는 칸을 모두 색칠하면 다음 그림과 같으므로 찾는 과일은 바나나이다.

| 12 | 12 | 12 | 12 | 9 | 9 | 9 | 9 | 9 | 9 | 9 | 9 | 14 | 14 |
|---|---|---|---|---|---|---|---|---|---|---|---|---|---|
| 12 | 14 | 14 | 15 | 15 | 15 | 14 | 14 | 14 | 14 | 14 | 14 | 14 | 14 |
| 12 | 10 | 10 | 13 | 13 | 15 | 13 | 13 | 13 | 13 | 13 | 14 | 14 | 14 |
| 9 | 10 | 12 | 12 | 12 | 15 | 11 | 11 | 11 | 11 | 11 | 14 | 14 | 14 |
| 9 | 10 | 14 | 12 | 13 | 13 | 13 | 13 | 9 | 9 | 9 | 10 | 10 | 10 |
| 12 | 10 | 14 | 14 | 12 | 12 | 13 | 9 | 9 | 12 | 12 | 12 | 9 | 10 |
| 12 | 11 | 15 | 15 | 13 | 15 | 15 | 15 | 15 | 15 | 14 | 9 | 9 | 10 |
| 12 | 11 | 14 | 15 | 13 | 13 | 15 | 15 | 14 | 14 | 14 | 9 | 12 | 10 |
| 12 | 11 | 14 | 15 | 15 | 13 | 13 | 12 | 12 | 12 | 12 | 12 | 12 | 13 |
| 12 | 11 | 14 | 14 | 15 | 15 | 11 | 11 | 11 | 11 | 11 | 11 | 12 | 13 |
| 12 | 11 | 13 | 13 | 13 | 10 | 10 | 10 | 10 | 10 | 10 | 10 | 10 | 13 |
| 12 | 10 | 13 | 13 | 13 | 14 | 14 | 14 | 14 | 14 | 14 | 12 | 13 | 13 |
| 9 | 10 | 10 | 9 | 9 | 9 | 9 | 9 | 9 | 9 | 12 | 12 | 13 | 13 |
| 9 | 11 | 15 | 15 | 15 | 15 | 15 | 15 | 15 | 15 | 15 | 13 | 13 | 13 |

답 바나나

## 05 직각삼각형의 변의 길이 37쪽

**1-1** 답 **20**

$\sin 27° = \frac{9}{x}$이므로

$x = \frac{9}{\sin 27°} = \frac{9}{0.45} = 20$

**1-2** 답 **6.15 m**

$\overline{BC} = \overline{AB} \tan 64°$

$= 3 \times 2.05$

$= 6.15(\text{m})$

## 06 일반 삼각형의 변의 길이 ······ 41쪽

**1-1** 답 $3\sqrt{7}$

오른쪽 그림과 같이 꼭짓점 C에서 $\overline{AB}$에 내린 수선의 발을 H라 하면 직각삼각형 ACH에서

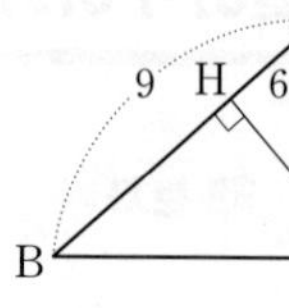


$\overline{CH}=6\sin 60^\circ$

$=6\times\frac{\sqrt{3}}{2}=3\sqrt{3}$

$\overline{AH}=6\cos 60^\circ$

$=6\times\frac{1}{2}=3$

이때 $\overline{BH}=\overline{AB}-\overline{AH}=9-3=6$이므로

직각삼각형 CHB에서

$\overline{BC}=\sqrt{\overline{CH}^2+\overline{BH}^2}$

$=\sqrt{(3\sqrt{3})^2+6^2}$

$=\sqrt{63}=3\sqrt{7}$

**2-1** 답 10

오른쪽 그림과 같이 꼭짓점 A에서 $\overline{BC}$에 내린 수선의 발을 H라 하면 직각삼각형 AHC에서

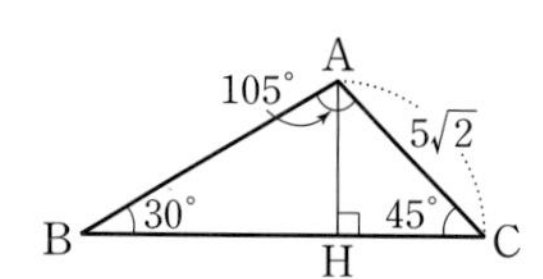


$\overline{AH}=5\sqrt{2}\sin 45^\circ$

$=5\sqrt{2}\times\frac{\sqrt{2}}{2}=5$

$\triangle ABC$에서

$\angle B=180^\circ-(105^\circ+45^\circ)=30^\circ$

따라서 직각삼각형 ABH에서

$\overline{AB}=\frac{\overline{AH}}{\sin 30^\circ}=\frac{5}{\sin 30^\circ}$

$=5\div\frac{1}{2}=5\times 2$

$=10$

## 07 삼각형의 높이 ······ 45쪽

**1-1** 답 (1) $\overline{BH}=h$, $\overline{CH}=\frac{\sqrt{3}}{3}h$ (2) $4\sqrt{3}$

(1) 직각삼각형 ABH에서

$\overline{BH}=\frac{h}{\tan 45^\circ}=h$

직각삼각형 ACH에서

$\angle ACH=180^\circ-120^\circ=60^\circ$이므로

$\overline{CH}=\frac{h}{\tan 60^\circ}=\frac{\sqrt{3}}{3}h$

(2) $\overline{BC}=\overline{BH}-\overline{CH}$이므로

$8=h-\frac{\sqrt{3}}{3}h$

$\frac{2\sqrt{3}}{3}h=8$

$\therefore h=4\sqrt{3}$

**1-2** 답 (1) $8(\sqrt{3}-1)$ (2) $3(\sqrt{3}+1)$

(1) 오른쪽 그림과 같이 $\overline{AH}=h$라 하면

직각삼각형 ABH에서

$\overline{BH}=\frac{h}{\tan 45^\circ}=h$

직각삼각형 AHC에서

$\overline{CH}=h\tan 60^\circ=\sqrt{3}h$

$\overline{BC}=\overline{BH}+\overline{CH}$이므로

$16=h+\sqrt{3}h$

$(\sqrt{3}+1)h=16$

$\therefore h=\frac{16}{\sqrt{3}+1}=8(\sqrt{3}-1)$

$\therefore \overline{AH}=8(\sqrt{3}-1)$

(2) 오른쪽 그림과 같이 $\overline{AH}=h$라 하면

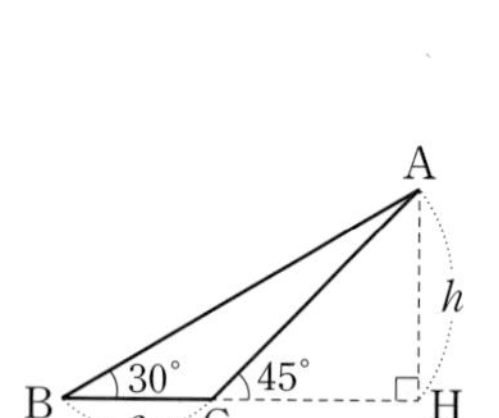


직각삼각형 ABH에서

$\overline{BH}=\frac{h}{\tan 30^\circ}=\sqrt{3}h$

직각삼각형 ACH에서

$\overline{CH}=\frac{h}{\tan 45^\circ}=h$

$\overline{BC}=\overline{BH}-\overline{CH}$이므로

$6=\sqrt{3}h-h$

$(\sqrt{3}-1)h=6$

$\therefore h=\frac{6}{\sqrt{3}-1}=3(\sqrt{3}+1)$

$\therefore \overline{AH}=3(\sqrt{3}+1)$

## ③ 넓이 구하기

### 준비 해 보자 47쪽

(1) $\triangle ABC=\frac{1}{2}\times 8\times 6=24\,(\text{cm}^2)$ ⇨ 괄

(2) $\triangle ABC=\frac{1}{2}\times 5\times 4=10\,(\text{cm}^2)$ ⇨ 목

(3) $\square ABCD=10\times 7=70\,(\text{cm}^2)$ ⇨ 상

(4) $\square ABCD=\triangle ABC+\triangle ACD$

$=\frac{1}{2}\times 4\times 6+\frac{1}{2}\times 6\times 3$

$=12+9=21\,(\text{cm}^2)$ ⇨ 대

답 괄목상대

## 08 삼각형의 넓이 51쪽

**1-1** 답 (1) $21\sqrt{3}$ cm² (2) $20\sqrt{2}$ cm²

(1) $\triangle ABC=\frac{1}{2}\times 12\times 7\times \sin 60^\circ$

$=\frac{1}{2}\times 12\times 7\times \frac{\sqrt{3}}{2}$

$=21\sqrt{3}\,(\text{cm}^2)$

(2) $\angle B=180^\circ-(20^\circ+25^\circ)=135^\circ$이므로

$\triangle ABC=\frac{1}{2}\times 10\times 8\times \sin(180^\circ-135^\circ)$

$=\frac{1}{2}\times 10\times 8\times \frac{\sqrt{2}}{2}$

$=20\sqrt{2}\,(\text{cm}^2)$

**1-2** 답 (1) $2\sqrt{3}$ cm² (2) $12\sqrt{3}$ cm² (3) $14\sqrt{3}$ cm²

(1) $\triangle ABC=\frac{1}{2}\times 4\times 2\sqrt{3}\times \sin(180^\circ-150^\circ)$

$=\frac{1}{2}\times 4\times 2\sqrt{3}\times \frac{1}{2}$

$=2\sqrt{3}\,(\text{cm}^2)$

(2) $\triangle ACD=\frac{1}{2}\times 8\times 6\times \sin 60^\circ$

$=\frac{1}{2}\times 8\times 6\times \frac{\sqrt{3}}{2}$

$=12\sqrt{3}\,(\text{cm}^2)$

(3) $\square ABCD=\triangle ABC+\triangle ACD$

$=2\sqrt{3}+12\sqrt{3}$

$=14\sqrt{3}\,(\text{cm}^2)$

## 09 사각형의 넓이 55쪽

**1-1** 답 (1) 20 cm² (2) 54 cm² (3) 66 cm² (4) 105 cm²

(1) $\overline{AB}/\!/\overline{DC}$, $\overline{AD}/\!/\overline{BC}$이므로 □ABCD는 평행사변형이다.

따라서 $\angle C=\angle A=150^\circ$이므로

$\square ABCD=8\times 5\times \sin(180^\circ-150^\circ)$

$=8\times 5\times \frac{1}{2}$

$=20\,(\text{cm}^2)$

(2) $\angle A=360^\circ-(45^\circ+135^\circ+45^\circ)$

$=135^\circ$

이때 $\angle A=\angle C$, $\angle B=\angle D$이므로 □ABCD는 평행사변형이다.

$\therefore \square ABCD=6\sqrt{2}\times 9\times \sin 45^\circ$

$=6\sqrt{2}\times 9\times \frac{\sqrt{2}}{2}$

$=54\,(\text{cm}^2)$

(3) $\square ABCD=\frac{1}{2}\times 12\times 11\times \sin 90^\circ$

$=\frac{1}{2}\times 12\times 11\times 1$

$=66\,(\text{cm}^2)$

(4) 오른쪽 그림과 같이 □ABCD의 두 대각선의 교점을 O라 하면 △OBC에서

$\angle BOC=180^\circ-(35^\circ+25^\circ)$

$=120^\circ$

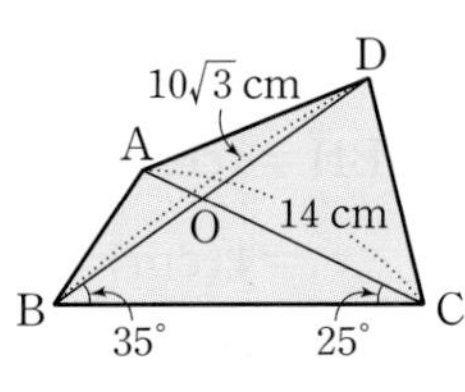


$\therefore \square ABCD=\frac{1}{2}\times 14\times 10\sqrt{3}\times \sin(180^\circ-120^\circ)$

$=\frac{1}{2}\times 14\times 10\sqrt{3}\times \frac{\sqrt{3}}{2}$

$=105\,(\text{cm}^2)$

**1** ② $c\cos A=\overline{AC}=b$

**2** $x=20\cos 54^\circ$
$=20\times 0.6=12$
$y=20\sin 54^\circ$
$=20\times 0.8=16$
$\therefore x-y=12-16$
$=-4$

**3** $\overline{BC}=10\times\tan 25^\circ$
$=10\times 0.47=4.7\,(\mathrm{m})$
$\therefore$ (나무의 높이)$=1.6+\overline{BC}$
$=1.6+4.7$
$=6.3\,(\mathrm{m})$

**4** 꼭짓점 A에서 $\overline{BC}$에 내린 수선의 발을 H라 하면
$\triangle$ABH에서
$\overline{AH}=8\sin 60^\circ$
$=8\times\dfrac{\sqrt{3}}{2}$
$=4\sqrt{3}\,(\mathrm{cm})$
$\overline{BH}=8\cos 60^\circ=8\times\dfrac{1}{2}$
$=4\,(\mathrm{cm})$
$\overline{CH}=\overline{BC}-\overline{BH}=15-4=11\,(\mathrm{cm})$이므로
$\triangle$AHC에서
$\overline{AC}=\sqrt{11^2+(4\sqrt{3})^2}=\sqrt{169}$
$=13\,(\mathrm{cm})$

**5** 꼭짓점 C에서 $\overline{AB}$에 내린 수선의 발을 H라 하면 $\triangle$AHC에서

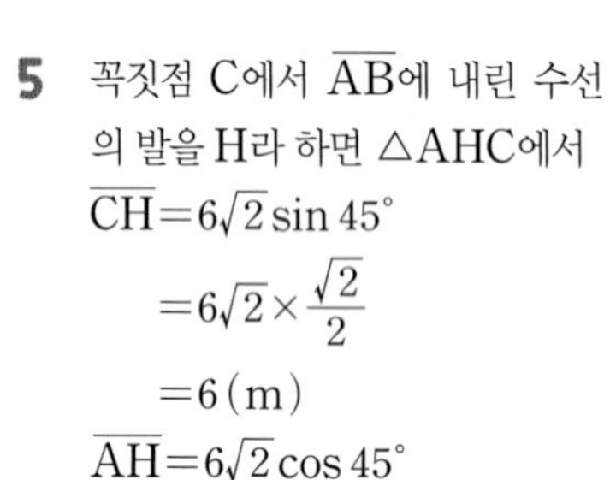

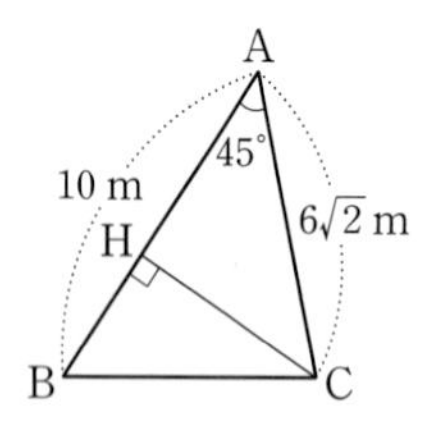


$\overline{CH}=6\sqrt{2}\sin 45^\circ$
$=6\sqrt{2}\times\dfrac{\sqrt{2}}{2}$
$=6\,(\mathrm{m})$
$\overline{AH}=6\sqrt{2}\cos 45^\circ$
$=6\sqrt{2}\times\dfrac{\sqrt{2}}{2}$
$=6\,(\mathrm{m})$
$\overline{BH}=\overline{AB}-\overline{AH}=10-6=4\,(\mathrm{m})$이므로
$\triangle$BCH에서
$\overline{BC}=\sqrt{4^2+6^2}=\sqrt{52}$
$=2\sqrt{13}\,(\mathrm{m})$

**6** 꼭짓점 A에서 $\overline{BC}$에 내린 수선의 발을 H라 하면
$\triangle$AHC에서
$\overline{AH}=b\sin 60^\circ$
$=b\times\dfrac{\sqrt{3}}{2}=\dfrac{\sqrt{3}}{2}b$
$\therefore \overline{AB}=\dfrac{\overline{AH}}{\sin 37^\circ}=\dfrac{\sqrt{3}}{2}b\div 0.6=\dfrac{5\sqrt{3}}{6}b$

**7** $\angle ACH=50^\circ$, $\angle BCH=20^\circ$

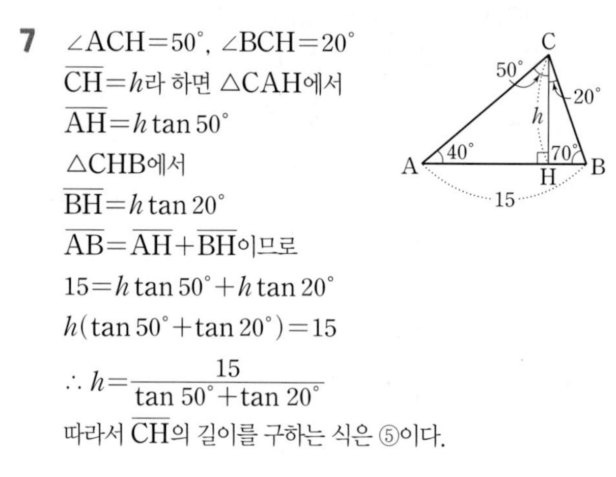


$\overline{CH}=h$라 하면 $\triangle$CAH에서
$\overline{AH}=h\tan 50^\circ$
$\triangle$CHB에서
$\overline{BH}=h\tan 20^\circ$
$\overline{AB}=\overline{AH}+\overline{BH}$이므로
$15=h\tan 50^\circ+h\tan 20^\circ$
$h(\tan 50^\circ+\tan 20^\circ)=15$
$\therefore h=\dfrac{15}{\tan 50^\circ+\tan 20^\circ}$
따라서 $\overline{CH}$의 길이를 구하는 식은 ⑤이다.

**8** $\angle BAH=60^\circ$,
$\angle CAH=45^\circ$

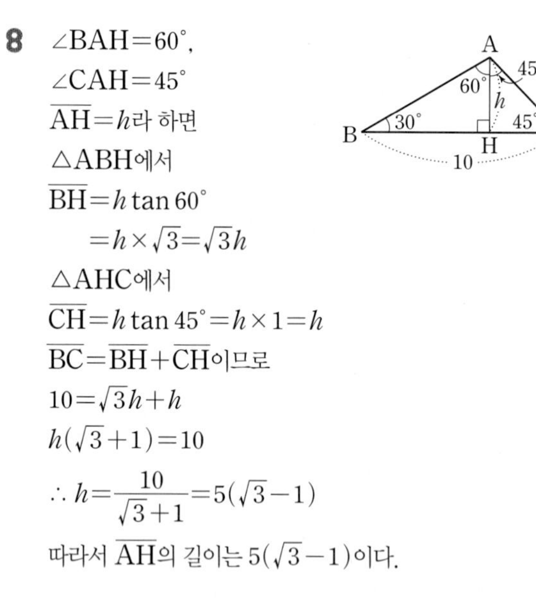


$\overline{AH}=h$라 하면
$\triangle$ABH에서
$\overline{BH}=h\tan 60^\circ$
$=h\times\sqrt{3}=\sqrt{3}h$
$\triangle$AHC에서
$\overline{CH}=h\tan 45^\circ=h\times 1=h$
$\overline{BC}=\overline{BH}+\overline{CH}$이므로
$10=\sqrt{3}h+h$
$h(\sqrt{3}+1)=10$
$\therefore h=\dfrac{10}{\sqrt{3}+1}=5(\sqrt{3}-1)$
따라서 $\overline{AH}$의 길이는 $5(\sqrt{3}-1)$이다.

**9** $\angle ADC=60^\circ$,
$\angle BDC=30^\circ$

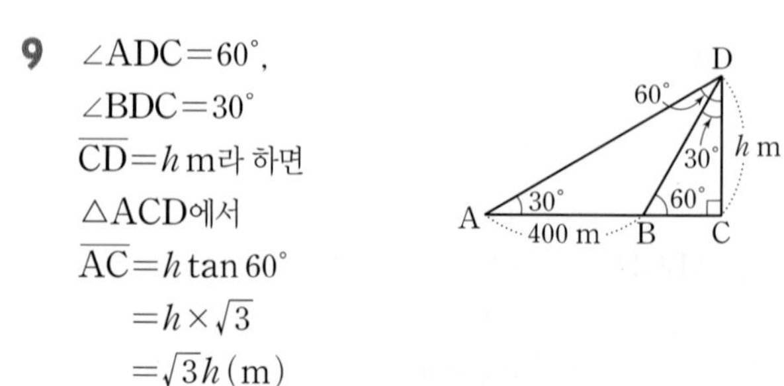


$\overline{CD}=h$ m라 하면
$\triangle$ACD에서
$\overline{AC}=h\tan 60^\circ$
$=h\times\sqrt{3}$
$=\sqrt{3}h\,(\mathrm{m})$

$\triangle$BCD에서

$\overline{BC}=h\tan 30°$

$=h\times\frac{\sqrt{3}}{3}$

$=\frac{\sqrt{3}}{3}h\,(\text{m})$

$\overline{AB}=\overline{AC}-\overline{BC}$이므로

$400=\sqrt{3}h-\frac{\sqrt{3}}{3}h=h\left(\sqrt{3}-\frac{\sqrt{3}}{3}\right)$

$\therefore h=400\times\frac{3}{3\sqrt{3}-\sqrt{3}}=200\sqrt{3}$

따라서 건물의 높이 $\overline{CD}$의 길이는 $200\sqrt{3}$ m이다.

**10** $\frac{1}{2}\times\overline{AB}\times10\sqrt{3}\times\sin 60°=90$에서

$\frac{1}{2}\times\overline{AB}\times10\sqrt{3}\times\frac{\sqrt{3}}{2}=90$

$\frac{15}{2}\times\overline{AB}=90$

$\therefore \overline{AB}=90\times\frac{2}{15}=12\,(\text{cm})$

**11** $\triangle$ABC에서

$\overline{BC}=12$, $\angle CBA=45°$이므로

$\overline{AB}=12\cos 45°=12\times\frac{\sqrt{2}}{2}=6\sqrt{2}$

$\angle ABD=45°+90°=135°$이므로

$\triangle ABD=\frac{1}{2}\times6\sqrt{2}\times12\times\sin(180°-135°)$

$=\frac{1}{2}\times6\sqrt{2}\times12\times\sin 45°$

$=\frac{1}{2}\times6\sqrt{2}\times12\times\frac{\sqrt{2}}{2}$

$=36$

**12**

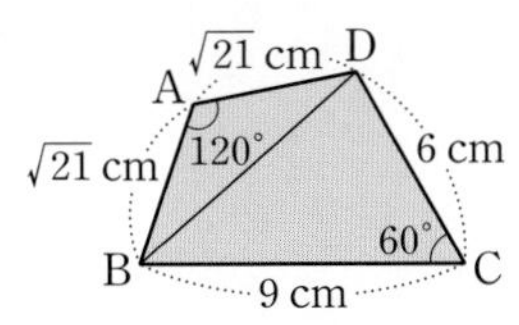


$\overline{BD}$를 그으면

$\square$ABCD

$=\triangle ABD+\triangle BCD$

$=\frac{1}{2}\times\sqrt{21}\times\sqrt{21}\times\sin(180°-120°)$

$+\frac{1}{2}\times9\times6\times\sin 60°$

$=\frac{1}{2}\times\sqrt{21}\times\sqrt{21}\times\sin 60°+\frac{1}{2}\times9\times6\times\sin 60°$

$=\frac{1}{2}\times\sqrt{21}\times\sqrt{21}\times\frac{\sqrt{3}}{2}+\frac{1}{2}\times9\times6\times\frac{\sqrt{3}}{2}$

$=\frac{21\sqrt{3}}{4}+\frac{27\sqrt{3}}{2}$

$=\frac{75\sqrt{3}}{4}\,(\text{cm}^2)$

**13** $\overline{AB}\times6\times\sin 45°=15\sqrt{2}$에서

$\overline{AB}\times6\times\frac{\sqrt{2}}{2}=15\sqrt{2}$

$3\sqrt{2}\times\overline{AB}=15\sqrt{2}$

$\therefore \overline{AB}=5\,(\text{cm})$

**14** 마름모 ABCD는 $\overline{AB}=\overline{AD}=4$ cm인 평행사변형이므로

$\square ABCD=4\times4\times\sin(180°-150°)$

$=4\times4\times\sin 30°$

$=4\times4\times\frac{1}{2}$

$=8\,(\text{cm}^2)$

**15** 두 대각선의 교점을 O라 하면

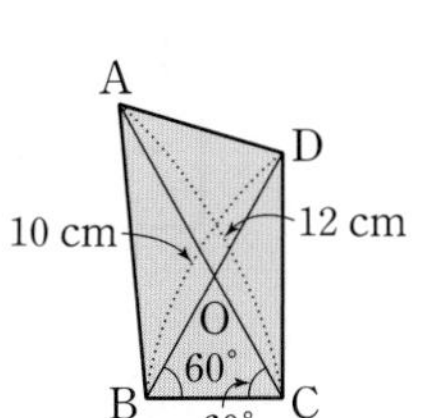


$\triangle$OBC에서

$\angle BOC=180°-(60°+60°)$

$=60°$

$\therefore \square$ABCD

$=\frac{1}{2}\times12\times10\times\sin 60°$

$=\frac{1}{2}\times12\times10\times\frac{\sqrt{3}}{2}$

$=30\sqrt{3}\,(\text{cm}^2)$

**16** 등변사다리꼴의 두 대각선의 길이는 같으므로

$\overline{AC}=\overline{BD}=x$ cm라 하면

$\frac{1}{2}\times x\times x\times\sin(180°-135°)=\frac{49\sqrt{2}}{2}$

$\frac{1}{2}\times x\times x\times\sin 45°=\frac{49\sqrt{2}}{2}$

$\frac{1}{2}\times x\times x\times\frac{\sqrt{2}}{2}=\frac{49\sqrt{2}}{2}$

$\frac{\sqrt{2}}{4}x^2=\frac{49\sqrt{2}}{2}$

$x^2=98$

$\therefore x=7\sqrt{2}\,(\because x>0)$

따라서 $\overline{BD}$의 길이는 $7\sqrt{2}$ cm이다.

# Ⅲ. 원과 직선

## ④ 원의 현

### 준비 해 보자 65쪽

(1) $\angle$AOB에 대한 호는 $\overset{\frown}{AB}$이다. (○)
(2) $\overset{\frown}{BC}$에 대한 중심각은 $\angle$BOC이다. (×)
(3) $\overline{AB}$와 $\overset{\frown}{AB}$로 둘러싸인 도형은 활꼴이다. (○)
(4) $\overset{\frown}{BC}$와 $\overline{OB}$, $\overline{OC}$로 둘러싸인 도형은 부채꼴이다. (×)
(5) $\overline{AC}$는 가장 긴 현이다. (○)

답 풀이 참조

## 10 원의 중심과 현의 수직이등분선 69쪽

**1-1** 답 **24 cm**

직각삼각형 OMB에서
$\overline{BM}=\sqrt{13^2-5^2}=\sqrt{144}=12(\text{cm})$
$\overline{AB}\perp\overline{OM}$이므로
$\overline{AB}=2\overline{BM}=2\times12$
$=24(\text{cm})$

**2-1** 답 **5 cm**

원 O의 반지름의 길이를 $x$ cm라 하면
$\overline{OC}=\overline{OB}=x$ cm이므로
$\overline{OM}=(x-2)$ cm
$\overline{AB}\perp\overline{OC}$이므로
$\overline{MB}=\frac{1}{2}\overline{AB}=\frac{1}{2}\times8=4(\text{cm})$
직각삼각형 OMB에서
$x^2=4^2+(x-2)^2$
$4x=20$
$\therefore x=5$
따라서 원 O의 반지름의 길이는 5 cm이다.

## 11 현의 길이 73쪽

**1-1** 답 (1) **4** (2) $\mathbf{3\sqrt{2}}$

(1) $\overline{AB}\perp\overline{OM}$이므로
$\overline{AM}=\frac{1}{2}\overline{AB}=\frac{1}{2}\times16=8$
직각삼각형 OAM에서
$\overline{OM}=\sqrt{(4\sqrt{5})^2-8^2}=\sqrt{16}=4$
$\overline{AB}=\overline{CD}$이므로
$\overline{ON}=\overline{OM}=4$
$\therefore x=4$

(2) $\overline{OM}=\overline{ON}$이므로
$\overline{CD}=\overline{AB}=6$
$\overline{CD}\perp\overline{ON}$이므로
$\overline{CN}=\frac{1}{2}\overline{CD}=\frac{1}{2}\times6=3$
직각삼각형 OCN에서
$\overline{OC}=\sqrt{3^2+3^2}=\sqrt{18}=3\sqrt{2}$
$\therefore x=3\sqrt{2}$

**1-2** 답 (1) **$\overline{AB}=\overline{AC}$인 이등변삼각형** (2) **50°**

(1) $\overline{OM}=\overline{ON}$이므로
$\overline{AB}=\overline{AC}$
따라서 삼각형 ABC는 $\overline{AB}=\overline{AC}$인 이등변삼각형이다.

(2) $\triangle$ABC에서
$\angle ACB=\angle ABC=65^\circ$
$\therefore \angle x=180^\circ-(65^\circ+65^\circ)=50^\circ$

## ⑤ 원의 접선

### 준비 해 보자 75쪽

(1) $\overline{BE}=\overline{BD}=5\,\text{cm}$

$\overline{AF}=\overline{AD}=3\,\text{cm}$

$\overline{CE}=\overline{CF}=\overline{AC}-\overline{AF}$

$=6-3=3(\text{cm})$

$\therefore \overline{BC}=\overline{BE}+\overline{CE}$

$=5+3$

$=\boxed{8}(\text{cm})$ ⇨ 함평

(2) $\triangle ABC=\frac{1}{2}\times3\times(10+12+10)$

$=\boxed{48}(\text{cm}^2)$ ⇨ 울산

(3) $\triangle ABC=\frac{1}{2}\times8\times6$

$=24(\text{cm}^2)$

내접원 I의 반지름의 길이를 $r$ cm라 하면

$\frac{1}{2}\times r\times(6+8+10)=24$

$12r=24$

$\therefore r=2$

$\therefore$ (내접원 I의 반지름의 길이)$=\boxed{2}$ cm ⇨ 보령

**답** (1) 함평 나비 대축제 (2) 울산 고래축제 (3) 보령 머드축제

## 12 원의 접선 78쪽

**1-1** 답 (1) 4 (2) 17

(1) $\angle PAO=90°$이므로 직각삼각형 POA에서 피타고라스 정리에 의하여

$\overline{PA}=\sqrt{5^2-3^2}=\sqrt{16}$

$=4(\text{cm})$

$\overline{PB}=\overline{PA}=4\,\text{cm}$

$\therefore x=4$

(2) $\overline{PA}=\overline{PB}=15\,\text{cm}$이고 $\angle PAO=90°$이므로 직각삼각형 POA에서 피타고라스 정리에 의하여

$\overline{OP}=\sqrt{8^2+15^2}=\sqrt{289}$

$=17(\text{cm})$

$\therefore x=17$

**1-2** 답 (1) 3 cm (2) 2 cm (3) 5 cm

(1) $\overline{CF}=\overline{CE}=\overline{AE}-\overline{AC}=9-6=3(\text{cm})$

(2) $\overline{AD}=\overline{AE}=9\,\text{cm}$이므로

$\overline{BD}=\overline{AD}-\overline{AB}=9-7=2(\text{cm})$

(3) $\overline{BF}=\overline{BD}=2\,\text{cm}$이므로

$\overline{BC}=\overline{BF}+\overline{CF}=2+3=5(\text{cm})$

## 13 원의 접선의 응용 82쪽

**1-1** 답 (1) 7 (2) 10

(1) $\overline{BE}=\overline{BD}=x\,\text{cm}$이므로

$\overline{CF}=\overline{CE}=\overline{BC}-\overline{BE}=(10-x)\,\text{cm}$

$\overline{AF}=\overline{AD}=\overline{AB}-\overline{BD}=(12-x)\,\text{cm}$

$\overline{AC}=\overline{AF}+\overline{CF}$이므로

$8=(12-x)+(10-x)$

$2x=14$

$\therefore x=7$

(2) $\overline{AB}+\overline{CD}=\overline{AD}+\overline{BC}$이므로

$11+(3+x)=9+15$

$\therefore x=10$

**1-2** 답 (1) $\overline{AF}=(6-r)\,\text{cm}$, $\overline{CF}=(8-r)\,\text{cm}$ (2) 2

(1) $\angle ODB=\angle OEB=90°$, $\overline{OD}=\overline{OE}=r\,\text{cm}$이므로

□ODBE는 정사각형이다.

따라서 $\overline{BD}=\overline{BE}=r\,\text{cm}$이므로

$\overline{AF}=\overline{AD}=\overline{AB}-\overline{BD}=(6-r)\,\text{cm}$

$\overline{CF}=\overline{CE}=\overline{BC}-\overline{BE}=(8-r)\,\text{cm}$

(2) $\overline{AC}=\overline{AF}+\overline{CF}$이므로

$10=(6-r)+(8-r)$

$2r=4$

$\therefore r=2$

### Go Go! 문제를 풀어 보자 84~87쪽

| | | | |
|---|---|---|---|
| 1 ② | 2 ③ | 3 20 | 4 6 cm |
| 5 ④ | 6 50° | 7 ③ | 8 ③ |
| 9 ④ | 10 6 cm | 11 ⑤ | 12 4 cm |
| 13 5 cm | 14 16 cm | 15 22 cm | 16 56 cm |

**1** $\overline{AM}=\frac{1}{2}\overline{AB}=\frac{1}{2}\times 10$

$=5(cm)$

$\triangle OAM$에서

$\overline{OA}=\sqrt{5^2+4^2}=\sqrt{41}(cm)$

**2** $\overline{OA}$를 그으면

$\overline{OA}=\overline{OD}=\frac{1}{2}\overline{CD}$

$=\frac{1}{2}\times(20+6)$

$=13(cm)$

$\overline{OM}=\overline{OD}-\overline{DM}$

$=13-6=7(cm)$

$\triangle OMA$에서

$\overline{AM}=\sqrt{13^2-7^2}=\sqrt{120}$

$=2\sqrt{30}(cm)$

$\therefore \overline{AB}=2\overline{AM}=2\times 2\sqrt{30}$

$=4\sqrt{30}(cm)$

**3** $\overline{BM}=\overline{AM}=12\,cm$

$\overline{OC}=\overline{OB}=x\,cm$이므로

$\overline{OM}=\overline{OC}-\overline{CM}=(x-4)\,cm$

$\triangle OMB$에서

$x^2=12^2+(x-4)^2$

$8x=160$

$\therefore x=20$

**4** $\overline{AM}=\overline{BM}=8\,cm$이므로

$\overline{AB}=2\times 8=16(cm)$

$\triangle OAM$에서

$\overline{OM}=\sqrt{10^2-8^2}=\sqrt{36}$

$=6(cm)$

따라서 $\overline{AB}=\overline{CD}$이므로

$\overline{ON}=\overline{OM}=6\,cm$

**5** $\triangle OCN$에서

$\overline{CN}=\sqrt{15^2-12^2}=\sqrt{81}$

$=9(cm)$

$\therefore \overline{CD}=2\overline{CN}=2\times 9$

$=18(cm)$

따라서 $\overline{OM}=\overline{ON}$이므로

$\overline{AB}=\overline{CD}=18\,cm$

**6** $\square AMON$에서

$\angle A=360^\circ-(90^\circ+100^\circ+90^\circ)$

$=80^\circ$

$\overline{OM}=\overline{ON}$이므로 $\overline{AB}=\overline{AC}$

따라서 $\triangle ABC$는 이등변삼각형이므로

$\angle ABC=\frac{1}{2}\times(180^\circ-80^\circ)$

$=50^\circ$

**7** $\triangle PAB$에서 $\overline{PA}=\overline{PB}$이므로

$\angle PAB=\frac{1}{2}\times(180^\circ-40^\circ)$

$=70^\circ$

**8** $\angle OBP=90^\circ$이고 $\overline{OC}=\overline{OB}=6\,cm$이므로

$\triangle OBP$에서

$\overline{PB}=\sqrt{(6+2)^2-6^2}=\sqrt{28}$

$=2\sqrt{7}(cm)$

따라서 $\overline{PA}=\overline{PB}=2\sqrt{7}\,cm$이므로

$x=2\sqrt{7}$

**9** $\overline{AB}+\overline{BC}+\overline{CA}=\overline{AD}+\overline{AE}$에서

$13+\overline{BC}+10=16+16$

$\therefore \overline{BC}=9(cm)$

**10** $\overline{BD}=\overline{BF}$, $\overline{CE}=\overline{CF}$이므로

$\overline{AD}+\overline{AE}=\overline{AB}+\overline{BC}+\overline{CA}$

$=6+10+8$

$=24(cm)$

$\overline{AD}=\overline{AE}$이므로

$\overline{AD}=\frac{1}{2}\times 24$

$=12(cm)$

$\therefore \overline{BD}=\overline{AD}-\overline{AB}=12-6$

$=6(cm)$

**11** $\triangle ABC$에서

$\overline{AB}=\sqrt{12^2+9^2}=\sqrt{225}$

$=15(cm)$

$\overline{BD}=\overline{BF}$, $\overline{CE}=\overline{CF}$이므로

$\overline{AD}+\overline{AE}=\overline{AB}+\overline{BC}+\overline{CA}$

$=15+12+9$

$=36(cm)$

$\overline{AD}=\overline{AE}$이므로

$\overline{AE}=\frac{1}{2}\times 36=18(cm)$

**12** $\overline{AF}=\overline{AD}=3cm$

$\overline{BE}=\overline{BD}=8-3=5(cm)$

$\overline{CF}=\overline{CE}=6-5=1(cm)$

$\therefore \overline{AC}=\overline{AF}+\overline{CF}=3+1$

$=4(cm)$

**13** $\overline{BE}=\overline{BD}=x\,cm$라 하면

$\overline{AF}=\overline{AD}=(7-x)cm$

$\overline{CF}=\overline{CE}=(9-x)cm$

$\overline{AC}=\overline{AF}+\overline{CF}$이므로

$6=(7-x)+(9-x)$

$2x=10 \quad \therefore x=5$

$\therefore \overline{BE}=5cm$

**14** $\overline{AB}+\overline{CD}=\overline{AD}+\overline{BC}$이고

□ABCD의 둘레의 길이가 54 cm이므로

$\overline{AD}+\overline{BC}=\frac{1}{2}\times 54=27(cm)$

이때 $\overline{AD}=11cm$이므로

$11+\overline{BC}=27$

$\therefore \overline{BC}=16(cm)$

$\overline{BP}=\overline{BQ}$, $\overline{CR}=\overline{CQ}$이므로

$\overline{BP}+\overline{CR}=\overline{BQ}+\overline{CQ}=\overline{BC}$

$=16cm$

**15** $\overline{AB}+\overline{CD}=\overline{AD}+\overline{BC}$이고

$\overline{AD}+\overline{BC}=12+24=36(cm)$

$\overline{AB}+\overline{CD}=(\overline{AE}+\overline{BE})+(\overline{CG}+\overline{DG})$

$=(\overline{AE}+10)+(\overline{CG}+4)$

$=\overline{AE}+\overline{CG}+14$

따라서 $\overline{AE}+\overline{CG}+14=36$이므로

$\overline{AE}+\overline{CG}=22(cm)$

**16** $\overline{AB}+\overline{CD}=\overline{AD}+\overline{BC}$이고

$\overline{AD}+\overline{BC}=32+80=112(cm)$이므로

$\overline{AB}+\overline{CD}=112cm$

등변사다리꼴 ABCD에서 $\overline{AB}=\overline{CD}$이므로

$\overline{AB}=\frac{1}{2}\times 112=56(cm)$

# Ⅳ. 원주각

## ❻ 원주각의 성질

### 준비해 보자 91쪽

(1) $30:90=10:x$에서

$1:3=10:x$

$\therefore x=30$ ⇨ 습관

(2) $x:70=9:18$에서

$x:70=1:2$

$2x=70$

$\therefore x=35$ ⇨ 거미줄

(3) $120:80=30:x$에서

$3:2=30:x$

$3x=60$

$\therefore x=20$ ⇨ 쇠줄

답 (1) 습관 (2) 거미줄 (3) 쇠줄

## 14 원주각과 중심각의 크기 95쪽

**1-1** 답 (1) $44°$ (2) $98°$ (3) $75°$ (4) $140°$

(1) $\angle x=\frac{1}{2}\angle AOB$

$=\frac{1}{2}\times 88°$

$=44°$

(2) $\angle x=\frac{1}{2}\times 196°$

$=98°$

(3) $\angle x=\frac{1}{2}\angle AOB$

$=\frac{1}{2}\times(360°-210°)$

$=75°$

(4) $\angle x=360°-2\times 110°$

$=140°$

## 15 원주각의 성질 ······ 99쪽

**1-1** 답 $\angle x=35°$, $\angle y=65°$

$\angle x=\angle BAC=35°$ ($\overset{\frown}{BC}$에 대한 원주각)

$\triangle DPC$에서

$100°=35°+\angle y \quad \therefore \angle y=65°$

**2-1** 답 $38°$

$\overline{AB}$가 원 O의 지름이므로

$\angle ACB=90°$

$\angle BCD=90°-52°=38°$이므로

$\angle x=\angle BCD=38°$ ($\overset{\frown}{BD}$에 대한 원주각)

## 16 원주각의 크기와 호의 길이 ······ 103쪽

**1-1** 답 (1) 50 (2) 6 (3) 10

(1) $\overset{\frown}{AB}=\overset{\frown}{CD}$이므로

$\angle CQD=\angle APB=50°$

$\therefore x=50$

(2) $\overset{\frown}{AB}$에 대한 원주각의 크기는

$\frac{1}{2}\times 68°=34°$

이때 크기가 같은 원주각에 대한 호의 길이는 같으므로

$\overset{\frown}{BC}=\overset{\frown}{AB}=6$

$\therefore x=6$

(3) $\angle ACB:\angle CBD=\overset{\frown}{AB}:\overset{\frown}{CD}$이므로

$20:40=5:x$에서

$1:2=5:x$

$\therefore x=10$

**1-2** 답 $\angle A=60°$, $\angle B=40°$, $\angle C=80°$

$\angle C:\angle A:\angle B=\overset{\frown}{AB}:\overset{\frown}{BC}:\overset{\frown}{CA}=4:3:2$이므로

$\angle A=180°\times\frac{3}{4+3+2}=60°$

$\angle B=180°\times\frac{2}{4+3+2}=40°$

$\angle C=180°\times\frac{4}{4+3+2}=80°$

## 7 원주각의 활용

### 준비 해 보자 ······ 105쪽

• 크로네: $\angle APB=\frac{1}{2}\angle AOB=\frac{1}{2}\times 110°=55°$

$\therefore x=55$ ⇨ 노르웨이

• 페소: $\angle AOB=2\angle APB=2\times 35°=70°$

$\therefore x=70$ ⇨ 필리핀

• 루피: $\angle ADB=\angle ACB=60°$

$\therefore x=60$ ⇨ 인도

• 밧: $\angle ACB=90°$이므로

$\angle ABC=180°-(90°+25°)=65°$

$\therefore x=65$ ⇨ 태국

답 크로네 - 노르웨이, 페소 - 필리핀, 루피 - 인도, 밧 - 태국

## 17 네 점이 한 원 위에 있을 조건 ······ 108쪽

**1-1** 답 (1) 67° (2) 26° (3) 40° (4) 42°

(1) $\angle x=\angle BAC=67°$

(2) $\angle x=\angle ACB=26°$

(3) $\angle BDC=\angle BAC=55°$이므로

$\triangle BCD$에서

$\angle x=180°-(55°+85°)$

$=40°$

(4) $\angle BAC=\angle BDC=48°$이므로

$\triangle ABE$에서

$\angle x=90°-48°$

$=42°$

## 18 원에 내접하는 사각형의 성질 ······ 112쪽

**1-1** 답 (1) 25° (2) 70°

(1) $\square ABCD$가 원에 내접하므로

$\angle ABC+115°=180°$

$\therefore \angle ABC=65°$

$\overline{BC}$가 원 O의 지름이므로

$\angle BAC=90°$

$\triangle ABC$에서

$\angle x=180^\circ-(90^\circ+65^\circ)$

$=25^\circ$

(2) $\angle BAD=\frac{1}{2}\angle BOD$

$=\frac{1}{2}\times 140^\circ$

$=70^\circ$

$\square ABCD$가 원에 내접하므로

$\angle x=\angle BAD=70^\circ$

**1-2** 답 ㄴ, ㄷ

ㄱ. $\angle A+\angle C=125^\circ+45^\circ$

$=170^\circ$

따라서 $\square ABCD$는 원에 내접하지 않는다.

ㄴ. 두 점 A, D가 $\overline{BC}$에 대하여 같은 쪽에 있고

$\angle BAC=\angle BDC$

이므로 $\square ABCD$는 원에 내접한다.

ㄷ. $\triangle ABC$에서

$\angle B=180^\circ-(70^\circ+35^\circ)$

$=75^\circ$

이때 $\angle B=\angle CDE$이므로 $\square ABCD$는 원에 내접한다.

이상에서 $\square ABCD$가 원에 내접하는 것은 ㄴ, ㄷ이다.

## 19 원의 접선과 현이 이루는 각 116쪽

**1-1** 답 (1) $28^\circ$ (2) $25^\circ$ (3) $100^\circ$ (4) $30^\circ$

(1) $\angle BCA=\angle BAT=124^\circ$

$\therefore \angle x=\frac{1}{2}\times(180^\circ-124^\circ)$

$=28^\circ$

(2) $\overline{BC}$가 원 O의 지름이므로

$\angle CAB=90^\circ$

$\triangle ABC$에서

$\angle ABC=180^\circ-(90^\circ+65^\circ)$

$=25^\circ$

$\therefore \angle x=\angle ABC=25^\circ$

(3) $\angle CBA=\angle CAT=50^\circ$

$\therefore \angle x=2\angle CBA$

$=2\times 50^\circ$

$=100^\circ$

(4) $\angle CAP=\angle CBA=\angle x$

$\triangle ACP$에서

$\angle CAP=\angle ACB-\angle APC$

$=75^\circ-45^\circ$

$=30^\circ$

$\therefore \angle x=30^\circ$

### GoGo! 문제를 풀어 보자 118~121쪽

| | | | |
|---|---|---|---|
| **1** $45^\circ$ | **2** ② | **3** $22^\circ$ | **4** ① |
| **5** $26^\circ$ | **6** ① | **7** $40^\circ$ | **8** ① |
| **9** $90^\circ$ | **10** ③, ④ | **11** $10^\circ$ | **12** $97^\circ$ |
| **13** ④ | **14** $107^\circ$ | **15** $65^\circ$ | **16** ⑤ |

**1** $\angle AOB=2\angle APB$

$=2\times 45^\circ$

$=90^\circ$

$\triangle OAB$에서

$\overline{OA}=\overline{OB}$이므로

$\angle OAB=\frac{1}{2}\times(180^\circ-90^\circ)$

$=45^\circ$

**2** $\angle ACB=\frac{1}{2}\times(360^\circ-120^\circ)$

$=120^\circ$

$\square AOBC$에서

$\angle OAC=360^\circ-(120^\circ+60^\circ+120^\circ)$

$=60^\circ$

**3** $\angle y=\angle ADB=44^\circ$ ($\widehat{AB}$에 대한 원주각)

$\triangle PBC$에서

$\angle x+\angle y=66^\circ$

$\angle x+44^\circ=66^\circ$

$\therefore \angle x=22^\circ$

$\therefore \angle y-\angle x=44^\circ-22^\circ$

$=22^\circ$

**4** $\angle x=\angle AQB=38°$ ($\overset{\frown}{AB}$에 대한 원주각)
$\angle y=2\angle AQB$
$=2\times 38°$
$=76°$
$\therefore \angle x+\angle y=38°+76°$
$=114°$

**5** $\overline{AB}$는 원 O의 지름이므로
$\angle APB=90°$
$\triangle OPA$는 $\overline{OP}=\overline{OA}$인 이등변삼각형이므로
$\angle OPA=\angle OAP=64°$
$\therefore \angle x=90°-64°$
$=26°$

**6** $\overset{\frown}{AB}=\overset{\frown}{CD}$이므로
$\angle DBC=\angle ACB=31°$
따라서 $\triangle PBC$에서
$\angle DPC=31°+31°$
$=62°$

**7** $\overset{\frown}{AB}=\overset{\frown}{BC}$이므로
$\angle ADB=\angle BDC=42°$
또, $\angle BAC=\angle BDC=42°$ ($\overset{\frown}{BC}$에 대한 원주각)
$\triangle ABD$에서
$\angle x=180°-(42°+56°+42°)$
$=40°$

**8** $\overline{BP}$는 원 O의 지름이므로
$\angle BAP=90°$
$\triangle ABP$에서
$\angle ABP=180°-(90°+18°)$
$=72°$
$\angle ABP:\angle BPC=\overset{\frown}{AP}:\overset{\frown}{BC}$ 이므로
$72:x=12:4$
$72:x=3:1$
$3x=72$
$\therefore x=24$
$\therefore \angle x=24°$

**9** $\overset{\frown}{AB}:\overset{\frown}{BC}:\overset{\frown}{CA}=3:5:2$에서
$\angle ACB:\angle BAC:\angle CBA=3:5:2$
$\therefore \angle BAC=180°\times\frac{5}{3+5+2}$
$=90°$

**10** ① $\angle ACB=\angle ADB$이므로 네 점 A, B, C, D가 한 원 위에 있다.
② $\triangle ABC$에서
$\angle BAC=180°-(45°+60°+35°)$
$=40°$
따라서 $\angle BAC=\angle BDC$이므로 네 점 A, B, C, D가 한 원 위에 있다.
③ $\angle ACB=90°-55°$
$=35°$
따라서 $\angle ACB\neq\angle ADB$이므로 네 점 A, B, C, D가 한 원 위에 있지 않다.
④ $\angle ACB=180°-(70°+75°)$
$=35°$
따라서 $\angle ACB\neq\angle ADB$이므로 네 점 A, B, C, D가 한 원 위에 있지 않다.
⑤ $\angle BDC=110°-80°$
$=30°$
따라서 $\angle BAC=\angle BDC$이므로 네 점 A, B, C, D가 한 원 위에 있다.
이상에서 네 점 A, B, C, D가 한 원 위에 있지 않은 것은 ③, ④이다.

**11** $\triangle ABP$에서
$\angle BAP=180°-(65°+70°)$
$=45°$
네 점 A, B, C, D가 한 원 위에 있으므로
$\angle x=\angle BAC=45°$
또, $\angle CBD=\angle CAD=35°$이므로
$\triangle PBC$에서
$\angle y=70°-35°$
$=35°$
$\therefore \angle x-\angle y=45°-35°$
$=10°$

**12** $\angle BAC=\angle BDC=52°$ ($\overset{\frown}{BC}$에 대한 원주각)
□ABCD가 원에 내접하므로
$\angle x=\angle BAD=52°+45°$
$=97°$

**13** △ABE에서

$\angle BAE = 180° - (80° + 50°)$

$= 50°$

□ABCD가 원에 내접하므로

$\angle DCE = \angle BAE = 50°$

**14** 직선 AT가 원 O의 접선이므로

$\angle BCA = \angle BAT = 68°$

$\therefore \angle x = 180° - (30° + 68°)$

$= 82°$

△A′T′B′에서

$52° = \angle B'A'T' + 27°$

$\therefore \angle B'A'T' = 25°$

직선 A′T′이 원 O′의 접선이므로

$\angle y = \angle B'A'T' = 25°$

$\therefore \angle x + \angle y = 82° + 25°$

$= 107°$

**15** □ABCD가 원에 내접하므로

$80° + \angle y = 180°$

$\therefore \angle y = 100°$

직선 BP가 원의 접선이므로

$\angle CAB = \angle CBP = 45°$

따라서 △ABC에서

$\angle x = 180° - (45° + 100°) = 35°$

$\therefore \angle y - \angle x = 100° - 35° = 65°$

**16**

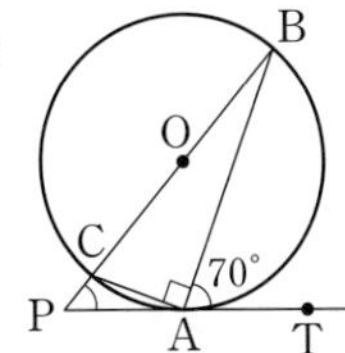


$\overline{AC}$를 그으면 $\overline{BC}$는 원 O의 지름이므로

$\angle BAC = 90°$

직선 AT가 원 O의 접선이므로

$\angle BCA = \angle BAT = 70°$

△ABC에서

$\angle ABC = 180° - (90° + 70°) = 20°$

△ABP에서

$70° = 20° + \angle BPA$

$\therefore \angle BPA = 50°$

# Ⅴ. 통계

## 8 대푯값

### 준비해 보자 125쪽

(1) 피아노 동아리의 전체 학생 수는 잎의 총 개수와 같으므로

$3 + 4 + 3 = \boxed{10}$(명)

이다. ⇨ 브

(2) 연습 시간이 적은 쪽부터 순서대로 나열하면

1시간, 7시간, 8시간, 12시간, 15시간, ⋯

이므로 연습 시간이 적은 쪽에서 5번째인 학생의 연습 시간은

$\boxed{15}$시간이다. ⇨ 람

(3) 연습 시간이 15시간 이상인 학생 수는

15시간, 16시간, 19시간, 20시간, 21시간, 21시간

의 $\boxed{6}$명이다. ⇨ 스

따라서 구하는 음악가의 이름은 '브람스'이다.

답 브람스

### 20 대푯값; 평균과 중앙값 129쪽

**1-1** 답 **평균: 6회, 중앙값: 6회**

$(\text{평균}) = \dfrac{10+6+3+1+4+11+7}{7}$

$= \dfrac{42}{7} = 6(\text{회})$

변량을 작은 값부터 순서대로 나열하면

1, 3, 4, 6, 7, 10, 11

이므로 중앙값은 6회이다.

**2-1** 답 **8시간**

평균이 8시간이므로

$\dfrac{7+5+11+6+x+9}{6} = 8$

$38 + x = 48$

$\therefore x = 10$

변량을 작은 값부터 순서대로 나열하면

5, 6, 7, 9, 10, 11

이므로 중앙값은

$\dfrac{7+9}{2} = 8(\text{시간})$

## 21 대푯값: 최빈값 133쪽

**1-1** 답 독서

독서를 좋아하는 학생이 11명으로 가장 많으므로 최빈값은 독서이다.

**1-2** 답 최빈값, 245 mm

가장 많이 주문해야 할 운동화의 크기를 정할 때는 판매된 운동화의 크기 중에서 가장 많이 판매된 것을 선택해야 하므로 대푯값으로 가장 적절한 것은 최빈값이다.

| 운동화의 크기 (mm) | 235 | 240 | 245 | 250 | 255 | 260 |
|---|---|---|---|---|---|---|
| 도수(켤레) | 2 | 2 | 4 | 2 | 1 | 3 |

위의 표에서 245 mm의 운동화가 4켤레로 가장 많이 판매되었으므로 최빈값은 245 mm이다.

# 9 산포도

### 준비 해 보자 135쪽

$$(\text{평균})=\frac{7+10+7+9+5+7+8+3+6+8}{10}=\frac{70}{10}=7$$

따라서 7을 출발점으로 하여 길을 따라가면 다음 그림과 같으므로 네덜란드의 국화는 튤립이다.

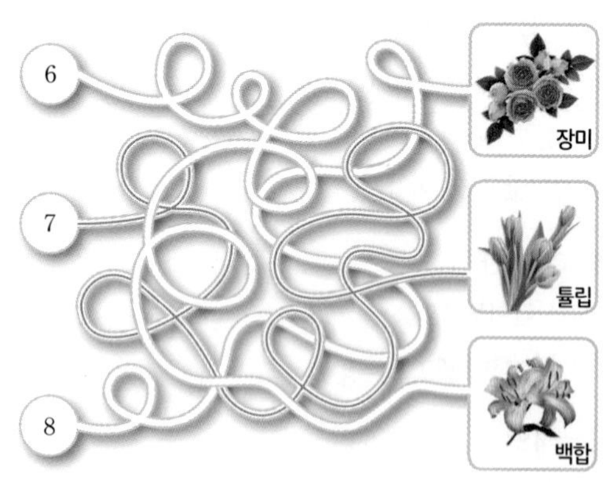


답 튤립

## 22 산포도와 편차 139쪽

**1-1** 답 $-5, 0, 6, 4, -2, -3$

$$(\text{평균})=\frac{4+9+15+13+7+6}{6}=\frac{54}{6}=9$$

(편차)=(변량)−(평균)이므로 주어진 각 변량의 편차는 순서대로

$-5, 0, 6, 4, -2, -3$

이다.

**2-1** 답 7시간

학생 E의 독서 시간의 편차를 $x$시간이라 하면 편차의 총합은 항상 0이므로

$(-2)+3+0+(-4)+x=0$

$-3+x=0$

$\therefore x=3$

(편차)=(변량)−(평균)에서 (변량)=(편차)+(평균)이므로 학생 E의 독서 시간은

$3+4=7$(시간)

## 23 분산과 표준편차 143쪽

**1-1** 답 분산: 7, 표준편차: $\sqrt{7}$

$$(\text{평균})=\frac{14+16+20+19+13+14}{6}=\frac{96}{6}=16$$

이때 각 변량의 편차는 순서대로

$-2, 0, 4, 3, -3, -2$

이므로

$$(\text{분산})=\frac{(-2)^2+0^2+4^2+3^2+(-3)^2+(-2)^2}{6}=\frac{42}{6}=7$$

$(\text{표준편차})=\sqrt{7}$

**2-1** 답 ㄱ, ㄷ

ㄱ. B반의 평균이 A반의 평균보다 높으므로 B반의 수학 성적이 A반의 수학 성적보다 더 우수하다.

ㄴ. 수학 성적이 가장 높은 학생이 속한 반은 각 반의 평균과 표준편차만으로 알 수 없다.

ㄷ. A반의 표준편차가 B반의 표준편차보다 작으므로 A반의 수학 성적이 B반의 수학 성적보다 더 고르게 분포되어 있다.

이상에서 옳은 것은 ㄱ, ㄷ이다.

## ⑩ 산점도와 상관관계

### 준비 해 보자 145쪽

주어진 순서쌍 $(x, y)$를 좌표평면 위에 점으로 나타낸 후, 그 점들을 순서대로 선분으로 연결하면 다음 그림과 같으므로 소방의 날은 11월 9일이다.

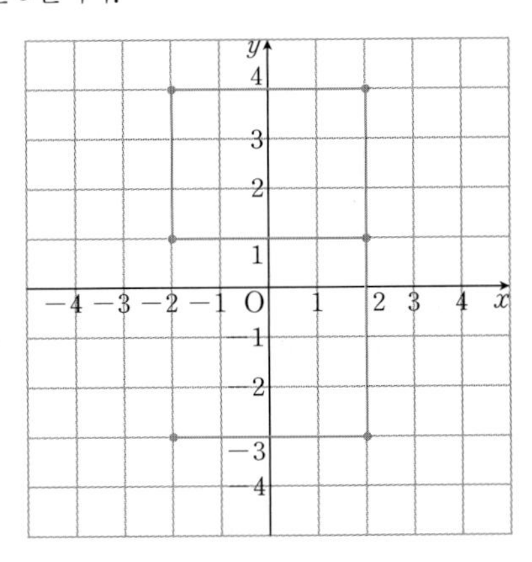

답 9일

### 24 산점도 148쪽

**1-1** 답 (1) 9명 (2) 5명

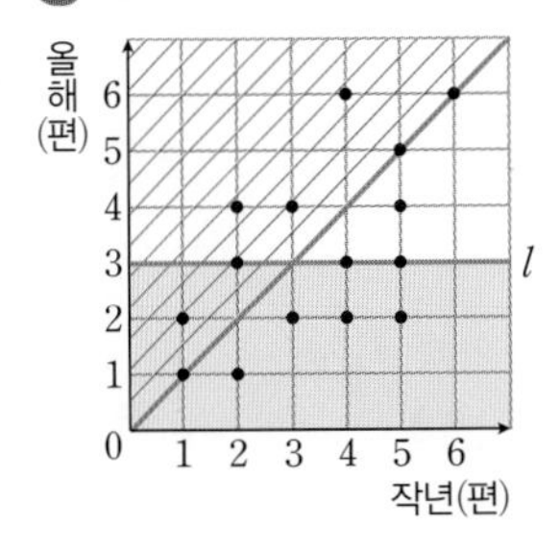


(1) 올해 관람한 연극이 3편 이하인 학생 수는 위의 산점도에서 색칠한 부분에 속하는 점의 개수와 직선 $l$ 위의 점의 개수의 합과 같으므로 9명이다.

(2) 작년에 비해 올해 관람한 연극 편수가 더 많은 학생 수는 위의 산점도에서 빗금친 부분에 속하는 점의 개수와 같으므로 5명이다.

**1-2** 답 (1) 4명 (2) 9점

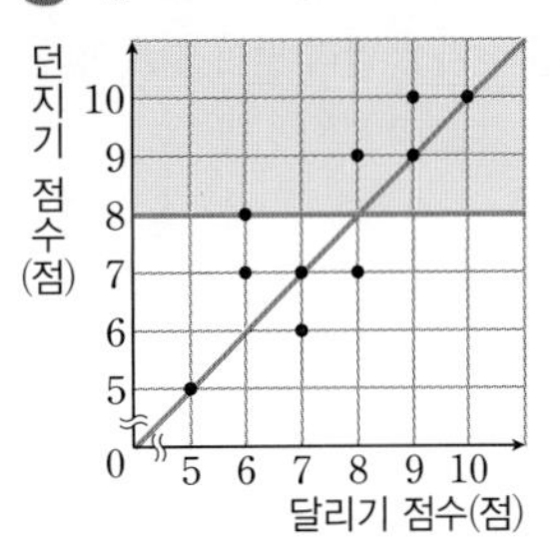


(1) 달리기 점수와 던지기 점수가 같은 학생 수는 위의 산점도에서 대각선 위의 점의 개수와 같으므로 4명이다.

(2) 던지기 점수가 8점보다 높은 학생 수는 위의 산점도에서 색칠한 부분에 속하는 점의 개수와 같으므로 4명이다.
따라서 던지기 점수가 8점보다 높은 학생들의 달리기 점수의 평균은

$$\frac{8\times1+9\times2+10\times1}{4}=\frac{36}{4}=9(\text{점})$$

### 25 상관관계 152쪽

**1-1** 답 ②, ③

주어진 산점도는 $x$의 값이 커짐에 따라 $y$의 값은 대체로 작아지므로 음의 상관관계를 나타낸다.

①, ⑤ 상관관계가 없다.

②, ③ 음의 상관관계

④ 양의 상관관계

**1-2** 답 (1) 양의 상관관계 (2) A

(1) 키가 커질수록 발 크기도 대체로 커지므로 키와 발 크기 사이에는 양의 상관관계가 있다.

(2)

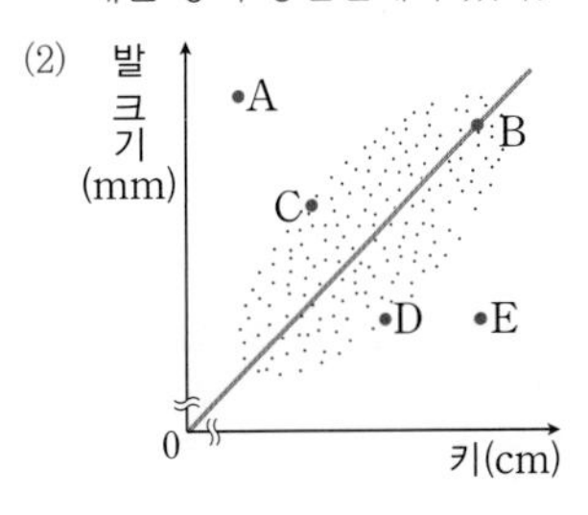

키에 비하여 발 크기가 가장 큰 학생은 앞의 산점도에서 대각선 위쪽에 있는 점 중에서 대각선과 가장 멀리 떨어진 A이다.

**문제를 풀어 보자** GoGo!

154~157쪽

| | | | |
|---|---|---|---|
| **1** 4급 | **2** ① | **3** ④ | **4** ② |
| **5** ③ | **6** 160 cm | **7** 15회 | **8** ② |
| **9** 12 | **10** ① | **11** ③ | **12** ① |
| **13** ① | **14** ② | **15** ③, ④ | **16** ④ |

**1** 변량을 작은 값부터 순서대로 나열하면

1, 3, 3, 4, 8, 9, 10

이므로 중앙값은 4번째 값인 4급이다.

**2** 줄기와 잎 그림에서 변량을 작은 값부터 순서대로 나열하면

6, 8, 8, 12, 15, 15, 15, 17, 19, 20, 21, 24

이 자료의 평균은

$\frac{6+8+8+12+15+15+15+17+19+20+21+24}{12}$

$=\frac{180}{12}$

$=15$(회)

$\therefore a=15$

중앙값은 6번째와 7번째 값의 평균이므로

$\frac{15+15}{2}=15$(회)

$\therefore b=15$

$\therefore b-a=15-15=0$

**3** 중앙값은 2번째와 3번째 값의 평균이므로

$\frac{58+68}{2}=63$

이때 평균과 중앙값이 같으므로

$\frac{52+58+68+x}{4}=63$

$178+x=252$

$\therefore x=74$

**4** 최빈값은 도수가 가장 큰 것이므로 바이올린이다.

**5** 평균이 7시간이므로

$\frac{4+7+13+x+1+4+13+10}{8}=7$

$52+x=56$

$\therefore x=4$

주어진 변량을 작은 값부터 순서대로 나열하면

1, 4, 4, 4, 7, 10, 13, 13

이므로 중앙값은 4번째와 5번째 값의 평균인

$\frac{4+7}{2}=5.5$(시간)

또, 가장 많이 나타나는 값이 4이므로 최빈값은 4시간이다.

따라서 중앙값과 최빈값의 합은

$5.5+4=9.5$(시간)

**6** $-5=$(보미의 키)$-165$이므로

(보미의 키)$=-5+165$

$=160$(cm)

**7** 편차의 총합은 항상 0이므로

$0+3+1+x+(-7)+2=0$

$-1+x=0$

$\therefore x=1$

$1=16-$(평균)이므로

(평균)$=16-1$

$=15$(회)

**8** 송아지의 몸무게의 분산은

$\frac{(-6)^2+4^2+(-3)^2+(-2)^2+1^2+6^2}{6}$

$=\frac{102}{6}$

$=17$

따라서 송아지의 몸무게의 표준편차는 $\sqrt{17}$ kg이다.

**9** $(\text{평균})=\frac{(15-x)+15+(15+x)}{3}$

$=\frac{45}{3}$

$=15$

분산은

$(4\sqrt{6})^2=96$

이므로

$\frac{\{(15-x)-15\}^2+(15-15)^2+\{(15+x)-15\}^2}{3}$

$=96$

$2x^2=288$

$x^2=144$

$\therefore x=12\ (\because x>0)$

**10** A 학생의 평균은

$\frac{9+10+8+9+9+9+8+9+10+9}{10}$

$=\frac{90}{10}$

$=9(\text{점})$

A 학생의 분산은

$\frac{1}{10}\times\{0^2+1^2+(-1)^2+0^2+0^2+0^2+(-1)^2+0^2+1^2+0^2\}$

$=\frac{4}{10}$

$=0.4$

이므로 표준편차는 $\sqrt{0.4}$점이다.

B 학생의 평균은

$\frac{10+10+9+8+9+10+9+7+9+9}{10}$

$=\frac{90}{10}$

$=9(\text{점})$

B 학생의 분산은

$\frac{1}{10}\times\{1^2+1^2+0^2+(-1)^2+0^2+1^2+0^2+(-2)^2+0^2+0^2\}$

$=\frac{8}{10}$

$=0.8$

이므로 표준편차는 $\sqrt{0.8}$점이다.

따라서 A 학생이 B 학생보다 표준편차가 작으므로 득점이 고른 A 학생을 선발해야 한다.

**11**

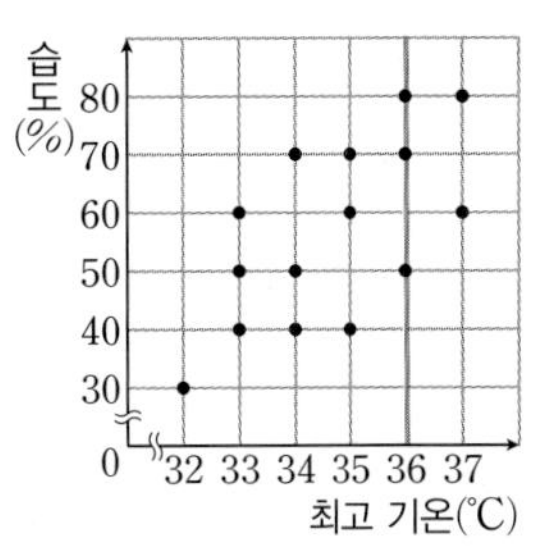


최고 기온이 36℃ 이상인 날의 수는 위의 산점도에서 직선의 오른쪽에 속하는 점의 개수와 그 경계선 위의 점의 개수의 합과 같으므로 5일이다.

따라서 최고 기온이 36℃ 이상인 날들의 습도의 평균은

$\frac{50\times1+60\times1+70\times1+80\times2}{5}$

$=\frac{340}{5}$

$=68(\%)$

**12**

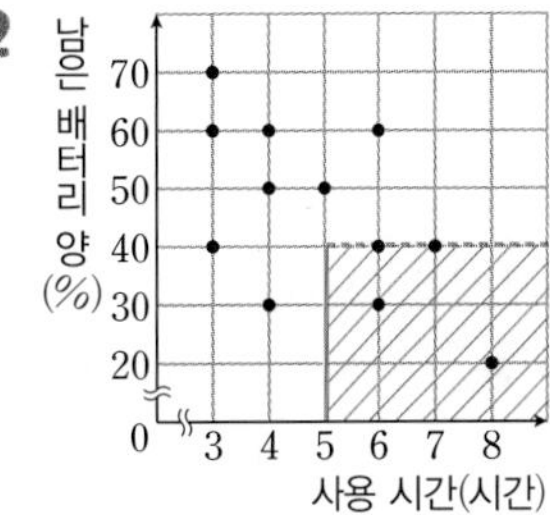


스마트폰 사용 시간이 5시간 이상이고 남은 배터리 양이 40% 미만인 스마트폰의 개수는 위의 산점도에서 빗금친 부분에 속하는 점의 개수와 같으므로 2개이다.

따라서 구하는 비율은

$\frac{2}{12}=\frac{1}{6}$

**13**

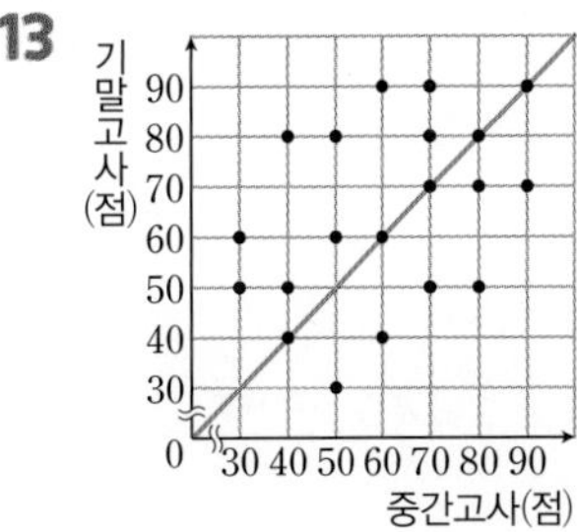

중간고사 성적이 기말고사 성적보다 우수한 학생 수는 앞의 산점도에서 직선 $l$의 아래쪽에 있는 점의 개수와 같으므로 6명이다.

$\therefore a=6$

또, 기말고사 성적이 중간고사 성적보다 우수한 학생 수는 앞의 산점도에서 직선 $l$의 위쪽에 있는 점의 개수와 같으므로 9명이다.

$\therefore b=9$

$\therefore a:b=2:3$

**14** ①, ④ 음의 상관관계

② 상관관계가 없다.

③, ⑤ 양의 상관관계

**15** 주어진 산점도는 $x$의 값이 커짐에 따라 $y$의 값은 대체로 작아지므로 음의 상관관계를 나타낸다.

①, ② 양의 상관관계

③, ④ 음의 상관관계

⑤ 상관관계가 없다.

**16** ④ 학생 D는 학생 A에 비해 성적이 낮다.

따라서 옳지 않은 것은 ④이다.

MEMO

MEMO

## www.mirae-n.com

학습하다가 이해되지 않는 부분이나 정오표 등의 궁금한 사항이 있나요?
**미래엔 홈페이지**에서 해결해 드립니다.

교재 내용 문의
나의 교재 문의 | 수학 과외쌤 | 자주하는 질문 | 기타 문의

교재 정답 및 정오표
정답과 해설 | 정오표

교재 학습 자료
개념 강의 | 문제 자료 | MP3 | 실험 영상

**Contact Mirae-N**
www.mirae-n.com
(우)06532 서울시 서초구 신반포로 321
1800-8890

수학 EASY 개념서

개념이 수학의 전부다! 술술 읽으며 개념 잡는 EASY 개념서

수학 0_초등 핵심 개념,
1_1(상), 2_1(하),
3_2(상), 4_2(하),
5_3(상), 6_3(하)

수학 필수 유형서

## 유형완성

체계적인 유형별 학습으로 실전에서 더욱 강력하게!

수학 1(상), 1(하), 2(상), 2(하), 3(상), 3(하)

# 미래엔 교과서 연계 도서

자습서

## 자습서

핵심 정리와 적중 문제로 완벽한 자율학습!

국어 1-1, 1-2, 2-1, 2-2, 3-1, 3-2
영어 1, 2, 3
수학 1, 2, 3
사회 ①, ②
역사 ①, ②
도덕 ①, ②
과학 1, 2, 3
기술・가정 ①, ②
제2외국어 생활 일본어, 생활 중국어, 한문

평가 문제집

## 평가 문제집

정확한 학습 포인트와 족집게 예상 문제로 완벽한 시험 대비!

국어 1-1, 1-2, 2-1, 2-2, 3-1, 3-2
영어 1-1, 1-2, 2-1, 2-2, 3-1, 3-2
사회 ①, ②
역사 ①, ②
도덕 ①, ②
과학 1, 2, 3

내신 대비 문제집

## 시험직보 문제집

내신 만점을 위한 시험 직전에 보는 문제집

국어 1-1, 1-2, 2-1, 2-2, 3-1, 3-2
영어 1-1, 1-2, 2-1, 2-2, 3-1, 3-2

• 미래엔 교과서 관련 도서입니다.

# 예비 고1을 위한 고등 도서

## 룩

이미지 연상으로 필수 개념을 쉽게 익히는 비주얼 개념서

국어 문학, 독서, 문법
영어 비교문법, 분석독해
수학 고등 수학(상), 고등 수학(하)
사회 통합사회, 한국사
과학 통합과학

탄탄한 개념 설명, 자신있는 실전 문제

수학 고등 수학(상), 고등 수학(하), 수학 Ⅰ, 수학 Ⅱ, 확률과 통계, 미적분
사회 통합사회, 한국사
과학 통합과학

## 수학중심

개념과 유형을 한 번에 잡는 개념 기본서

수학 고등 수학(상), 고등 수학(하), 수학 Ⅰ, 수학 Ⅱ, 확률과 통계, 미적분, 기하

## 유형중심

체계적인 유형별 학습으로 실전에서 더욱 강력한 문제 기본서

수학 고등 수학(상), 고등 수학(하), 수학 Ⅰ, 수학 Ⅱ, 확률과 통계, 미적분

## BITE

GRAMMAR 문법의 기본 개념과 문장 구성 원리를 학습하는 고등 문법 기본서

핵심문법편, 필수구문편

READING 정확하고 빠른 문장 해석 능력과 읽는 즐거움을 키워 주는 고등 독해 기본서

도약편, 발전편

word 동사로 어휘 실력을 다지고 적중 빈출 어휘로 수능을 저격하는 고등 어휘력 향상 프로젝트

핵심동사 830, 수능적중 2000

## 손쉬운

작품 이해에서 문제 해결까지 손쉬운 비법을 담은 문학 입문서

현대 문학, 고전 문학